国家自然科学基金资助出版

高等学校电子信息类专业系列教材

Mathematica
科学计算与程序设计

张　勇　陈爱国　胡永生
陈云攀　陈　祥　徐安妮
编著

西安电子科技大学出版社

图书在版编目(CIP)数据

Mathematica 科学计算与程序设计 / 张勇等编著. —西安：
西安电子科技大学出版社，2021.1(2025.1 重印)
ISBN 978–7–5606–5957–2

Ⅰ. ①M…　Ⅱ. ①张…　Ⅲ. ①Mathematica 软件—应用—数学
②Mathematica 软件—程序设计　Ⅳ. ①O245　②TP317

中国版本图书馆 CIP 数据核字(2021)第 005014 号

策　　划　李惠萍
责任编辑　杨　薇
出版发行　西安电子科技大学出版社(西安市太白南路 2 号)
电　　话　(029)88202421　88201467　　邮　　编　710071
网　　址　www.xduph.com　　电子邮箱　xdupfxb001@163.com
经　　销　新华书店
印刷单位　广东虎彩云印刷有限公司
版　　次　2021 年 1 月第 1 版　　2025 年 1 月第 5 次印刷
开　　本　787 毫米×960 毫米　1/16　印　张　14.5
字　　数　250 千字
定　　价　33.00 元
ISBN 978-7-5606-5957-2
XDUP 6259001-5
如有印装问题可调换

内 容 简 介

Mathematica 软件是最能体现计算机价值的科学计算软件，而运行于其上的 Wolfram 语言是最高层次的科学计算语言。本书详细论述了 Mathematica 的基本功能及其在高等数学、线性代数和数理统计方面的应用，深入阐述了基于 Mathematica 进行程序设计的方法。全书共 7 章：第 1 章介绍了 Mathematica 软件的常用计算方法；第 2 章讨论了 Wolfram 语言的基本数据类型——列表的用法；第 3 章展示了 Mathematica 软件强大的二维和三维绘图功能；第 4 章至第 6 章依次介绍了 Mathematica 在高等数学、线性代数和数理统计方面的函数及其用法；第 7 章阐述了基于 Mathematica 软件使用 Wolfram 语言进行程序设计的方法，并基于两种对称密码 RC4 和 SM4，给出了 Wolfram 语言基于模块的程序设计实例。

本书可作为高等院校信息安全相关专业的本科生或研究生的教材和科研工具书，也可作为其他工科专业研究生及科研人员的工具书。

★ 本书提供程序源代码，有需要的读者可在出版社网站免费下载。

前　言

Mathematica 软件诞生于 1988 年，创始人为 Stephen Wolfram。2014 年时 Wolfram 基于 Mathematica 软件和云计算平台 WolframAlpha(2009)推出了 Wolfram 语言。Mathematica 软件和 Wolfram 语言集成了科学计算领域最先进的技术，充分展示了科学计算的魅力，同时，在全球范围内推动着科学和技术的创新。来自 Wolfram 公司的统计数据表明：全球排名前 200 名的大学全部都在使用 Mathematica；全球财富 50 强企业全都依托 Mathematica 进行科研创新；自 1990 年以来，每 8 位诺贝尔物理学奖获得者中就有 1 位使用过 Wolfram 技术。可以说，Mathematica 是最能体现计算机价值的科学计算软件，而 Wolfram 语言是最高层次的科学计算语言。

多年来，Mathematica 软件已成为数学和物理学领域的主要科研工具，而现在，Mathematica 软件也广泛应用于计算机科学、信息科学、生命科学、社会科学、工程计算和金融等众多领域。本书着眼于 Mathematica 软件的基本用法与其在数学方面的基本应用，以及基于 Wolfram 语言进行程序设计的方法，面向 Mathematica 的初学者和信息安全方面的学生与科研工作人员。此外，本书还作为《高级图像加密技术——基于 Mathematica》(西安电子科技大学出版社，2020 年)的配套教材。

全书共分 7 章。第 1 章为 Mathematica 入门，介绍了 Mathematica 的数值计算、符号计算和字符串操作，详细讨论了 Mathematica 的一些常用函数的用法。第 2 章为 Mathematica 列表，介绍了列表的定义与常用操作，深入讨论了基于列表的常用函数的用法。第 3 章为 Mathematica 绘图，介绍了 Mathematica 软件强大的绘图技术，讨论了二维和三维绘图函数的应用技术和动画设计方法。第 4 章为 Mathematica 微积分，研究了借助于 Mathematica 软件实现高等数学中极限、微分和积分运算的方法与技巧。第 5 章为 Mathematica 矩阵运算，研究了借助于 Mathematica 软件实现线性代数中行列式和矩阵运算的方法与技巧。第 6 章为 Mathematica 概率计算，讨论了 Mathematica 软件在概率论与数理统计方面的应用与计算方法。第 7 章为 Mathematica 程序设计，详细介绍了程序控制语句和高级程序控制语句，基于模块详细阐述了自定义函数的设计方法，并基于两种对称密码 RC4 和 SM4，展示了基于 Wolfram 语言的程序设计实例。

本书由国家自然科学基金(No. 61762043)、江西省自然科学基金(No.20192BAB207022)和江西省教育厅科学技术研究重点项目(No. GJJ190249)资助出版，特此鸣谢。

本书由江西财经大学和滨州学院联合信息安全课题组编写，主编为张勇、陈爱国和胡永生；副主编为陈云攀、陈祥和徐安妮。滨州学院胡永生执笔第1章；江西财经大学陈爱国执笔第2章，徐安妮执笔第3章，陈云攀执笔第4章，陈祥执笔第5章，张勇执笔第6章和第7章。全书由张勇统稿、定稿。作者张勇感谢其导师陈天麒教授、洪时中教授和汪国平教授对他科研工作和学术研究的长期指导，他们对作者的鼓励和对科学的热爱是作者从事科研工作的巨大精神支柱；感谢其爱人贾晓天老师在繁重的资料检索和整理方面所做的细致工作，为他节省了大量学习时间；感谢 Mathematica 中国区石淑丹经理对本书写作的支持。

张　勇

于江西财经大学枫林园

2020 年 10 月

目　　录

第 1 章　Mathematica 入门

Mathematica 软件诞生于 1988 年，创始人为天才学者 Stephen Wolfram。在2014年时 Wolfram基于Mathematica软件和云计算平台 WolframAlpha(2009)推出了 Wolfram 语言。Mathematica 软件和 Wolfram 语言集成了科学计算领域最先进的技术。来自 Wolfram 公司的统计数据表明：全球排名前 200 名的大学全部都在使用 Mathematica 软件；全球财富 50 强企业全都依托 Mathematica 软件进行科研创新；自 1990 年以来，每 8 位诺贝尔物理学奖获得者中就有 1 位使用过 Wolfram 技术。

Mathematica 软件与 MATLAB 和 Maple 并称为现今世界的三大著名数学软件，并且 Wolfram 技术远远领先于后二者。MATLAB 软件的编程语言与 C 语言相似度高，且应用门槛低，是 MATLAB 广泛应用于工程界的原因之一；不同于 MATLAB，Mathematica 软件需要用户深入学习一段时间才能掌握和熟练应用。本书将为读者打开 Mathematica 的应用大门，使读者快速掌握 Mathematica 软件应用方法和 Wolfram 语言程序设计，并将其应用于科学研究和工程实践中。本章将基于 Windows 10 操作系统，介绍 Mathematica 软件的基本操作。

1.1　Mathematica 工作界面

读者可从 www.wolfram.com 官网上下载 Mathematica 软件，并获取软件使用授权。截至 2020 年 9 月 Mathematica 软件的最新版本号为 12.1。Mathematica 软件支持在线安装和下载安装包离线安装。在安装好 Mathematica 软件后，Windows 系统桌面上将添加一个图标“Wolfram Mathematica 12.1”。用鼠标左键双击该图标将进入 Mathematica 启动界面，如图 1-1 所示。

通过配置可使 Mathematica 工作在中文界面或英文界面下，本书中使用了 Mathematica 英文界面。在图 1-1 中，“RECENT FILES”显示最近打开的笔记本，右下角的“Show at startup”默认为选中态，表示每次启动 Mathematica 均显示 Mathematica 启动界面。在图 1-1 中，用鼠标左键单击“New Document”，进入如图 1-2 所示的界面。

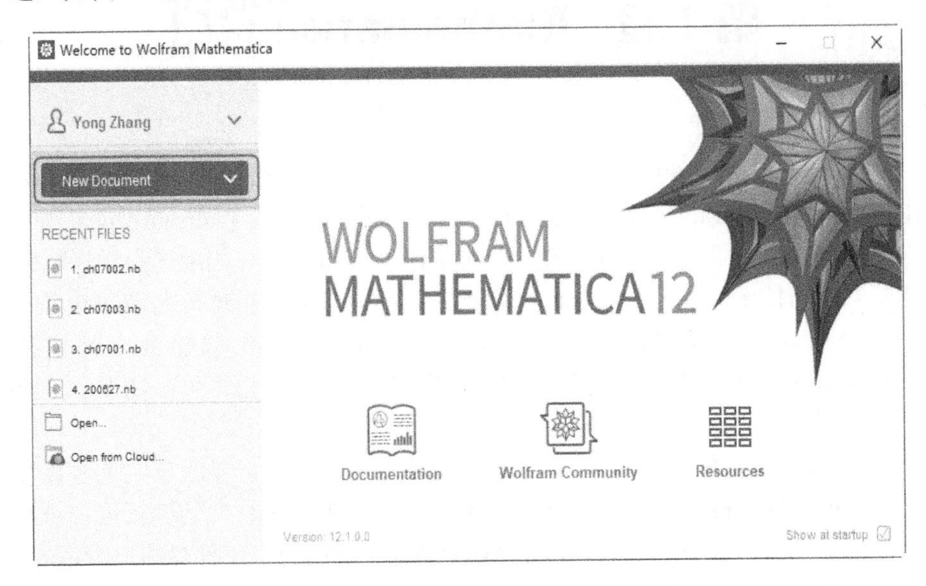

图 1-1　Mathematica 启动界面

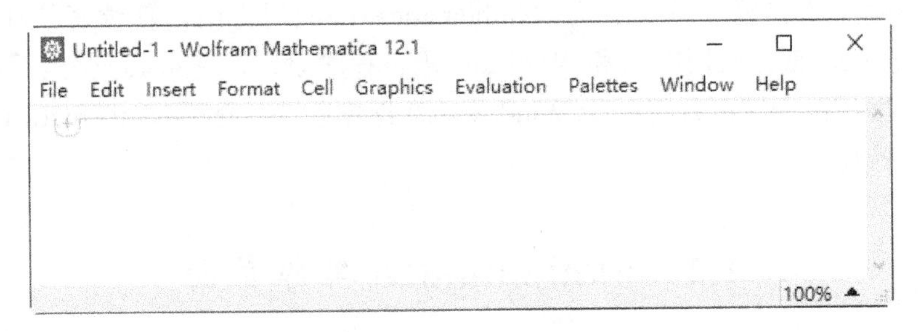

图 1-2　Mathematica 笔记本

在图 1-2 中，选中菜单“Edit | Preference...”(表示菜单“Edit”下的子菜单项“Preference...”)，将弹出如图 1-3 所示的对话框。

在图 1-3 中，在“Language Settings”(语言设置)中选择“English”，表示使用英文作为工作环境和界面语言(使用英文的主要原因在于有些 Wolfram 指令仅支持英文环境)。此时，选中“Show code captions”复选框，并在“Code caption language”中选择“Chinese, Simplified—简体中文”，表示在笔记本(Notebook)中将使用中文显示命令的注释。

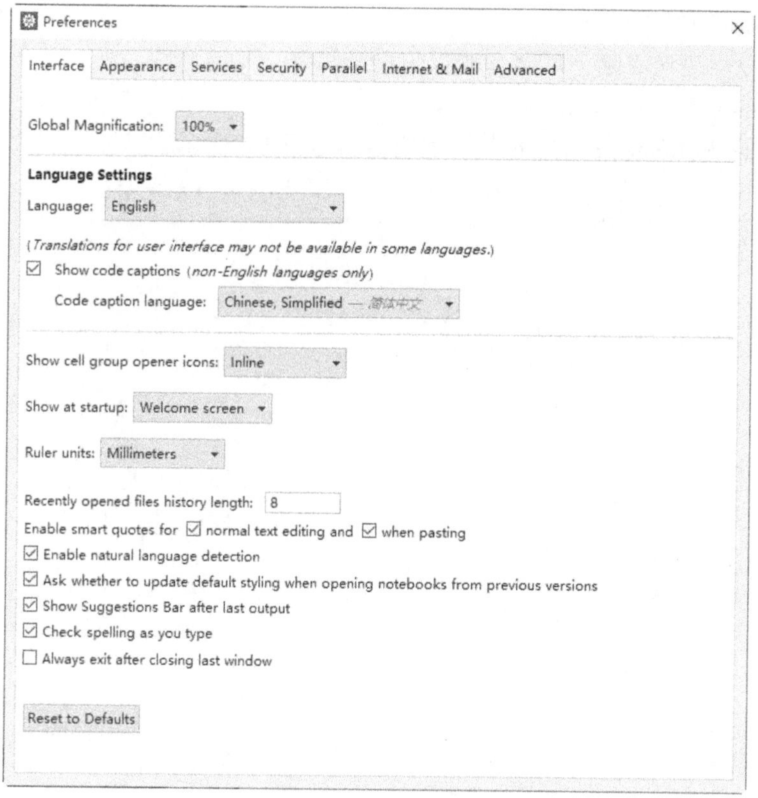

图 1-3　“Preference”配置对话框

Mathematica 软件的所有输入和输出均基于 Mathematica 笔记本，即所谓的“Notebook”，本书中将统一使用 Notebook 这种说法。在 Notebook 中输入一条指令后，使用 “Shift + Enter” 组合按键执行这条指令，也可借助于键盘数字区的“Enter”键执行该指令。

Mathematica 可以打开多个 Notebook，在 Notebook 中使用的变量均为全局变量。也就是说，在任一个 Notebook 中定义的变量，可以直接被其他所有处于打开状态的 Notebook 使用。这是 Mathematica 初学者在计算过程中出错的主要原因。为了避免新定义的符号与已有的全局变量同名而导致计算出错，可在新的计算开始前，调用 Clear 或 Remove 函数清除原来的全局变量。

例如，要清除全局变量 a，可以调用“Clear[a]”清除全局变量 a 的值，或调用“Remove[a]”清除 a 的值和定义。习惯上使用以下语句清除全部全局变量的值：

Clear["`*"]

或调用以下语句清除全部全局变量的定义和值：

Remove["`*"]

Clear 和 Remove 语句的典型用法实例如图 1-4 所示。

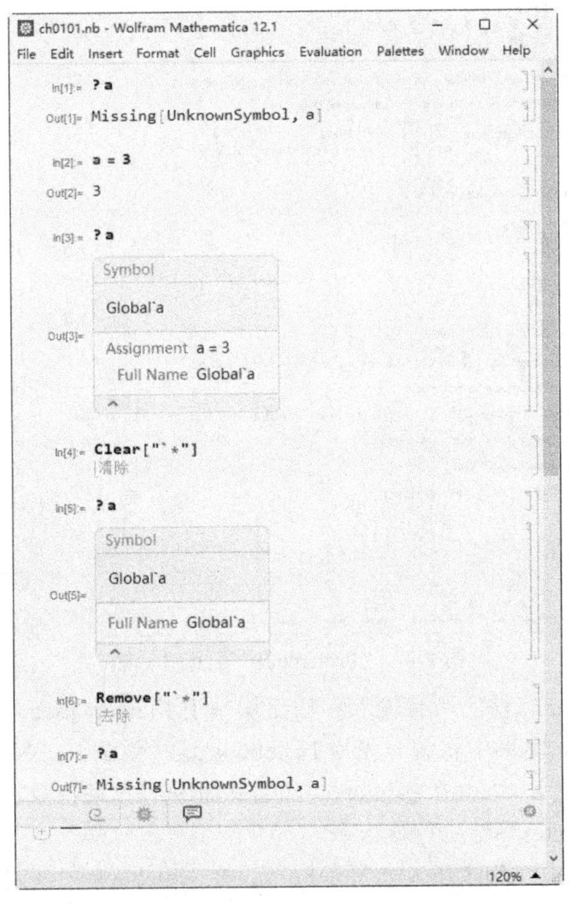

图 1-4 Clear 和 Remove 语句的典型用法

在图 1-4 所示的 Notebook 中，“In[*n*]:=” 为输入的提示符，这里 *n* 为正整数，从 1 开始自动编号；而输出的提示符为 “Out[*n*]=”，这里 *n* 为正整数。当某个输入提示符的输入指令以分号 “;” 结尾时，其计算结果不显示，即无对应的输出提示符；或者当输入提示符的输入指令无输出时，如图 1-4 中的 “In[4]”，也没有对应的输出提示符；其他绝大多数情况下，输出提示符 “Out[*n*]” 是输入提示符 “In[*n*]” 的计算结果。“Out[*n*]” 的结果可直接被后续的输入使用，调用形式为“Out[n]”或“%n”，例如，“Out[12]”的结果为2，则“Out[12]+6”或“%12 + 6”都可得到新的结果8。特别地，前一次的计算结果可以使用“%”进行引用，而“%%”可表示倒数第二次的计算结果。

所有打开的Notebook中输入的计算均由Mathematica软件的内核(Kernel)完成，教育版授权用户支持8个并行计算线程。在输入提示符的方括号中的正整数n表示其在内核计算中的顺序，而不是指Notebook中各个输入的顺序。即使打开多个Notebook，并且在不同的Notebook中输入表达式时，输入提示符的方括号中n的值也不会重复，而是连续增加的。当其中一个Notebook中的输入正在计算过程中时，这个Notebook中的其他输入必将处于等待状态中，而且其他任一Notebook中的输入也必须处于等待状态中。因为，全部Notebook的输入的计算均由一个Mathematica软件的后台内核实现。Mathematica软件使用C语言编写，直接调用Mathematica指令的程序执行效率是非常高的，同时，Mathematica提供了对程序代码的编译执行功能(见第7.4.4小节)，这时执行效率只比C语言可执行文件稍低，而远远高于其他语言程序代码的执行效率。

现在，回到图1-4中，“In[1]”输入“?a”，表示显示变量a的定义和属性，此时，按下“Shift+Enter”组合键执行这条输入；由于在这之前没有输入a，所以，“In[1]”对应的输出“Out[1]”为“Missing [UnknownSymbol, a]”，表示无此变量。接着，“In[2]”输入“a = 3”，表示定义变量a，并给它赋值为3；此时，“Out[2]”输出3，表示a的值为3。然后，在“In[3]”中输入“?a”，即再次查看变量a的定义和属性，此时，“Out[3]”显示变量全名为“Global`a”，a的值为3。在Mathematica中，为了避免大量的变量同名，变量名由两部分组成，为“Context`ShortName”(即“环境名`短变量名”)的形式，这里的“Global”是Mathematica的缺省Context(环境名)，在不指定环境名的情况下，所有变量名都使用环境名Global。因此，常见的变量名(本书中的全部变量名)均为“短变量名”，而这里的变量a的全名应该为“Global`a”。

可以定义如下的变量名：

```
myVar`a=5
```

此时，变量myVar`a和变量a不是同一变量，输入a或Global`a仍然得到3；而输入myVar`a将得到5。执行a + myVar`a，或者执行Global`a+myVar`a将得到数值8。尽管Mathematica支持用户设置缺省的Context(环境名)，除非确有必要，建议使用Mathematica软件的缺省设置。

现在，在图1-4的“In[4]”中输入“Clear["`*"]”，按下“Shift+Enter”

组合键执行，注意，这条语句没有对应的输出；然后，在“In[5]”中再次输入“?a”，执行结果显示在“Out[5]”中，这里只显示了变量 a 的全名，由此可见变量 a 的值已被清除了。在“In[6]”中输入指令“Remove["`*"]”，按下“Shift+Enter”组合键执行，注意，这条语句没有对应的输出。然后，在“In[7]”中输入“?a”，其结果显示在“Out[7]”中，此时表明变量 a 已被从内存中清除了。

在图 1-4 中，输入表达式后，均需要按“Shift+Enter”键或者键盘数字区的“Enter”键进行计算。实际上，这个操作是将 Notebook 中的输入送至 Mathematica 内核，内核进行语法辨析和计算处理后，将计算后的结果送回到 Notebook 显示出来。Notebook 显示功能异常强大，不但可以显示各种文本，还可以显示符号和复杂图形等，如图 1-5 所示。在图 1-4 中，右边的“]”框住的部分称为单元(Cell)，其中，输入“In[*n*]”对应着输入单元，输出“Out[*n*]”对应着输出单元，也有组合了输入单元与输出单元的组合单元。可以通过这些单元符号隐藏(或展开)单元格的内容，从而使 Notebook 的显示内容简洁。需要注意的是，当 Notebook 包含的显示数据量巨大时，Notebook 的显示更新变慢。

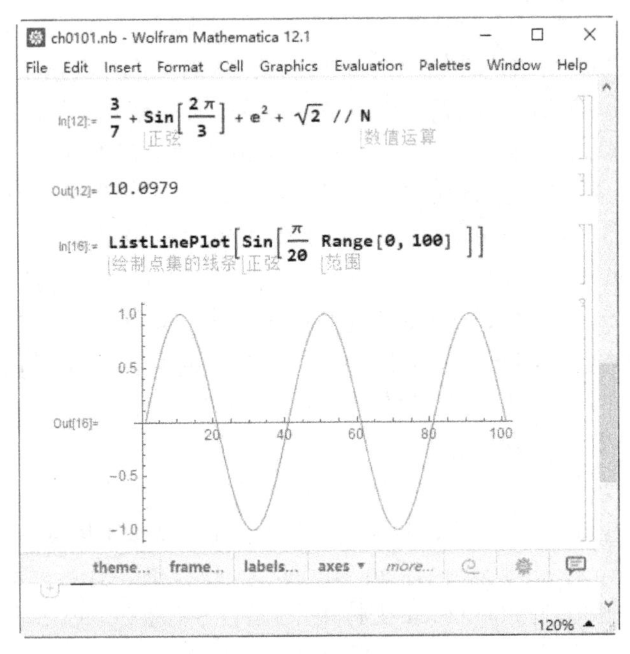

图 1-5　Notebook 显示功能

图 1-5 中展示了 Notebook 的其他输入形式，例如，Notebook 中可以输入公式，如"In[12]"所示。可以借助于菜单"Palettes"中的子菜单项"Basic Math Assistant"(基础数学助手)或"Classroom Assistant"(课堂助手)对应的输入助手实现公式的输入，也可以使用键盘输入。借助于"基础数学助手"的输入方式类似于普通计算器输入，这里不作说明。当使用键盘输入时，需注意：分数符号用"Ctrl+/"输入，π用"Esc 键+pi+Esc 键"输入，e用"Esc 键+ee+Esc 键"输入，根号用"Ctrl+2"输入，指数用"Ctrl+6"输入。这样，"In[12]"中的输入为"数字 3"+"Ctrl+/"组合键+"数字 7"+"+"+"Sin["+"数字 2"+"Esc 键+pi+Esc 键"+"Ctrl+/"组合键+"数字 3]"+"+"+"Esc 键+ee+Esc 键"+"Ctrl+6"组合键+"数字 2"+"+"+"Ctrl+2"组合键+"数字 2"+"//N"。这里的"N"为近似值函数，一般地，N[表达式]表示给出"表达式"的 6 位有效数字的近似值；而 N[表达式, *n*]表示给出"表达式"的 *n* 位有效数字的近似值，"//N"表示将函数 N 作用于"//"前面的表达式，将结果显示为具有 6 位有效数字的近似小数。计算结果显示在"Out[12]"中，为 10.0979。(需要说明的是，本书中对于快捷键的表述，除"Alt+(其他键)""Shift+(其他键)"和"Ctrl+(其他键)"表示同时按下之外，其余均表示依次输入。)

在"In[16]"中，调用函数 ListLinePlot 根据点列画线，如果输入参数是长度为 *n* 的一列数，则默认该列数的横坐标为从 1 至 *n*，ListLinePlot 函数将绘制这些点的连线图。而 Range 函数用于生成有规律的序列，例如 Range[0,100]将生成 0 至 100、步长为 1 的序列，即序列{0, 1, 2, …, 100}，Sin 函数用于计算其输入参数的正弦值。这里的

$$\text{Sin}\left[\frac{\pi}{20}\ \text{Range}[0,100]\right]$$

将 π/20 分别乘以序列{0, 1, 2, …, 100}中的每个值，然后，计算所得序列中各个数的正弦值，最后，调用 ListLinePlot 函数绘制这个点列的连线图，如"Out[16]"所示，呈现正弦信号的形状。

在 Notebook 中，可以使用"%"表示上一次的计算结果，使用"%*n*"或 Out[*n*]表示 Out[*n*]的结果。Mathematica 中具有近 5000 个内置函数，这些函数均以大写字母开头。常用的自然常数 e、圆周率 π 和复数单位 i 可以分别输入 Pi、E 和 I 表示(即大写首字母，单个字母用大写的形式)。用户定义的变量和函数尽可能用小写字母的形式。

回到图 1-5 中，可知 Mathematica 具有 10 个菜单项，其中，常用的菜单

项如表 1-1 所示。

表 1-1 常用菜单项

序号	菜单项	含　　义	快捷键
1	File | New | Notebook	打开一个新的 Notebook	Ctrl+N
2	File | Save	保存当前的 Notebook	Ctrl+S
3	Edit | Un/Comment Selection	注释/解除注释选中的文本	Alt+/
4	Evaluation | Evaluate Cells	运行单元格内容	Shift+Enter
5	Evaluation | Evaluate in Place	运行选中部分	Shift+Ctrl+Enter
6	Evaluation | Abort Evaluation	终止运行	Alt+.
7	Palettes | Basic Math Assistant	打开基础数学助手模板	
8	Help | Wolfram Documentation	打开帮助文档	
9	Help | Find Selected Function	查找函数的说明文档	F1

在如图 1-5 所示的界面下，按下快捷键“Ctrl+N”，将打开一个空白的 Notebook；按下快捷键“Ctrl+S”，将保存当前的 Notebook，Notebook 文件的扩展名为“.nb”，其文件名的命名方法符合 Windows 文件命名规范，尽可能使用具有实际意义的字符串作为文件名。在 Notebook 中，按下快捷键“Alt+/”或“Alt+?”将选中的部分注释掉，注释用“(*被注释掉的内容*)”表示，被注释的部分将不会被执行；而注释的部分选中后，再按下快捷键“Alt+/”将去掉注释，即快捷键“Alt+/”为注释开关键。在单元格中输入内容后，按下“Shift+Enter”键将执行计算，计算结果显示在相应的输出单元格中。输入的表达式可以计算其中的部分内容，将这些需要计算的部分选中，然后，按下“Shift+Ctrl+Enter”组合键将只计算选中的部分表达式。在使用 Mathematica 时，偶尔会遇到 Notebook 陷入“死机”状态，此时，按下“Alt+.”(即 Alt 键+小数点键)可以终止当前正在执行的单元；有时用“Alt+.”键无法终止运算，需要强制退出 Mathematica 软件，再重新启动软件。

建议初学者使用“基础数学助手”帮助实现各种符号和公式的输入。在图 1-5 中，鼠标单击菜单“Palettes | Basic Math Assistant”即可弹出“基础数学助手”对话框，如图 1-6 所示。“基础数学助手”包括基本符号和高级符号以及常用的计算表达式(含微积分运算等)，此外，非常有价值的是当鼠标在“基础数学助手”的某个符号上停留时，将弹出该符号的快捷键提示。例如，在图 1-6 中，将鼠标停放在符号“θ”上，将弹出提示，从提示中可知，“θ”的快捷键为“Esc 键+th+Esc 键”。因此，在使用“基础数学助手”不久，便

会熟练地掌握各个符号的快捷键。

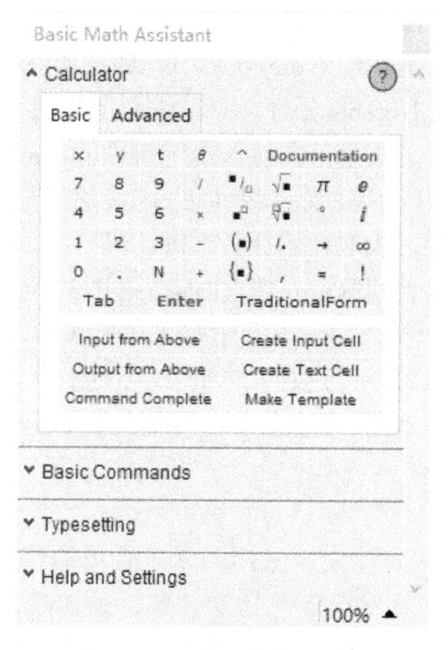

图 1-6 “基础数学助手”

学习 Mathematica 建议使用 Help 菜单下的 Wolfram Documentation 子菜单帮助文档，用鼠标单击菜单“Help | Wolfram Documentation”后，将进入 Wolfram 语言与系统参考资料中心，这里包含了 Mathematica 的全部功能，用户可根据需要选学其中的部分文档，或者检索需要函数。例如，在参考资料中心输入“Sin”后按下“Enter”键，将进入 Sin 函数的应用帮助文档，可以在其中学习该函数的输入参数情况与详细应用实例。此外，在 Notebook 中，当光标处于某个函数中或选中某个函数时，按下“F1”键将弹出该函数的使用帮助文档。在 Notebook 中输入“？？+函数名”，将得到该函数的用法简介和详细属性信息。

1.2 Mathematica 数值计算

在 Notebook 中，变量不用定义，直接使用，变量名可以是字母开头的字符串(可以命名为希腊字母，例如 α，但不能以数字开头)。由于下划线在 Mathematica 中具有特别的含义，所以，建议一般的变量名中不要使用下划线。此外，由于 Mathematica 的内置函数均以大写英文字母开头，为了避免与内置函数名混淆，建议自定义变量名和自定义函数名均使用小写英文字母开头的字符串。特别需要注意的是，在任一个 Notebook 中定义的变量，均为全局变量，可以直接应用于其他的 Notebook 中，即在所有打开的 Notebook 中均可调用。因此，在使用 Notebook 时，应养成两个好的习惯：第一，在不需定义变量时，尽可能不定义变量，在输入提示符“In[*n*]:=”中直接输入表达式，在其相应的输出“Out[*n*]=”中查看计算结果，这里的正整数 *n* 表示 Mathematica 内核计算表达式的顺序，从 1 开始计数，每计算一次，*n* 自增 1。在不定义变量时，引用计算结果，可使用“Out[*n*]”或“%*n*”引用第 *n* 次计算的结果“Out[*n*]”。第二，如果在输入提示符“In[*n*]:=”中输入了变量，即输入形式为“变量=表达式”的情况下，频繁使用这种输入将产生大量的全局变量，此时，在每次开展新的计算前，应调用“Clear["`*"]”清除已有全部变量的值。

1.2.1 基本算术

在 Notebook 中可以直接实现常用的基于数值的算术操作，与使用普通的计算器没有区别，这些算术操作包括加、减、乘、除、乘方(幂)、开方和求相反数等，对应的操作符为传统的“+”“-”“*”“/”“^”和“-”等。除了这些常用的操作符外，Mathematica 还具有相应的函数，其实现加、减、乘、除、乘方和开方运算等的函数如表 1-2 所示，当 Power 函数的指数为小于 1 的分数时，Power 实现开方运算。

表 1-2　基本算术函数

序号	函　数	含　义
1	Plus 或 +	加法
2	Subtract 或 -	减法
3	Times 或 * 或 ×（“Esc 键+*+Esc 键”）或空格	乘法
4	Divide 或 / 或 ÷（“Esc 键+div+Esc 键”）	除法
5	Power 或^或 Ctrl+6	乘方(幂)
6	Sqrt 或 Ctrl+2	开平方
7	Minus 或 -	求相反数

下面基于表 1-2 中的基本算术函数，讨论各个算术操作。

在 Notebook 中输入：

```
x=y=2; z=3; u=1/2; v=1/5;
```

Mathematica 支持连续赋值操作(也支持连续不等式，例如 0<=a<=1)。上述代码中，共四条语句，依次将 x 和 y 赋值为 2，将 z 赋值为 3，将 u 赋值为 1/2，将 v 赋值为 1/5。每条语句后面均有分号“；”，表示该语句执行后的结果不显示。由于这四条语句均以分号结尾，故该四条语句均没有对应的“Out[n]”输出部分。

现在，对这些变量在 Notebook 中进行一些典型的算术运算。

1．加法示例

在 Notebook 中输入“x+y+z”，或输入“Plus[x,y,z]”，均表示计算 x、y 和 z 的和，得到结果 7。Plus 函数支持多个参数输入，每个参数必须为数值形式(不支持列表形式)，Plus 函数返回这些数值的代数和。

2．减法示例

与 Plus 不同的是，Subtract 只能有 2 个参数，依次为被减数和减数。在 Notebook 中输入“x−z”，或输入“Subtract[x,z]”，均表示计算 x 减去 z 的差值。表面上看“−”支持多个操作数，实际上 Mathematica 内部计算“x−z−u−v”的方法为“Plus[Times[−1, u], Times[−1, v], x, Times[−1, z]]”(可通过“Clear["`*"]; FullForm[x−z−u−v]”函数查看运算结果)，即用加法运算和乘法运算实现该表达式，最后，得到结果为−17/10。

3．乘法示例

在 Notebook 中输入“x z u v”(每两个变量的中间有一个或多个空格，此时的这些空格表示相乘关系)，或输入“Times[x, z, u, v]”，表示计算 x、z、u 和 v 的乘积，结果为 3/5。由于 Mathematica 中，一个或连续的多个空格表示相乘关系，当计算表达式 2x+5y 时，可以直接输入“2x+5y”，而 Mathematica 中变量名不能以数字开头，因此，输入的“2x+5y”被自动识别为“2 x + 5 y”；但是，如果需要计算“x 乘以 y”，不能输入“xy”，这时的“xy”将被识别为一个变量名，而需要输入“x　y”(中间有一个或多个连续的空格)，或输入“x * y”来表示 x 乘以 y。

4．除法示例

Divide 只能有 2 个参数，即被除数和除数。在 Notebook 中输入 Divide[y,u] 或输入 y/u，均表示 y 除以 u，结果为 4。“/”可以实现连除，例如：y/u/z，其在 Mathematica 中的实现方式为 Times[Power[u, −1], y, Power[z, −1]](可使用函数“Clear["`*"]; FullForm[y/u/z]”查看运算结果)，得到商为 4/3。

5. 乘方与开方示例

借助于 Power 函数或“^”可以实现乘方和开方运算，如图 1-7 所示。

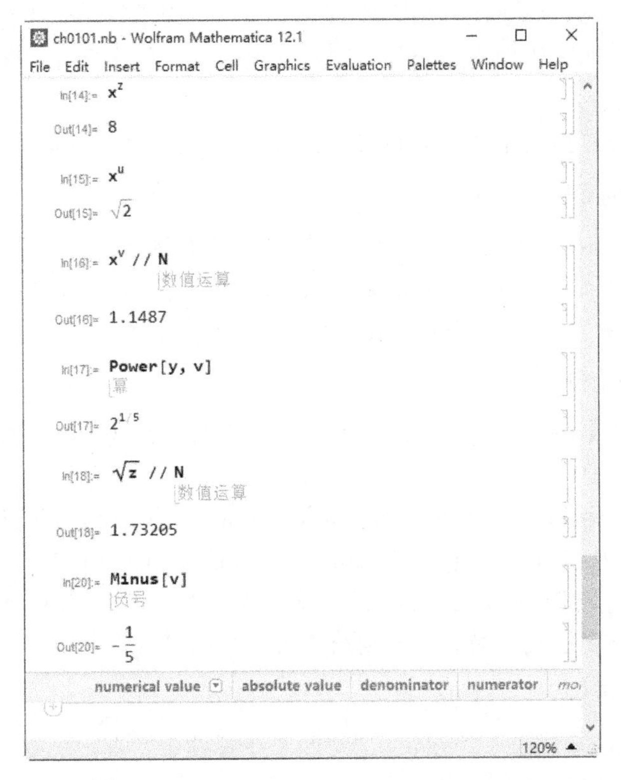

图 1-7　乘方、开方、开平方与求相反数

在图 1-7 中，x、y、z、u 和 v 的值来自输入“x=y=2; z=3; u=1/2; v=1/5;”。“In[14]”计算了 x 的 z 次幂，即 2^3，为乘方运算，输出结果“Out[14]”为 8。“In[15]”计算了 x 的 u 次幂，即 $2^{1/2}$，为开方运算，输出结果“Out[15]”为 $\sqrt{2}$。“In[16]”计算了 x 的 v 次幂，并使用取近似值函数 N 返回其近似值；缺省情况下，应返回 6 位有效数字，即应为 1.14870，这种情况下，最后的 0 不显示。“In[17]”调用 Power 函数计算 y^v，输入结果“Out[17]”为 $2^{1/5}$。

6. 开平方示例

在 Notebook 中，输入“Ctrl+2”+“z”，将得到如图 1-7 中“In[18]”所示的输入，即求 z 的算术平方根，即 $\sqrt{3}$，使用取近似函数 N 得到输出结果“Out[18]”为 1.73205。

7. 求相反数示例

在图 1-7 中，输入“In[20]”中 Minus[v]表示求 v 的相反数，得到输出结果“Out[20]”为 $-\frac{1}{5}$。

在图 1-7 中，求近似值函数“N”表示结果保留 6 位有效数字。可以使用“N[表达式, *n*]”设定结果保留并显示 *n* 位有效数字。例如“a=N[表达式, *n*]”取变量 a 保留 *n* 位有效数字后的近似值，并将 a 赋以该值后参与到新的运算中。此外，Mathematica 具有格式化输出函数 NumberForm，该函数并不改变参数的值，只是格式化显示结果，显示结果一般不再参与到新的运算中；其要求输入参数为实数，并且可以和 N 函数联合使用。函数 NumberForm 的调用格式有两种：

(1) NumberForm[实数, *n*]，输出 *n* 位有效数字；

(2) NumberForm[实数, {*n*, *k*}]，显示 *n* 位有效数字，小数位数为 *k* 位。

例如，在 Notebook 中输入“a = NumberForm[1.878293, {3, 2}]”将得到显示结果 1.88；然后，再输入“a[[1]]==1.878293”，将得到“True”，即 a[[1]]为 1.878293。这表明 NumberForm 不影响该“实数”参数的值，只改变它的输出形式。

再如，在 Notebook 中输入“N[1/7,4]”或者输入“1/7//N[#,4]&”，将得到具有 4 位有效数字的显示结果 0.1429；而输入“NumberForm[N[1/7],8]”或输入“N[1/7]//NumberForm[#,8]&”，将得到具有 8 位有效数字的显示结果 0.14285714。这里的“N[#,4]&”和“NumberForm[#,8]&”为纯函数形式，请参考第 7.3 节。

1.2.2 关系与逻辑表达式

在 Mathematica 中，关系表达式和逻辑表达式的返回结果为逻辑值，逻辑值只有两种：逻辑真为 True，逻辑假为 False。

关系运算符主要有大于(>)、大于等于(>=)、小于(<)、小于等于(<=)、等于(==)和不等于(! =)等，这些关系连接符可以连用，例如，可以输入“3<6≠4”(依次输入“数字 3”“<”“数字 6”“! =”和“数字 4”)，计算结果为“True”。Mathematica 内置了这些关系运算符的函数，例如，Greater、GreaterEqual、Less、LessEqual、Equal 和 Unequal 等，依次表示大于、大于等于、小于、小于等于、等于和不等于等关系。例如，输入“x>y”和输入“Greater[x,y]”含义完全相同。一般地，使用关系运算符比使用关系运算函数更加直观方便。

常用的基于关系运算符的关系表达式及其典型示例如表 1-3 所示。

表 1-3 关系表达式及其典型用法(设 x=7、y=5、z=3)

序号	关系表达式	典型示例	含义与结果
1	x>y	7>3	True
2	x>=y	7>=3	True
3	x<y	7<5	False
4	x<=y	7<=5	False
5	x==y	7==5	False
6	x!=y	7!=5	True
7	x==y==z	7==5==3	False(x、y 与 z 都相等时为真)
8	x!=y!=x	7!=5!=3	True(x、y 与 z 都不等时为真)
9	x>y>z	7>5>3	True
10	x<y<z	7<5<3	False
11	y<x>z	5<7>3	True

关系运算符支持多个联合使用，如表 1-3 中序号 9、10 和 11 所示。关系表达式的返回结果为逻辑值，只能取为真(True)或假(False)。

在 Mathematica 中，逻辑运算有逻辑与(&&或函数 And)、逻辑或(||或函数 Or)、逻辑非(! 或¬或函数 Not)、逻辑异或(⊻或 Xor)、逻辑与非(⊼或 Nand)和逻辑或非(⊽或 Nor)等。其中，由于“&”用于纯函数中，所以逻辑与用“&&”(两个“&”符号)表示；由于“|”用于模式连接中，所以逻辑或用“||”(两个“|”符号)表示；逻辑非有两个符号，即“!”或“¬”，后者的输入方式为“Esc 键+not+Esc 键”；逻辑异或的符号为⊻，使用“Esc 键+xor+Esc 键”输入；逻辑与非的符号为⊼，使用“Esc 键+nand+Esc 键”输入；逻辑或非的符号为⊽，使用“Esc 键+nor+Esc 键”输入。这些逻辑运算符支持多个联合使用。

常用的逻辑运算表达式及其典型示例如表 1-4 所示。

逻辑表达式的运算结果仍然是逻辑值，在 Mathematica 中，逻辑真为 True，逻辑假为 False。有时需要将逻辑值转化为数值，这时，可使用内置函数 Boole。由表 1-4 可知，Boole 将 True 转化为值 1，将 False 转化为值 0。

由于关系表达式返回的结果为逻辑值，所以，关系表达式可以作为逻辑表达式中的输入参数。例如，在 Notebook 中输入“(7>5) && (3!=5)”将返回逻辑真 True。

表 1-4 逻辑运算表达式及其用法

序号	逻辑运算表达式	典型示例	结果
1	逻辑与 And	And[True,False,False]	False
2	逻辑与&&	True && False && False	False
3	逻辑或 Or	Or[True,False,False]	True
4	逻辑或||	True || False || False	True
5	逻辑非 Not	Not[True]	False
6	逻辑非!或¬	!True	False
7	逻辑异或 Xor	Xor[True,False,False]	True
8	逻辑与非 Nand	Nand[True,False,False]	True
9	逻辑或非 Nor	Nor[True,False,False]	False
10	Boole(将 True 转化为 1，将 False 转化为 0)	Boole[True]	1
		Boole[False]	0

1.2.3 数值函数

本节将介绍 Mathematica 中常用的与数值处理相关的函数，统称为数值函数，包括浮点数的取整、实数的整数部分和小数部分分离、复数的实部与虚部分离、复数的各部分分解和数制转换等。表 1-5 中列举了最常用的一些数值函数，并给出了它们的典型用法实例。

表 1-5 常用数值函数及其典型用法

序号	函数名	典型示例	结果
1	向下取整 Floor	Floor[−3.5]	−4
		Floor[10.7]	10
2	向上取整 Ceiling	Ceiling[−3.5]	−3
		Ceiling[10.7]	11
3	四舍五入 Round	Round[−3.5]	−4
		Round[10.7]	11
4	实数的整数部分 IntegerPart 和小数部分 FractionalPart	IntegerPart[−3.5]	−3
		FractionalPart[−3.5]	−0.5
5	复数的实部 Re 和虚部 Im	Re[3+5I]	3
		Im[3+5I]	5
6	共轭复数 Conjugate	Conjugate[3+5I]	3−5 I

续表

序号	函数名	典型示例	结果
7	复数相角 Arg	Arg[3+5I]	ArcTan[5/3]
8	复数模 Abs	Abs[3+5I]	$\sqrt{34}$
9	绝对值 Abs	Abs[-10]	10
10	由一对实数生成复数 Complex	Complex[3,5]	3+5 I
11	取整数 *n* 的各位数字 IntegerDigits[*n*]	IntegerDigits[305]	{3,0,5}
		IntegerDigits[9011]	{9,0,1,1}
12	取整数 *n* 的 *b* 进制的各位数字 IntegerDigits[*n*,*b*]	IntegerDigits[73,2]	{1,0,0,1,0,0,1}
		IntegerDigits[99,8]	{1,4,3}
		IntegerDigits[333,16]	{1,4,13}
13	取整数 *n* 的 *b* 进制的长度为 *m* 的各位数字 IntegerDigits[*n*,*b*,*m*]，位数不足时，前面补 0	IntegerDigits[73,2,8]	{0,1,0,0,1,0,0,1}
		IntegerDigits[17,2,8]	{0,0,0,1,0,0,0,1}
		IntegerDigits[99,8,8]	{0,0,0,0,0,1,4,3}
		IntegerDigits[227,16,4]	{0,0,14,3}
14	整数 *n* 的各位数字构成的字符串 IntegerString[*n*]	IntegerString[305]	“305”
		IntegerString[9011]	“9011”
15	整数 *n* 的 *b* 进制的各位数字构成的字符串 IntegerString[*n*,*b*]	IntegerString[73,2]	“1001001”
		IntegerString[99,8]	“143”
		IntegerString[333,16]	“14d”
16	整数 *n* 的 *b* 进制的长度为 m 的各位数字构成的字符串 IntegerString[*n*,*b*,*m*]，位数不足时，前面补 0	IntegerString[73,2,8]	“01001001”
		IntegerString[17,2,8]	“00010001”
		IntegerString[99,16,4]	“0063”
		IntegerString[333,16,8]	“0000014d”
17	由十进制数列表构造整数 FromDigits[列表]	FromDigits[{2,8,0}]	280
		FromDigits[{0,0,2,8,0}]	280
18	由 *b* 进制数列表构造整数 FromDigits[列表, *b*]	FromDigits[{0,1,1,0,1,0},2]	26
		FromDigits[{6,0,5,1},8]	3113
		FromDigits[{0,11,14},16]	190
19	由字符串构造整数 FromDigits[字符串]	FromDigits["011010",2]	26
		FromDigits["6051",8]	3113
		FromDigits["00BE",16]	190
		FromDigits["1234"]	1234

表 1-5 中的数制转换函数特别有用，例如，将一个整数 a 转化为 8 位二进制数，可以用“IntegerDigits[a, 2, 8]”，这在数字图像处理中尤为常用。

1.2.4 常用数学函数

Mathematica 中集成了近 5000 个常用函数，其中常用的一些初等数学函数及其用法列于表 1-6 中，这些函数包括取模(计算余数)函数、商函数、平方根函数、指数函数、对数函数、阶乘函数、因数分解函数、素数函数、三角函数、Fibonacci 数函数和数的性质判定函数等。

表 1-6 常用数学函数及其用法

序号	函数名	典型示例	结果
1	取模 Mod[*n*, *k*]	Mod[17,4]	1
2	商 Quotient[*n*, *k*]	Quotient[17,4]	4
3	平方根 Sqrt[*x*]	Sqrt[17]	$\sqrt{17}$
4	指数 Exp[*x*]	Exp[2]	e^2
5	自然对数 Log[*x*]	Log[E^3]	3
6	常用对数 Log10[*x*]	Log10[100]	2
7	以 *b* 为底 x 的对数 Log[*b*, *x*]	Log[2,64]	6
8	阶乘 Factorial[*n*]或!	Factorial[5]	120
9	整数 *n* 的素因子 FactorInteger[*n*]	FactorInteger[80]	{{2,4},{5,1}}表示 $80=2^4\times5^1$
10	第 *n* 个素数 Prime[*n*]	Prime[3]	5
11	正弦函数 Sin[*x*]	$\text{Sin}\left[\frac{\pi}{6}\right]$	$\frac{1}{2}$
12	反正弦函数 ArcSin[*x*]	$\text{ArcSin}\left[\frac{1}{2}\right]$	$\frac{\pi}{6}$
13	余弦函数 Cos[*x*]	$\text{Cos}\left[\frac{\pi}{6}\right]$	$\frac{\sqrt{3}}{2}$
14	反余弦函数 ArcCos[*x*]	$\text{ArcCos}\left[\frac{\sqrt{3}}{2}\right]$	$\frac{\pi}{6}$
15	正切函数 Tan[*x*]	Tan[45 Degree]	1
16	反正切函数 ArcTan[*x*]	ArcTan[1]	$\frac{\pi}{4}$

续表

序号	函数名	典型示例	结果
17	余切函数 Cot[x]	$\mathrm{Cot}\left[\frac{\pi}{6}\right]$	$\sqrt{3}$
18	反余切函数 ArcCot[x]	$\mathrm{ArcCot}\left[\sqrt{3}\right]$	$\frac{\pi}{6}$
19	第 n 个 Fibonacci 数 Fibonacci[n]	Fibonacci[3]	2
20	判断 n 是否为整数 IntegerQ[n]	IntegerQ[2]	True
21	判断 n 是否为数 NumberQ[n]	NumberQ[3+5I]	True
22	判断 n 是否为奇数 OddQ[n]	OddQ[13]	True
23	判断 n 是否为偶数 EvenQ[n]	EvenQ[13]	False

在表 1-6 中，需要注意的是，在 Mathematica 中三角函数的角度单位为弧度。如果使用°(度)为单位，就如表 1-6 序号 15 所示，使用“Degree”表示 1°，“45 Degree”表示 45°，°度也可以用“Esc 键+deg+Esc 键”输入，在 Notebook 中显示为“°”。

Mathematica 数学计算功能异常强大，现有的各个数学分支中的运算，均可在 Mathematica 中找到相应的计算函数，有些数学函数已内置于安装包中，随 Mathematica 安装程序自动装入个人计算机中，可以直接在 Notebook 中调用；而有些数学函数以“软件包”的形式保存在 Wolfram 线上资源库中，使用时需要在线动态装入，例如，函数 KSubsets 用于求得某个集合中特定长度的子集合，该函数位于包“Combinatorica”中，在使用 KSubsets 前，需要先执行“<<Combinatorica`”或者“Needs["Combinatorica`"]”将组合函数软件包下载到本地，并装入当前工作环境中，然后，输入如下语句：

```
s={1,2,3,4,5};
KSubsets[s,3]
```

此时将得到输出结果“{{1,2,3}, {1,2,4}, {1,2,5}, {1,3,4}, {1,3,5}, {1,4,5}, {2,3,4}, {2,3,5}, {2,4,5}, {3,4,5}}”，即返回了集合 s 中所有长度为 3 的子集。

1.2.5 解方程

Mathematica 是解方程的利器，不但可以求解各类代数方程(整式、分式或根式方程)，还可以求解各种超越方程(含对数函数、指数函数和三角函数的方程)。在 Notebook 中，方程用含有等号“==”的表达式表示，常用的解方程的函数有 Solve、Reduce 和 FindRoot 等，其中，Reduce 函数还可以求解各类不等式(由关系运算符连接的表达式)，下面详细介绍各个函数的应用方法。

1．Solve 函数

Solve 函数的语法有以下两种：

Solve[表达式，变量或变量列表]

或

Solve[表达式，变量或变量列表，定义域]

这里的“表达式”为方程，“变量或变量列表”指定方程中的未知数，没有在“变量列表”中的符号视为方程的常量或参量，“定义域”可设为 Reals、Integers 或 Complexes，依次表示在实数域、整数域或复数域上求解。下面举几个实例，如图 1-8 所示。

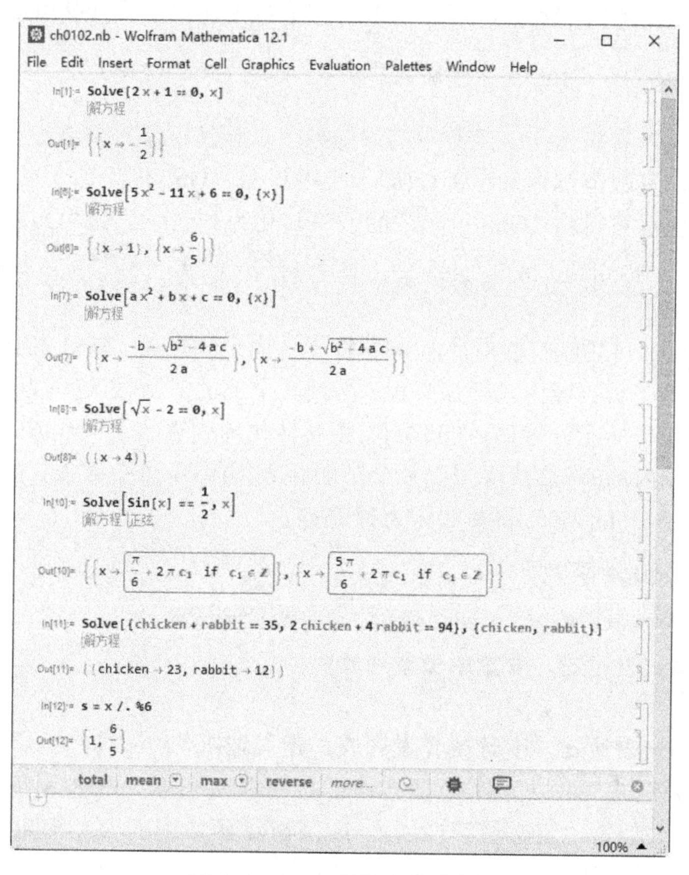

图 1-8　Solve 函数应用实例

在图 1-8 中，“In[1]”使用 Solve 函数求解一元一次方程 $2x+1=0$；“In[6]”使用 Solve 函数求解一元二次方程 $5x^2-11x+6=0$；“In[7]”使用 Solve 函数求一元二次方程 $ax^2+bx+c=0$ 的通解；“In[8]”求根式方程 $\sqrt{x}-2=0$ 的解；“In[10]”求解三角函数方程 $\text{Sin}[x]=\frac{1}{2}$ 的解集，它具有无穷多个解；“In[11]”为求解《孙子算经》中的“鸡兔同笼”问题“今有雉、兔同笼，上有三十五头，下有九十四足，问雉兔各几何?”其中，chicken 表示鸡的个数，rabbit 表示兔的个数。

在图 1-8 中，解或解集的表示为“x→1”这种形式，需要借助于“In[12]”得到以列表形式表示的解。这里的“/.”是替换操作符，例如：输入 y^2+y+1/.y→2，表示将表达式中的 y 替换为 2，得到结果 7。

当限定未知数的定义域时，求解方程的典型示例如图 1-9 所示。

在图 1-9 中，“In[39]”求解方程“$x^4-\frac{1}{2}x^3-8x+4=0$”，当只有一个未知数时，可以省略 Solve 函数中的未知数，默认情况下在复数范围解方程，求得方程在复数范围内的全部根(即 4 个根)，如“Out[39]”所示；在“In[40]”中使用替代运算符将“Out[39]”中的解集转化为列表 s1，如“Out[40]”所示。“In[41]”为显式指定在复数域内求解方程“$x^4-\frac{1}{2}x^3-8x+4=0$”，求得的解集如“Out[41]”所示，然后，“In[43]”将其转化为列表 s2，与 s1 相同；“In[44]”为显式指定在实数域内求解该方程，得到其全部的实数根(这里为 2 个实根)，如“Out[44]”所示，然后，“In[45]”将其转化为列表 s3；“In[46]”为显式指定在整数域内求解该方程，得到其全部的整数根(即 1 个整数根)，如“Out[46]”所示，然后，“In[47]”将其转化为列表 s4。

2. Reduce 函数

类似于 Solve 函数，Reduce 函数也有两种形式：

Reduce[表达式，变量或变量列表]

或

Reduce[表达式，变量或变量列表，定义域]

这里的“表达式”可以为等式(即方程)，也可以为不等式，“变量或变量列表”为求解的未知数，“定义域”的含义与在 Solve 函数中的含义相同，用于限定未知数的取值范围。

在图1-8和图1-9中，可以直接使用Reduce替换Solve，将得到类似的解。Reduce的结果是表达式，而非Solve形式的结果，是一种“最简”形式的等式(方程)或不等式，如图1-10所示。

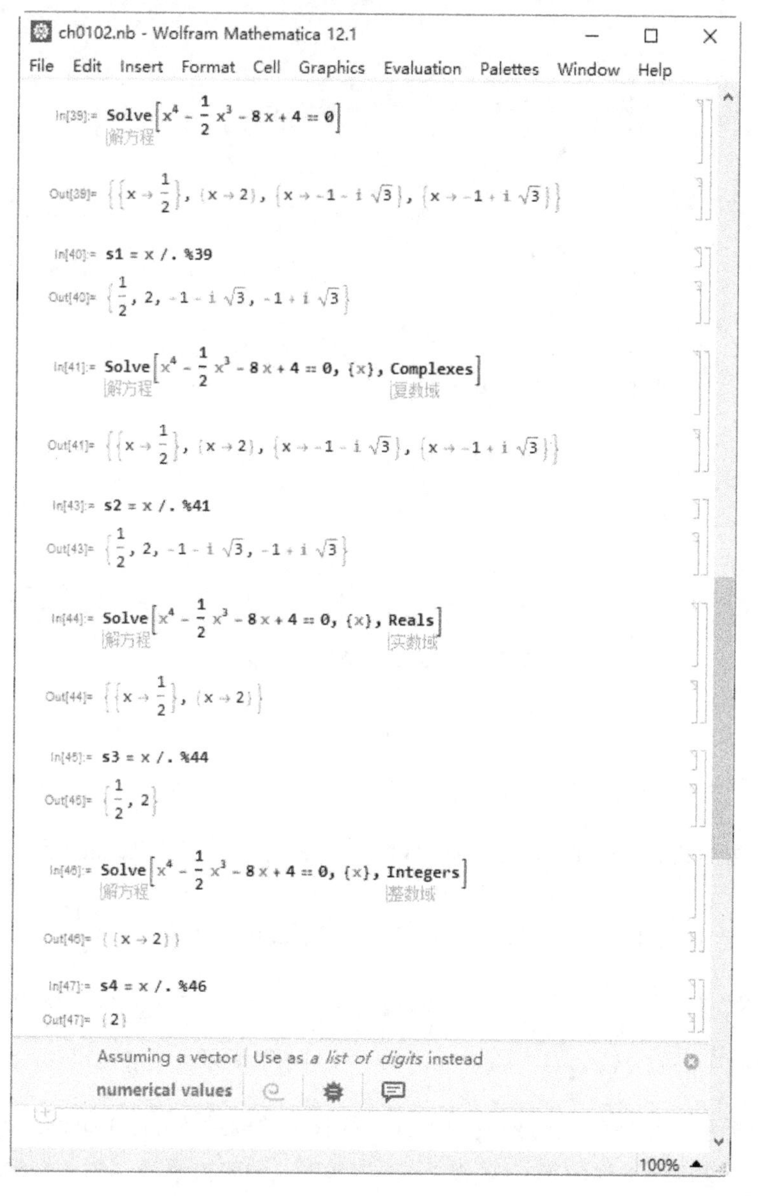

图1-9 指定定义域时的解方程实例

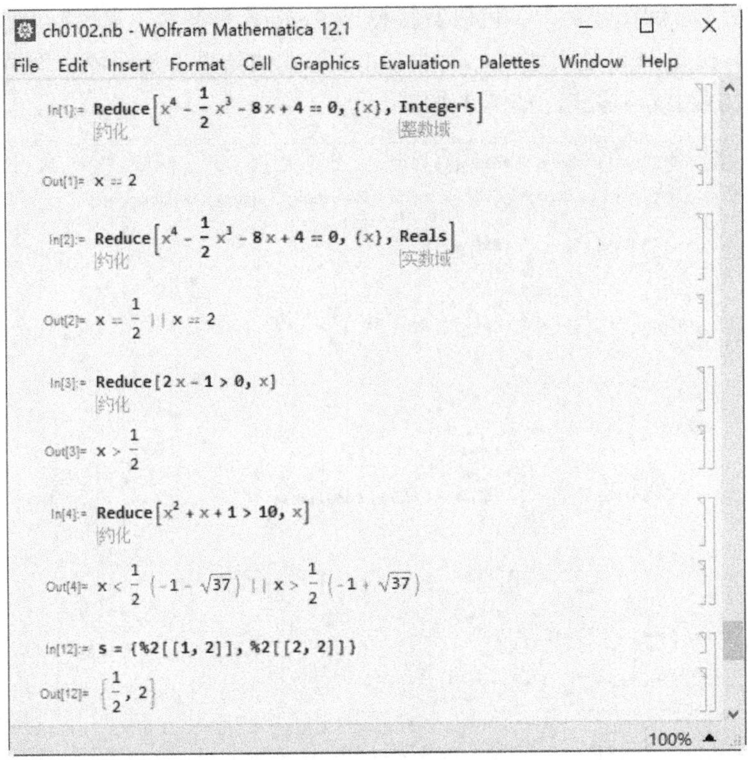

```
ch0102.nb - Wolfram Mathematica 12.1
File Edit Insert Format Cell Graphics Evaluation Palettes Window Help

In[1]:= Reduce[x^4 - 1/2 x^3 - 8 x + 4 == 0, {x}, Integers]
        约化                                    整数域
Out[1]= x == 2

In[2]:= Reduce[x^4 - 1/2 x^3 - 8 x + 4 == 0, {x}, Reals]
        约化                                    实数域
Out[2]= x == 1/2 || x == 2

In[3]:= Reduce[2 x - 1 > 0, x]
        约化
Out[3]= x > 1/2

In[4]:= Reduce[x^2 + x + 1 > 10, x]
        约化
Out[4]= x < 1/2 (-1 - √37) || x > 1/2 (-1 + √37)

In[12]:= s = {%2[[1, 2]], %2[[2, 2]]}
Out[12]= {1/2, 2}

100%
```

图 1-10　Reduce 函数典型实例

在图 1-10 中，“In[1]”在整数域内化简方程 $x^4-\frac{1}{2}x^3-8x+4==0$，得到其最简形式，x==2，如“Out[1]”所示；“In[2]”在实数域内化简该方程，得到其最简形式 $x==\frac{1}{2}\|x==2$，如“Out[2]”所示。此外，Reduce 函数可以化简不等式，在“In[3]”中，化简不等式 2x−1>0，得到其解集为 $x>\frac{1}{2}$，如“Out[3]”所示；在“In[4]”中化简不等式 $x^2+x+1>10$，得到解集 $x<\frac{1}{2}(-1-\sqrt{37})\|x>\frac{1}{2}(-1+\sqrt{37})$，如“Out[4]”所示。“In[12]”将“Out[2]”(即%2)所示的结果转化为列表的形式，即读取“%2”的(1,2)和(2,2)位置处的元素，得到解集{1/2, 2}，这是因为“Out[2]”的存储格式为“Or[Equal[x, Rational[1,2]], Equal[x, 2]]”(使用语句“FullForm[Out[2]]”查看)，这里的

Rational[1,2]和 2 的位置分别为(1,2)和(2,2)。

3. FindRoot 函数

FindRoot 函数使用数值方法求方程的近似解，其典型应用的语法为：

FindRoot[表达式，{*x*, x_0}]表示从 x_0 开始迭代，直到表达式的值为 0，返回表达式等于 0 的一个数值解。

或

FindRoot[等式，{*x*, x_0}]表示从 x_0 开始迭代，直到等式(或方程)成立，返回该等式的一个数值解。

借助于 FindRoot 函数求解方程的根时，需要先估计一个根的近似值 x_0。例如，借助 FindRoot 求解方程 $x^2-5=e^x-3x^2$。一般地，先做图，然后，根据图形估计“交点”的横坐标，最后，用这些横坐标依次作为 x_0 的值调用 FindRoot 求解，如图 1-11 所示。

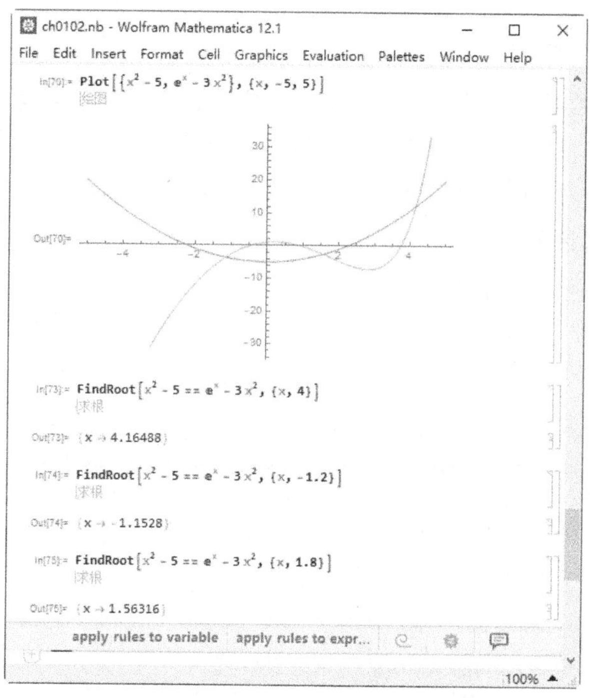

图 1-11　FindRoot 求解实例

在图 1-11 中，“In[70]”调用 Plot 函数绘制了函数 $y = x^2 - 5$ 和函数 $y = e^x - 3x^2$ 的图像(Plot 函数的详细用法请参考 3.1.1 小节)，由于两个图像有三个交点，故方程 $x^2 - 5 = e^x - 3x^2$ 有三个解；然后，根据图像估计三个“交点”

的位置，这里的估计值分别为 -1.2、1.8 和 4，在“In[73]”“In[74]”和“In[75]”中使用 FindRoot 函数进行求解，得到三个解的近似值，如“Out[73]”“Out[74]”和“Out[75]”所示。事实上，对于次数高于 5 次的多项式和绝大多数的工程问题，都需要借助于 FindRoot 函数进行近似求解。

1.3　Mathematica 符号计算

符号计算是 Mathematica 的特色功能，表达式中的符号和常量的运算规律类似，符号还可以作为各种函数的参数。这里重点介绍含有符号的代数式和三角函数的常用处理函数，其中，代数式分为有理式和无理式，有理式包括整式和分式，整式又分为单项式和多项式。下面首先介绍含有符号的多项式计算，然后介绍含有符号的代数式运算和三角函数式变换。

1.3.1　多项式运算

多项式是数学理论研究最完备的分支之一，多项式的常见处理包括多项式展开、因式分解、合并同类项、取多项式系数、最大公因式和最小公倍式等。下面依次介绍 Mathematica 实现这些多项式处理的函数及其用法。

1. 多项式展开

多项式展开是指将多项式展开为单项式的和的形式，这些单项式中最高的次数为该多项式的次数，单项式的个数为多项式的项数。多项式展开借助于函数 Expand 实现，其常用语法为：**Expand[表达式]**，典型实例如图 1-12 所示。

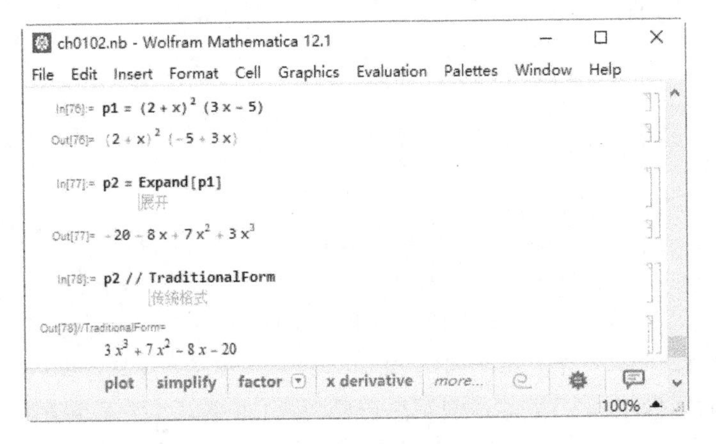

图 1-12　多项式展开

在图 1-12 中，“In[76]”将表达式$(2+x)^2(3x-5)$赋给 p1；“In[77]”调用 Expand 函数展开 p1 得到其展开式，默认情况下，多项式展开式按 x 的升幂排列，如“Out[77]”所示；习惯上，常借助于“TraditionalForm”函数将多项式按 x 的降幂排列，在“In[78]”中调用函数 TraditionalForm，得到如“Out[78]”所示的常用多项式形式，该多项式为三次多项式，共由四项组成。

2. 因式分解

化简多项式最常用的操作为因式分解，一般情况下，高于 5 次的多项式使用手工因式分解是很困难的。但是，Mathematica 可以对任意高次数的多项式进行因式分解。在图 1-12 的基础上，调用 Factor 函数实现对多项式 p2 的因式分解，如图 1-13 所示。

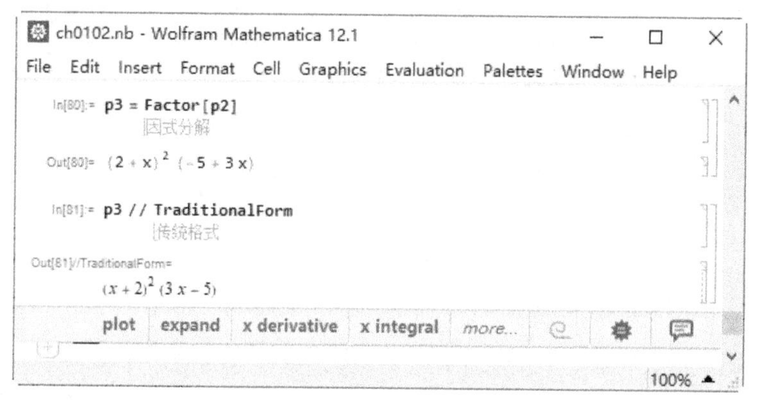

图 1-13 多项式因式分解

在图 1-13 中，“In[80]”调用 Factor 函数对 p2 进行因式分解，得到的结果 p3 如“Out[80]”所示，即为图 1-12 中“Out[76]”所示的多项式。同样地，可借助于 TaditionalForm 函数使输出结果多项式按 x 的降幂排列，在“In[81]”中对 p3 使用函数 TaditionalForm，输出结果多项式如“Out[81]”所示，即常用的形式$(x+2)^2(3x-5)$。

Factor 函数还有一种非常有用的用法，即 **Factor[多项式, Modulus→*p*]**，这是将多项式在因式分解的同时，对多项式系数进行模 p 处理，这里，p 为素数。在这种情况下，每个因式的系数只能在$\{0, 1, \cdots, p-1\}$中取值，该函数在域算术和密码学中具有独特的价值。在因式分解后，可以用 IrreduciblePolynomialQ 函数判断一个多项式是否为不可约多项式(即只有 1 和它本身两个因式)。IrreduciblePolynomialQ 函数的常用形式有两种：第一种，**IrreduciblePolynomialQ[多项式]**，判断多项式在有理数域上是否为不可约多项式，如果多项式不可约，返回真 True，否则返回假 False；第二种，**IrreduciblePolynomialQ[多项式，Modulus→*p*]**，这里，*p* 为素数，用于判断对系数进行模 *p* 处理后的多项式是否为不可约多项式。模 *p* 因式分解典型实例如图 1-14 所示。

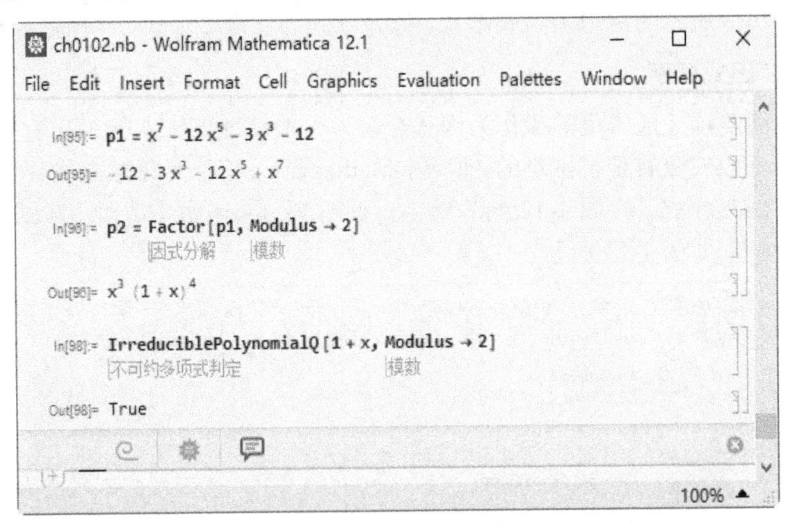

图 1-14 模 *p* 的因式分解

在图 1-14 中，“In[95]”输入多项式 p1；在“In[96]”中对 p1 进行模 2 因式分解，处理过程为：首先将 p1 的系数进行模 2 运算，于是得到新的 p1 = x^7+x^3，再对 p1 = x^7+x^3 进行因式分解，得到结果如“Out[96]”所示。如果将“Out[96]”中的多项式展开，并将系数模 2，将得到多项式 x^7+x^3。在系数模 2 情况下，x 和 1+x 均为不可约多项式，图 1-14“In[98]”中验证了 1+x 是不可约的，即调用函数 IrreduciblePolynomialQ 后的结果为真。

3. 合并同类项

多项式化简的基本方法是合并同类项，借助于函数 Collect 实现，其典型应用语法为：**Collect[多项式, {*x*, *y*, …}]**，即对 *x*、*y* 等分别将其幂指数相同的项(即同类项)进行合并，典型实例如图 1-15 所示。

在图 1-15 中，“In[102]”调用 Clear 函数清除已定义的全局变量的值；“In[103]”中输入多项式 p1；“In[104]”中输入多项式 p2；“In[105]”对多项式 p1 和 p2 的和进行合并同类项，其结果多项式如“Out[105]”所示。注意，单纯执行“p1+p2”将得到$(3-x)^3+(3+2x)^2$。

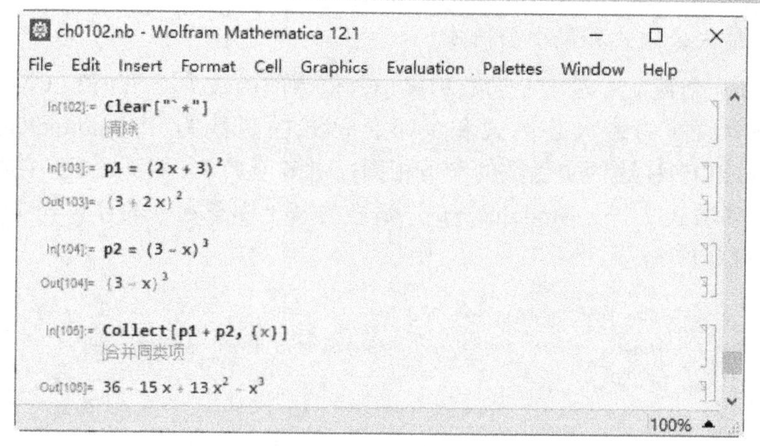

图 1-15　合并同类项示例

4. 多项式系数

在 Mathematica 中，借助于多项式系数函数 **Coefficient[多项式，变量的幂]**可以给出相应单项式的系数，而函数 **CoefficientList[多项式，变量]**可以给出多项式的系数列表，从 0 次幂开始，直到最高次幂，中间如果某些幂次缺失，则其系数填充为 0。函数 Coefficient 的典型实例如图 1-16 所示。

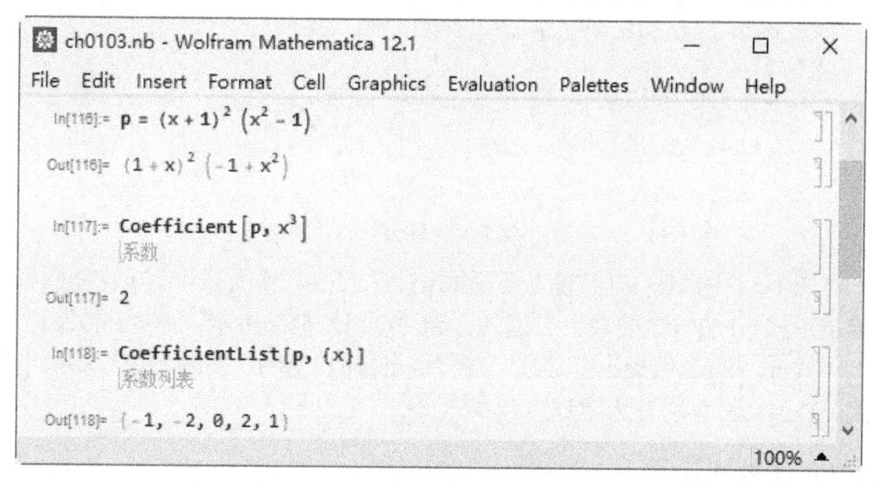

图 1-16　多项式系数函数

在图 1-16 中，“In[116]”输入多项式 p，其展开形式为“$-1-2x+2x^3+x^4$”；“In[117]”计算 p 中含 x^3 的单项式的系数，为 2(如“Out[117]所示)”；而“In[118]”得到多项式 p 的从 0 次幂开始的系数列表，如“Out[118]”所示，其中的“0”表示 x^2 的系数为 0。

5. 最大公因式和最小公倍式

计算几个数值的最大公约数和最小公倍数的函数为 GCD 和 LCM，而计算几个多项式的最大公因式和最小公倍式的函数为 PolynomialGCD 和 PolynomialLCM，这两个函数的参数相同，为[多项式 1, 多项式 2, …]或者[多项式 1, 多项式 2, …, Modulus→*p*]，后者为基于模素数 *p* 的计算。典型用法实例如图 1-17 所示。

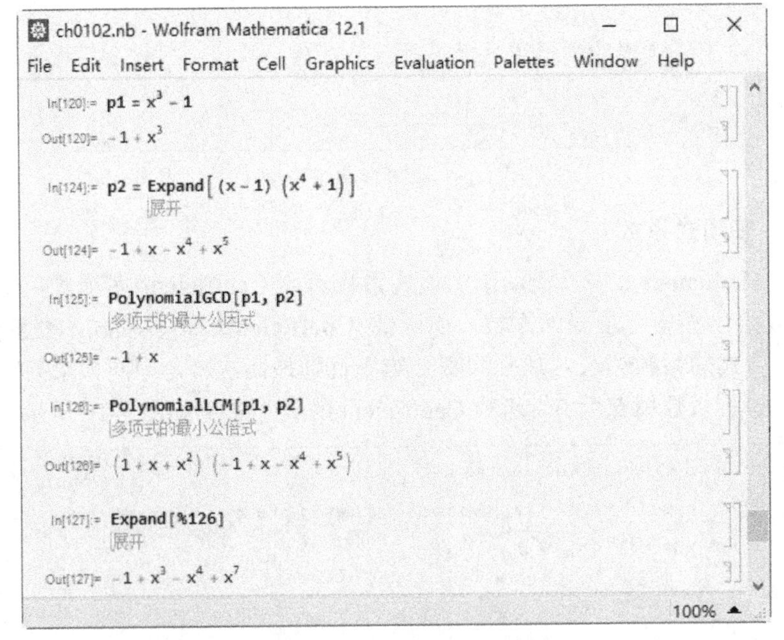

图 1-17 计算两个多项式的最大公因式和最小公倍式

在图 1-17 中，“In[120]”输入多项式 p1；“In[124]”输入多项式 p2；“In[125]”计算多项式 p1 和 p2 的最大公因式，如“Out[125]”所示；而“In[126]”计算多项式 p1 和 p2 的最小公倍式，如“Out[126]”所示；“In[127]”将最小公倍式“Out[126]”展开为普通多项式。

1.3.2 代数式运算

含有符号的多项式的运算符合常规多项式化简运算规律，涉及内容主要是合并同类项和因式分解。本节的代数式运算偏重介绍分式运算，包括分式的通分、约分和部分分式展开，对应的函数依次为 Together、Cancel 和 Apart。这三个函数的语法如下：

Together[表达式]

Cancel[表达式]

Apart[表达式]或 Apart[表达式，变量]

在“Apart[表达式，变量]”中，除“变量”之外的字母量视为常量。通分、约分和部分分式展开的典型应用实例如图 1-18 所示。

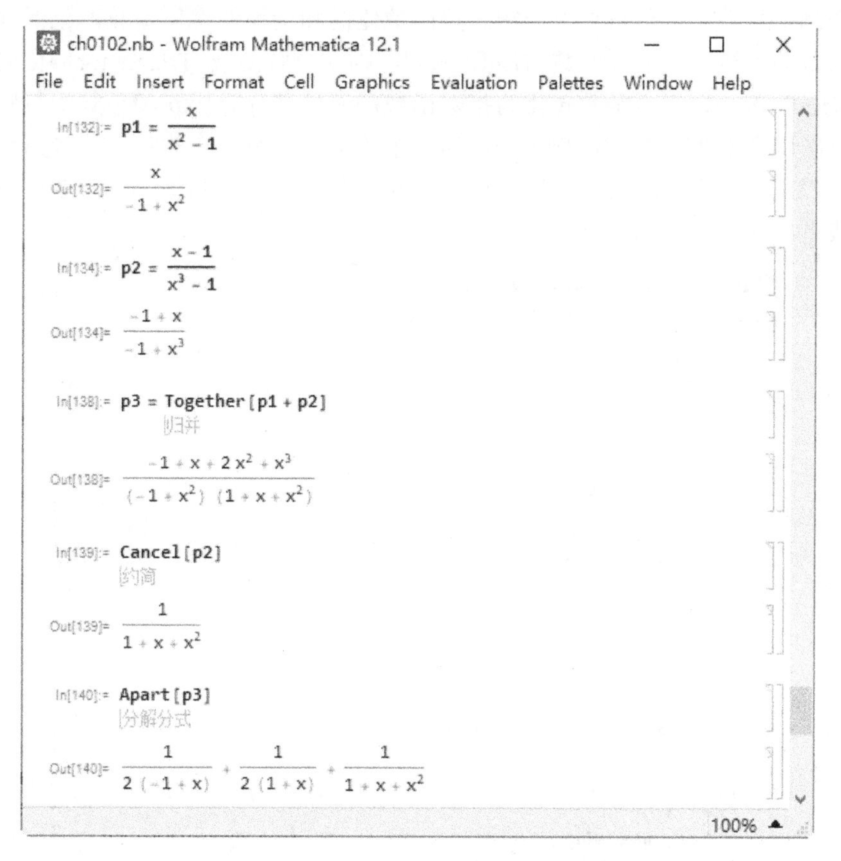

图 1-18　通分、约分和部分分式展开典型实例

在图 1-18 中，“In[132]”输入分式 p1；“In[134]”输入分式 p2；“In[138]”调用函数 Together 将分式 p1 和 p2 的和进行通分，结果保存在 p3 中，如“Out[138]”所示；“In[139]”调用函数 Cancel 对分式 p2 进行约分，结果如“Out[139]”所示。函数 Apart 是函数 Together 的逆运算，在“In[140]”中调用 Apart 函数将多项式 p3 分解为部分分式和的形式。部分分式分解在基于分式的积分运算中广泛使用。

1.3.3 三角函数式变换

三角函数是科学研究中一种重要的函数形式，本身是波的数学承载。工程上广泛应用的傅里叶级数就是将一个函数展开为三角函数的和的形式。一般地，三角函数包括正弦函数、余弦函数、正切函数、余切函数、正割函数和余割函数等。本节将重点介绍三角函数化简和变换的常用函数，包括含三角函数的表达式的展开函数 TrigExpand、因式分解函数 TrigFactor、化简函数 TrigReduce、三角函数转化为指数函数的函数 TrigToExp 和指数函数转化为三解函数的函数 ExpToTrig 等。这五个函数均只有一个参数，即含三角函数的表达式。其中，化简函数 TrigReduce 可用于证明三角恒等式。这些函数的典型用法实例如图 1-19 所示。

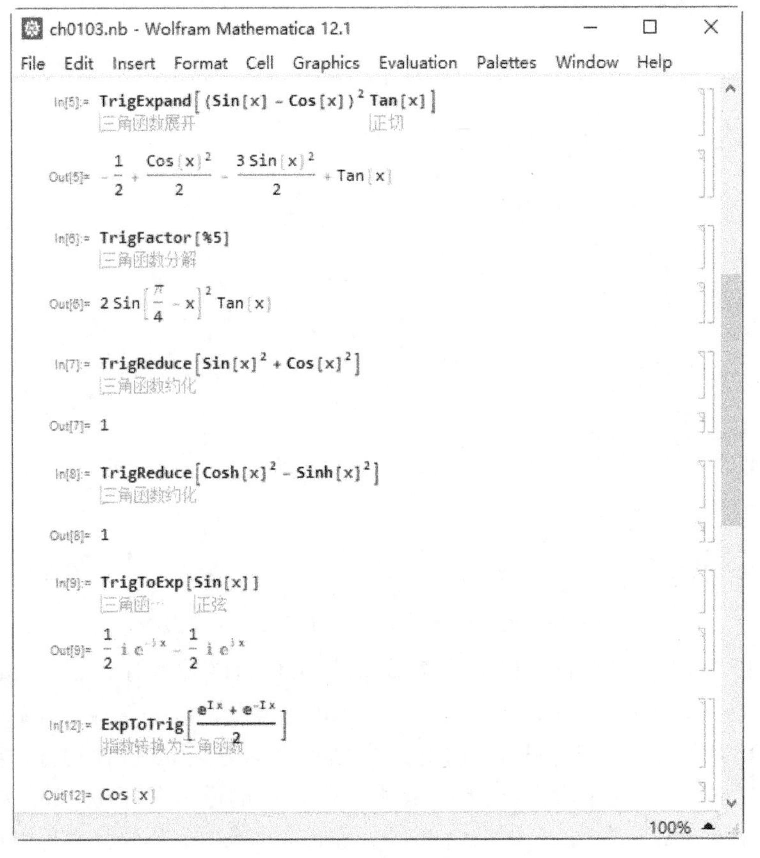

图 1-19 三角函数式变换典型实例

在图 1-19 中，“In[5]”调用 TrigExpand 函数将含有三角函数的表达式“(Sin[x] – Cos[x])^{2}Tan[x]”展开为含三角函数的“多项式”形式，如“Out[5]”所示；“In[6]”将上述展开后的三角函数式进行因式分解，得到含三角函数的积的形式，如“Out[6]”所示；“In[7]”和“In[8]”验证了两个三角恒等式，即 Sin[x]^2 – Cos[x]^2 = 1 和 Cosh[x]^2 – Sinh[x]^2 = 1；“In[9]”将正弦函数 Sin[x]表示为指数形式，如“Out[9]”所示，其中的 i 为虚数单位；“In[12]”将指数函数转化为三角函数，其中的“I”为虚数单位，结果如“Out[12]”所示。

1.4　Mathematica 字符串

Mathematica 软件具有强大的字符串处理功能，集成了众多的字符串处理函数，在表 1-7 中列举了最常用的字符串函数及其用法。注意，在 Mathematica 中，字符串中的字符从左向右其索引号从 1 按步进 1 增加；从右向左其索引号从–1 按步进 1 减小。

现在，在 Notebook 中输入“str1="Student"”和“str2="textbook"”，并执行得到两个字符串 str1 和 str2，这两个字符串将被用于表 1-7 中。

表 1-7　字符串函数及其典型用法

序号	函数	函数作用	典型示例	结果
1	StringLength	求字符串长度	StringLength[str1]	7
2	Characters	求字符串中的字符列表	Characters[str1]	{S,t,u,d,e,n,t}
3	<>	连接字符串	str1<>str2	Studenttextbook
4	StringJoin	连接字符串	StringJoin[str1,str2]	Studenttextbook
5	ToUpperCase	字符串中的字符大写	ToUpperCase[str1]	STUDENT
6	ToLowerCase	字符串中的字符小写	ToLowerCase[str1]	student
7	StringReverse	字符串反序排列	StringReverse[str1]	tnedutS
8	StringSplit	用空格分离字符串	StringSplit["ab cd efg"]	{ab,cd,efg}
9	StringSplit[字符串,","]	用逗号和空格分离字符串	StringSplit["ab, cd, efg",", "]	{ab,cd,efg}
10	StringInsert[str1, str2, *k*]	在 str1 指定位置 *k* 插入字符串 str2	StringInsert[str1, str2,2]	Stextbooktudent

续表

序号	函数	函数作用	典型示例	结果
11	StringTake[str1, {k, m}]	从 str1 中取 k 至 m 位置的字符串	StringTake[str1, {2,4}]	tud
12	StringDrop[str1, {k, m}]	从 str1 中删除 k 至 m 位置的字符	StringDrop[str1, {2,4}]	Sent
13	StringReplacePart[str1,str2,{m, n}]	将 str1 中 k 至 m 字符替换为 str2	StringReplacePart[str1,str2,{3,4}]	Sttextbookent
14	StringReplace[str1, s->str2]	将 str1 中所有的 s1 替换为 str2	StringReplace[str1, "den"->str2]	Stutextbookt
15	StringTrim[字符串]	去掉字符串的首尾空格	StringTrim[" Stu "]	Stu
16	CharacterRange[字符 a,字符 b]	生成连接的字符序列	CharacterRange["e", "h"]	{e,f,g,h}
17	StringCases	找出字符串中模式匹配成功的字符串	StringCases["people apple","pl"~~_]	{ple,ple}
			StringCases["people appla","pl"~~x_->x]	{e,a}
			StringCases["peeple appla",x_~~x_]	{ee,pp}

在表 1-7 中，需要说明的有：① 连接两个或多个字符串时可以使用连接符“<>”，也可以使用函数 StringJoin，两者并无本质区别，如表 1-7 中序号 3 和 4 所示；② 在表 1-7 序号 8 中，用空格分离字符串，此时，原字符串中的一个或多个连续的空格均视为分隔符，例如“StringSplit["ab cd efg "]”，将得到与表 1-7 中序号 8 同样的结果，即{ab,cd,efg}；③ 在表 1-7 的序号 9 中，使用逗号加一个空格(即“, ”)分离字符串，此时，要求字符串的分隔符必须与“逗号加一个空格”严格匹配，例如“StringSplit["ab,cd,   efg",", "]”，将得到“{ab,cd,   efg}”(即 List["ab,cd","   efg"]，表示列表中只有两个元素，依次为字符串“ab，cd”和“   efg”)，显然，“ab”和“cd”间的逗号不是分隔符；④ 在表 1-7 序号 17 中，“~~”为字符串连接符，“_”(单一下划线)表示任意一个字符，“__”(双下划线)表示任意一个或多个字符，“___”(三个连续的下划线)表示 0 个或多个字符。这里的“"pl"~~_”表示以 pl 开头的三字符模式；“"pl"~~x_”表示以 pl 开头的三字符模式，第 3 个字符

以变量名 x 表示，而“"pl"~~x_->x”表示将以 pl 开头的三字符替换为最后一个字符；“x_~~x_”表示两个字符，这两个字符都定义为变量名 x，意味着两个字符相同，因此，“StringCases["peepleappla", x_~~x_]”表示将字符串中满足双字符相同的模式的字符串取出来。

本 章 小 结

本章内容为学习 Mathematica 软件的应用奠定了基础。本章首先详细介绍了 Mathematica 软件的工作界面和常用菜单，然后，讨论了 Mathematica 软件的输入、输出和计算等基本操作，接着，分析了 Mathematica 数值计算的相关函数及其典型用法，涉及基本算术运算、关系表达式、逻辑运算、常用数学函数和代数方程等。在此基础上，讨论了 Mathematica 强大的符号计算功能，特别是多项式运算、分式运算和三角函数式变换等。最后，深入介绍了 Mathematica 的常用字符串函数及其应用方法。

再次强调一下，Mathematica 软件工作界面中 Help 菜单下的“Wolfram 语言与系统参考资料中心”集成了学习 Mathematica 软件的最佳资料，建议读者在学习本书内容的过程中，充分利用这些资料并同步开展学习，同时，建议在使用 Mathematica 软件进行项目设计与计算过程中，养成在线查询函数功能与用法的好习惯。这些资料中含有大量的实例可供参考，特别有趣的是，这些实例可以直接修改运行。例如，Sin 函数的 Help 窗口如图 1-20 所示。

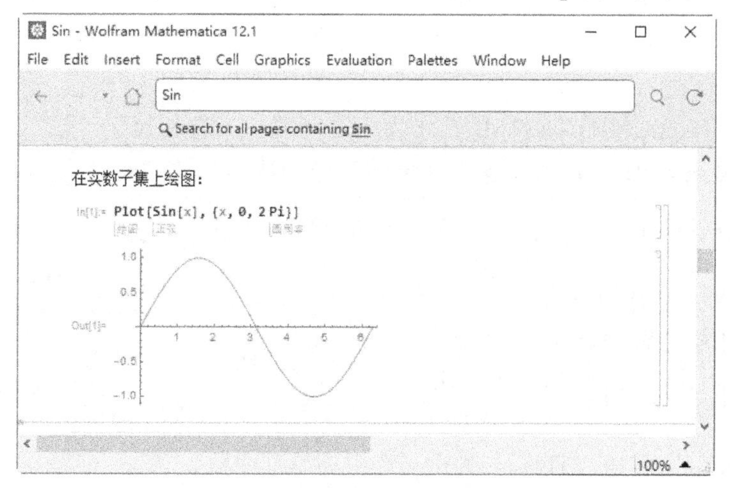

图 1-20　Sin 函数的 Help 窗口部分内容

可以直接在图 1-20 中的“In[1]”中修改指令，例如，将“2 Pi”改为“8 Pi”，然后，按下“Shift+Enter”键，可以得到如图 1-21 所示的结果。这些操作不会改变 Help 文档的任何内容，但是对于初学者掌握函数参数的作用极有帮助。Help 文档中函数的所有实例均可以在文档中修改运行，并可查看新的运行结果。

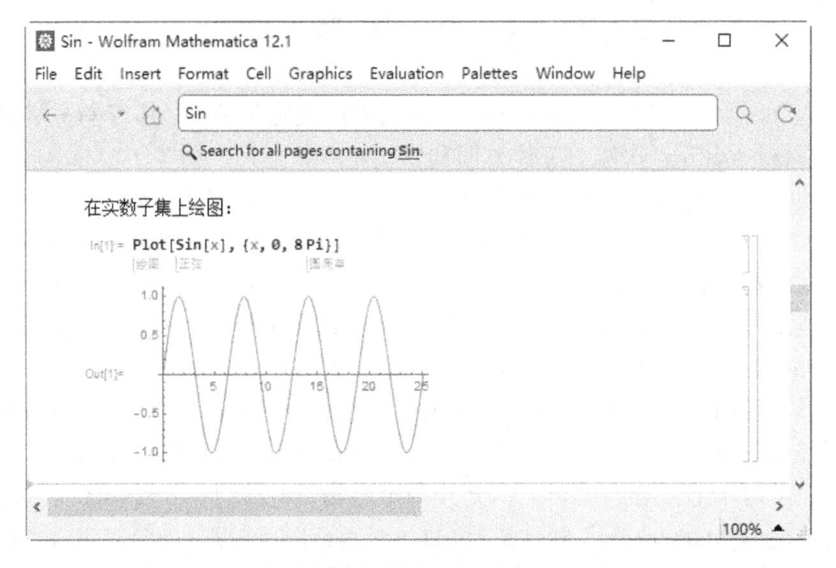

图 1-21　修改后的 Sin 函数的 Help 窗口部分内容

习　　题

1. 将十六进制数 0x79AB 转化为十进制数和二进制数。
2. 将整数 91 转化为长度为 8 位的二进制数。
3. 计算$\frac{\pi}{4}$的正弦值、余弦值、正切值和余切值。
4. 求第 1000 个素数。
5. 求解方程$16x^2+2x-3=0$。
6. 求解方程组$\begin{cases}12x+9y=21\\x-4y=-8\end{cases}$。
7. 统计字符串“This is a string.”中的单词个数。

第 2 章　Mathematica 列表

列表是 Wolfram 语言最基本的数据结构，是指借助于花括号“{”和“}”括起来的一列元素，元素可为常量、变量和符号。列表可以多级嵌套，嵌套列表的最外层称为第一层列表，依次向内可得到第二层、第三层……列表。可以使用“深度”表示列表的层数，列表的表头(即“List”)的深度定义为 1，因此，第一层列表的深度为 2，第二层列表的深度为 3，以此类推。计算列表深度的函数为 Depth，而函数 Level 可以返回相同深度的列表元素，典型应用如图 2-1 所示。

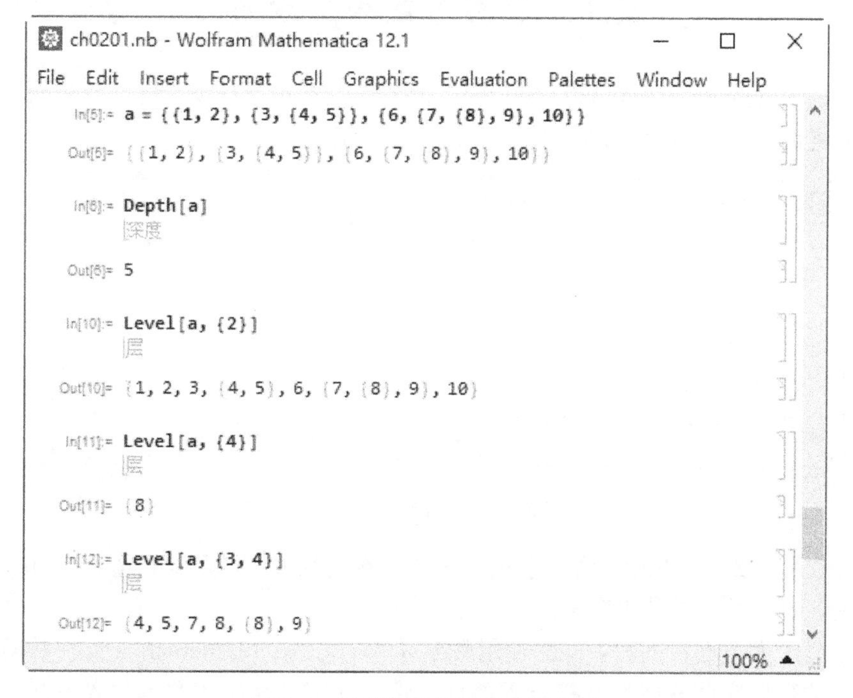

图 2-1　列表层数与深度典型实例

在图 2-1 中，“In[5]”定义了变量 a，为一个 4 层列表，其深度为 5；“In[5]”调用 Depth 函数计算 a 的深度，计算结果为 5，如“Out[5]”所示。Level 函数可以返回列表中相同深度的元素，其用法为：**Level[列表, {深度−1}]**，这里第二个层数为“深度”的值减去 1，返回该“深度”的列表元素。“In[10]”调用 Level 函数得到位于第 2 层(即第 3 深度)的列表元素组成的新列表，即{1, 2, 3, {4, 5}, 6, {7, {8}, 9}, 10}，如“Out[10]”所示。“In[11]”调用 Level 函数得到第 4 层(第 5 深度)的列表元素组成的列表，如“Out[11]”所示。

Level 函数的另一个用法为：**Level[列表, {n_1, n_2}]**，返回第 n_1 层至第 n_2 层子列表的元素组成的新列表。在图 2-1 中，“In[12]”调用 Level 函数返回第 3 层至第 4 层子列表的元素组成的新列表，即{4, 5, 7, 8, {8}, 9}，如“Out[12]”所示，其中，“4, 5, 7, {8}, 9”为第 3 层的元素，“8”为第 4 层的元素。

向量、数组和矩阵均借助于列表实现，向量和一维数组为单层列表；矩阵为两层嵌套列表。本节将讨论常用列表的生成方法和列表元素处理方法。

2.1 常用列表构造方法

在 Notebook 中，可直接输入列表，列表元素被“{”和“}”所包围，列表元素间用英文逗号“,”分隔，如图 2-2 所示。

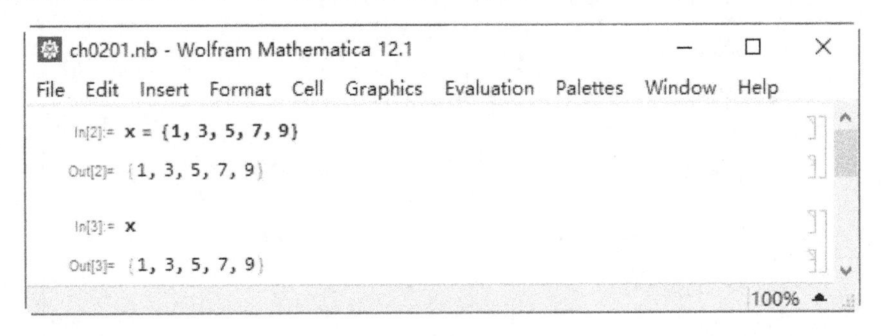

图 2-2 手工输入列表元素

在图 2-2 中，“In[2]”输入了包含 5 个元素的列表，并赋给变量 x；在“In[3]”中输入 x，可以查看变量 x 的值。

对于大数据量而言，一般使用数据导入的方式。Mathematica 支持从多种类型的数据文件或网站直接导入数据，这里介绍最常用的数据导入方法，即从 Excel 表格中导入数据。这里，借助于 Excel 2016 生成一个电子表格(数据表格)，将表格保存为 myproduct2019.xlsx，如图 2-3 所示。

myproduct2019.xlsx...　登录

文件　开始　插入　页面　公式　数据　审阅　视图　帮助　特色　Acro　告诉我

B53

	A	B
1	月份	产量（吨）
2	1	101
3	2	105
4	3	97
5	4	95
6	5	93
7	6	110
8	7	104
9	8	114
10	9	98
11	10	102
12	11	107
13	12	96
14		

Sheet1　100%

图 2-3　表格文件 myproduct2019.xlsx

在图 2-3 中的 myproduct2019.xlsx 中，保存了某种产品 2019 年中每月的产量。然后，在 Notebook 中使用 Import 函数将 Excel 表格中的数据导入 Mathematica 中，如图 2-4 所示。请注意：文件路径使用“\\”(与 C 语言路径名规则相同)。这里，文件 myproduct2019.xlsx 在硬盘上的完整保存路径(含文件名)为“E:\ZYMaths\Book20\myproduct2019.xlsx”。

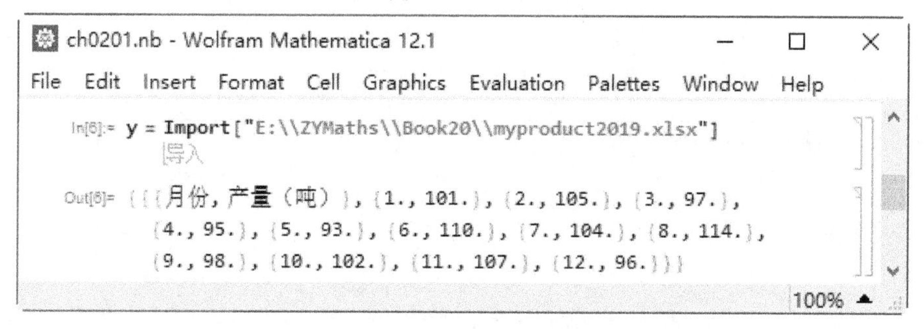

图 2-4　表格 myproduct2019.xlsx 导入的数据列表

结合图 2-3 和图 2-4 可知，在 Notebook 中将读入的 Excel 表格数据以嵌套列表的形式保存在变量 y 中，这里的 y 是一个三层嵌套的列表，最内层的列表元素对应着图 2-3 中 Excel 表格的行数据；第二层的列表对应着 Excel

表格中的表单(即 Sheet)，图 2-3 中只有一个表单 Sheet1；第一层(即最外层)列表对应着整个表格。

现在，在图 2-3 的基础上，添加一个新的表单(Sheet2)，如图 2-5 所示。

月份	售价（千元/吨）
1	5.23
2	5.28
3	5.76
4	6.1
5	6.22
6	6.4
7	6.89
8	7.21
9	7.66
10	8.12
11	8.9
12	9.18

图 2-5 具有两个表单的 Excel 表格(Sheet1 如图 2-3 所示)

此时，在 Notebook 中再次导入 myproduct2019.xlsx，如图 2-6 中“In[7]”所示，其结果如“Out[7]”所示。此时，第一层(最外层)列表中包括两个子列表，分别对应着图 2-5 中的两个表单 Sheet1 和 Sheet2，而第二层两个子列表中的第三层列表分别对应着两个表单中的数据。

```
In[7]:= y = Import["E:\\ZYMaths\\Book20\\myproduct2019.xlsx"]
Out[7]= {{{月份, 产量（吨）}, {1., 101.}, {2., 105.}, {3., 97.},
  {4., 95.}, {5., 93.}, {6., 110.}, {7., 104.}, {8., 114.},
  {9., 98.}, {10., 102.}, {11., 107.}, {12., 96.}},
 {{月份, 售价（千元/吨）}, {1., 5.23}, {2., 5.28}, {3., 5.76},
  {4., 6.1}, {5., 6.22}, {6., 6.4}, {7., 6.89}, {8., 7.21},
  {9., 7.66}, {10., 8.12}, {11., 8.9}, {12., 9.18}}}
```

图 2-6 具有两个表单的 Excel 表格导入的数据

在 Notebook 中使用函数 Export 可将计算结果保存为 Excel 表格，例如，在图 2-6 所示的 Notebook 中添加如下输入语句：

Export["E:\\ZYMaths\\Book20\\myproduct2019new.xlsx",y]

将在目录 E:\ZYMaths\Book20\下生成表格文件 myproduct2019new.xlsx，该文件内容为变量 y 的内容，即图 2-5 中显示的内容。

此外，Mathematica 函数的计算结果大都以列表的形式存储，其中有一些函数可以生成有规律的列表，例如最常用的 Table 函数。

Table 函数可以生成常数向量和常数矩阵，其典型实例如图 2-7 所示。

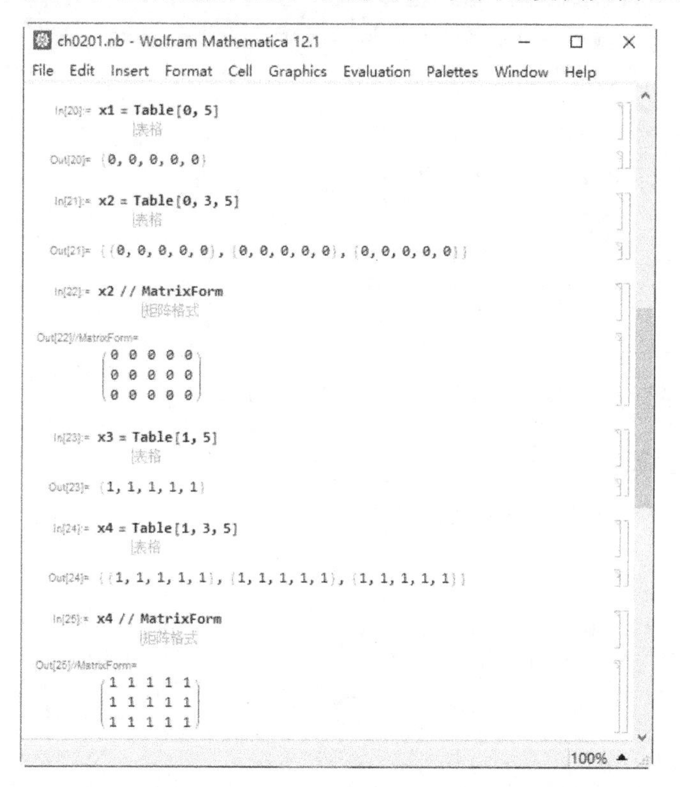

图 2-7 Table 函数生成常数向量和常数矩阵用法实例

在图 2-7 中，对于 Table 函数，其第一个参数指定常数，从第二个参数开始的其余全部参数指定维数。其中，MatrixForm 函数使数据以矩阵的形式表示，并在矩阵两边添加大括号。这里，“In[20]”得到一个长度为 5、元素均为 0 的列表 x1，如“Out[20]”所示；“In[21]”得到了一个二层嵌套列表 x2，共有 3 个子列表，每个子列表有 5 个元素，元素均为 0，如“Out[21]”

所示，可以视为一个 3 行 5 列的全 0 矩阵；“In[22]” 将列表 x2 以矩阵形式显示，如 “Out[22]” 所示，此时显示结果为 “Out[22]//MatrixForm”，该结果只作为显示样式，不能参与计算。同理，“In[23]” 生成一个长度为 5、元素均为 1 的列表 x3，如 “Out[23]” 所示；“In[24]” 生成一个二层嵌套列表 x4，共 3 个子列表，每个列表有 5 个元素，元素均为 1，如“Out[24]”所示；“In[25]” 以矩阵的形式显示 x4，如 “Out[25]” 所示。

Table 函数也可生成一些有规律的向量和矩阵，如图 2-8 所示。

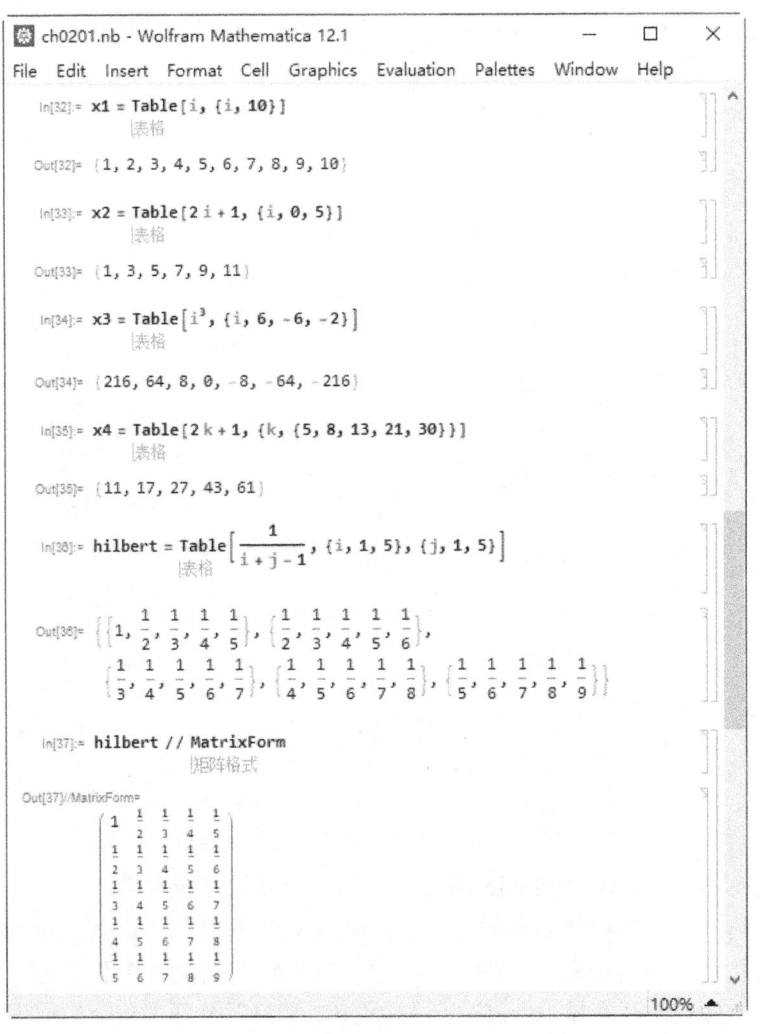

图 2-8 Table 函数生成有规律的向量或矩阵

在图 2-8 中，Table 函数的第一个参数为表达式，其中包括了局部变量，这里的局部变量是指Table函数的第二个参数及其以后的参数中出现的变量，常称为循环变量参数。Table 函数的第二个参数及其以后的参数用于指定局部变量的变化方式，用花括号括起来，有两种形式：第一种形式包括四部分，变量名、变量初始值(为 1 时可省略)、变量终值和变量变化的步长(为 1 时可省略)，如“In[34]”所示；第二种形式包括两部分，变量名和变量取值列表，如“In[35]”所示，此时变量依次在变量列表中取值。

在“In[32]”中，Table 的局部变量 i 的取值为从 1 按步长 1 增至 10，将生成 1 至 10 的整数列表 x1，如“Out[32]”所示。“In[33]”中，Table 的局部变量 i 从 0 按步长 1 增加到 5，每步计算 2i+1 的值，将生成 1 至 11 的奇数序列 x2，如“Out[33]”所示。“In[34]”中 Table 的局部变量 i 的步长为−2，i 从 6 按步长−2 递减至−6，每步计算 i^3，得到列表 x3 如“Out[34]”所示。“In[35]”中 Table 的局部变量 k 依次从列表{5, 8, 13, 21, 30}中取值，对每个 k 的值计算 2k+1 的值，得到列表 x4，如“Out[35]”所示。

注意：Table 函数中从第二个参数开始的参数，即循环变量参数，当有多个时，越右边的参数对应着循环嵌套的层数越大，即变化越快。例如，在“In[35]”中，首先局部变量 i 取值 1，局部变量 j 从 1 按步长 1 增加到 5；然后，i 增加 1 变为 2，j 再次从 1 按步长 1 增加到 5；以此类推。对于每一次 i 和 j 的值，计算 1/(i+j−1)的值，得到列表 hilbert 如“Out[36]”所示；“In[37]”将 hilbert 转化为矩阵形式，如图 2-8 中“Out[37]”所示，该矩阵为 5 阶 Hilbert 矩阵。

此外，Table 函数的第一个参数可以为语句组，每个语句组包括多条语句，相邻的两个语句间用分号“;”分隔，其典型实例如图 2-9 所示。

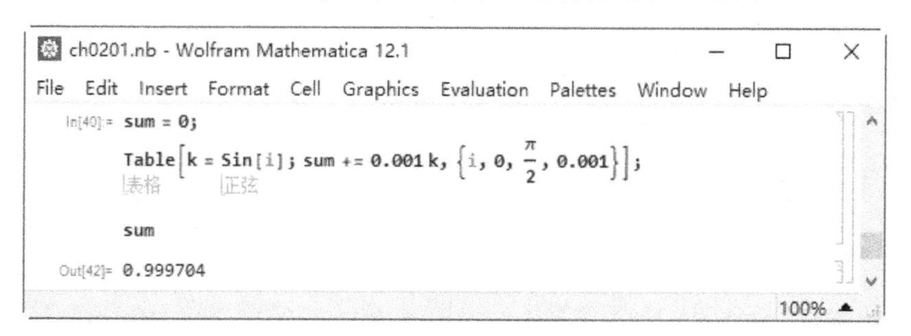

图 2-9 Table 函数的第一个参数为语句组

在图 2-9 中，“In[40]”中每条语句后面的分号“;”表示该条语句不显示结果；而 Table 函数内部的分号“;”用于分隔 Table 函数的语句，所有用分号连接的语句均被视为“一条”语句。也就是说，“k = Sin[i]; sum += 0.001 k”为一条语句。在“In[40]”中，将 sum 赋为 0，然后，在 Table 循环中，局部变量 i 从 0 按步长 0.001 递增到 π/2，对于每步计算 Sin[i]的值，并将其与 0.001(即步长)的积累加到 sum 中，可见，这里的 Table 函数实际上计算了 Sin[x]与 x 轴围成的图形(x 从 0 至 π/2)的近似面积。sum 的值如“Out[42]”所示，为 0.999704(精确值为 1，可用语句“Integrate[Sin[x], {x, 0, Pi/2}]”求得)。

一般地，可以使用 Range 函数为 Table 函数生成第二个参数及其以后的参数，Range 函数的典型用法为：**Range[i_{min}, i_{max}, step]**，表示从 i_{min}(为 1 可省略)按步长 step(为 1 可省略)递增到 i_{max} 得到的数列，相当于“Table[*i*, {*i*, i_{min}, i_{max}, step}]”实现的功能。在“Range[i_{min}, i_{max}, step]”生成的序列中，i_{min} 为第一个数，i_{min}+step 为第二个数，i_{min} + 2step 为第三个数，以此类推，直到递增(步长 step 为正)或递减(步长 step 为负)至小于等于 i_{max}。但是，有可能 i_{max} 取不到，即 i_{max} 不在生成的列表中。

Range 函数生成列表的典型实例如图 2-10 所示。

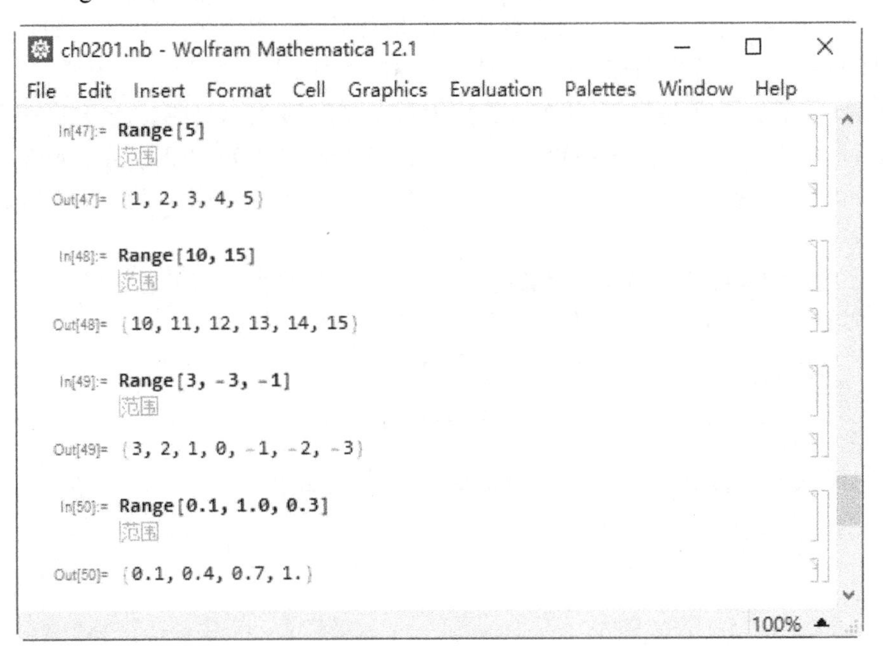

图 2-10　Range 函数典型实例

Range 函数的参数形式为：变量起始值(为 1 可省略)、变量终止值、变量增量(为 1 可省略)，因此，在图 2-10 中，“In[47]”表示从 1 按步长 1 增加到 5 生成的列表，如图“Out[47]”所示；“In[48]”表示从 10 按步长 1 增加到 15 生成的列表，如“Out[48]”所示；“In[49]”表示从 3 按步长 −1 递减到 −3 生成的列表，如“Out[49]”所示。Range 函数支持实数序列的生成，例如“In[50]”表示从 0.1 按步长 0.3 增加到 1.0 生成的列表，如“Out[50]”所示，使用语句“Range[0.1, 1.1, 0.3]”也可以生成该列表(注意，1.1 不在列表中)。

可使用 Range 函数作为 Table 函数的局部变量变化范围，例如如下语句：

```
Table[i^2,{i,Range[3]}]
```

这里局部变量 i 的取值范围为 Range[3]，即{1, 2, 3}，上述 Table 函数的运行结果为{1,4,9}。

2.2　列表元素操作

列表中元素的操作十分灵活。列表中的部分元素可以单独访问，并可以读取出来构成新的列表；同时，列表支持元素的修改、增加和删除操作，并且可以检索和统计列表中的元素情况。

2.2.1　列表元素访问

列表中元素的访问方法为“列表名[[元素位置]]”，注意，使用双中括号访问元素。在列表中，元素位置的索引号自左至右为从 1 开始步进 1，或从右至左为从 −1 开始步进 −1。“元素位置”的表示方法有四种：

(1) 正整数 n，表示从左边第 1 个元素算起的第 n 个元素位置；

(2) 负整数 $-n$，表示从右边第 1 个元素向左数的第 n 个元素位置；

(3) “*m*;;*n*;;*k*”，表示从第 m 个元素位置按步长 k 递增(k 为正数)或递减(k 为负数)至第 n 个元素位置(m、n 可以为负整数)，步长 k 可为正整数也可为负整数；

(4) 用其他列表的元素表示要索引列表的元素位置，要求使用的其他列表元素必须为正整数或负整数，且其元素值在检索列表的元素位置索引号范围内，例如：“x=Table[i^2, {i, 10}]; y=x[[Range[1, 10, 2]]]”，这里使用了 Range 产生的列表元素作为 x 列表的索引号，得到 x 列表的奇数位置的元素组成的新列表，赋给变量 y。对于嵌套列表，“元素位置”可指定各层列表的访问。

列表元素访问的典型实例如图 2-11 和图 2-12 所示。

```
ch0202.nb - Wolfram Mathematica 12.1
File Edit Insert Format Cell Graphics Evaluation Palettes Window Help

In[2]:= x = Range[10] + 0.5
         范围
Out[2]= {1.5, 2.5, 3.5, 4.5, 5.5, 6.5, 7.5, 8.5, 9.5, 10.5}

In[4]:= a1 = x[[3]]
Out[4]= 3.5

In[5]:= a2 = x[[-2]]
Out[5]= 9.5

In[6]:= a3 = x[[5 ;; 7]]
Out[6]= {5.5, 6.5, 7.5}

In[7]:= a4 = x[[-8 ;; -5]]
Out[7]= {3.5, 4.5, 5.5, 6.5}

In[17]:= a5 = x[[{3, 7, 10}]]
Out[17]= {3.5, 7.5, 10.5}

In[18]:= a6 = x[[1 ;; 10 ;; 3]]
Out[18]= {1.5, 4.5, 7.5, 10.5}
110%
```

图 2-11 列表元素访问实例

在图 2-11 中，“In[2]”用 Range 函数生成 1 至 10 的整数列表，然后，该列表的每个元素加上 0.5 后得到如“Out[2]”所示的列表 x；“In[4]”展示了访问单个列表元素的方法，这里使用“[[3]]”表示读取 x 列表的第 3 个元素，读出值为 3.5，如“Out[4]”所示；“In[5]”使用“[[−2]]”表示读取 x 列表的倒数第 2 个元素，读出值为 9.5，如“Out[5]”所示；“In[6]”中，“[[5 ;; 7]]”表示从第 5 个元素起按步长 1 递增，至第 7 个元素，即读取列表 x 的第 5 至 7 个元素，读出结果以列表的形式存储，即{5.5, 6.5, 7.5}，如“Out[6]”所示。

在“In[7]”中，“[[−8 ;; −5]]”表示从倒数第 8 个元素按步长 1 递减，至倒数第 5 个元素，即读取列表 x 的倒数第 8 个元素至倒数第 5 个元素，读出结果以列表的形式存储，即{3.5, 4.5, 5.5, 6.5}，如“Out[7]”所示。如果使用语句“a4 = x[[−5 ;; −8 ;; −1]]”，则表示读取 x 列表的倒数第 5 个至倒数第 8 个元素组成一个新列表，即{6.5, 5.5, 4.5, 3.5}，该列表是图 2-11 中“Out[7]”的反序列表；“In[17]”读出列表 x 的第 3 个、第 7 个和第 10 个位置的元素并组成新的列表，且以列表的形式存储，即{3.5, 7.5, 10.5}，如“Out[17]”所示；“In[18]”读出列表 x 的第 1 个位置起、步进为 3、终止位置为 10(可以取不到)的元素，将这些元素组成一个新列表，即{1.5, 4.5, 7.5, 10.5}，如“Out[18]”所示。

下面图 2-11 展示了嵌套列表的元素访问方法。

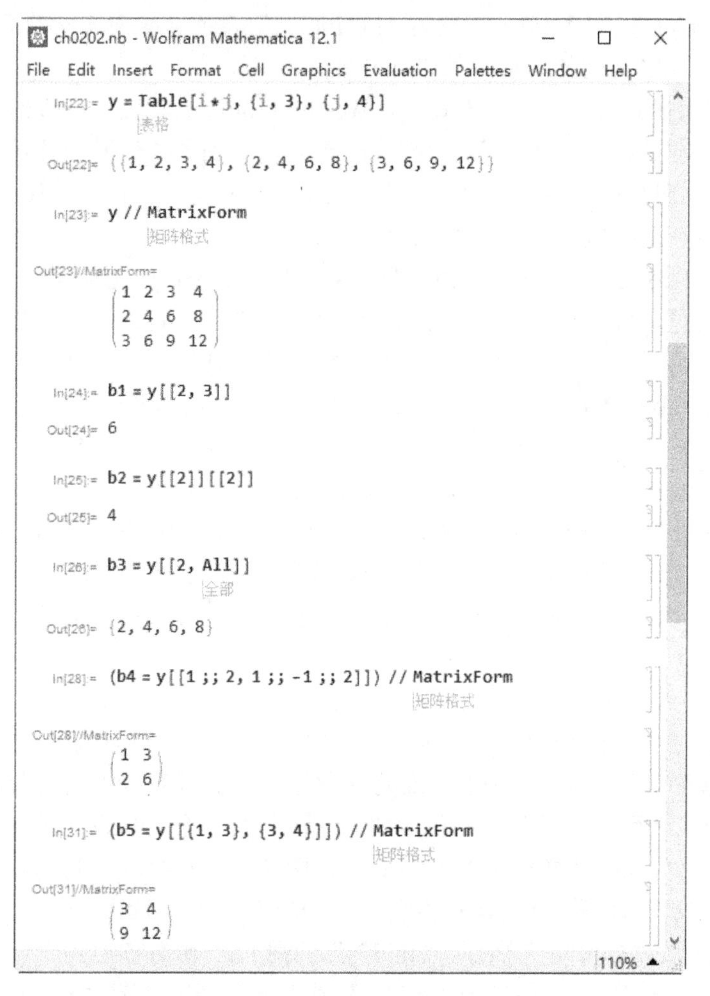

图 2-12　嵌套列表元素访问实例

在图 2-12 中，“In[22]”生成了一个二维列表 y，借助于 MatrixForm 转化为矩阵形式如“Out[23]”所示；“In[24]”读取 y 的第 2 个子列表的第 3 个元素，即第 2 行第 3 列的元素，读出 6；“In[25]”是另一种读取嵌套列表 y 中元素的方法，表示读出第 2 行第 2 列的元素，即 4；“In[26]”表示读取 y 中第 2 个子列表中的全部元素，即第 2 行的全部元素，为{2, 4, 6, 8}，也可使用语句 b3=y[[2]]，如果是读取 y 中的一列数据，例如读出第 2 列的数据，可以使用语句 b3=y[[All,2]]，这里的 All 表示全部元素；“In28”表示读取列表 y 中的第 1、2 行和第 1、3 列交叉处的元素，这里的“1;;−1;;2”表示从第一列至最后一列(可以取不到)，步长为 2；“In[31]”表示读取列表 y 的第 1、3 行和第 3、4 列交叉处的元素，如“Out[31]”所示。

除了上述列表元素访问方式外，Wolfram 语言中集成了一些列表元素访问函数，例如，First 函数可访问列表的首元素，Last 函数用于访问列表的尾元素，Part 函数用于访问列表中的任一元素，Take 函数用于访问列表的部分元素。这些函数的典型实例如图 2-12 所示。

在图 2-13 中，Prime 函数为素数函数，即“Prime[n]”返回第 n 个素数(或质数)。这里，“In[34]”中，使用 Table 函数和 Prime 函数生成一个一维的素数列表 x，包括第 1 个至第 10 个素数，如“Out[34]”所示。接着，在“In[35]”中，使用 Table 函数创建了一个二维列表 y，包含 m=4 个子列表，每个子列表有 n=5 个元素。在该 Table 函数中，m 从 1 按步长 1 递增至 4，每个 m 对应的 n 从 1 按步长 1 递增至 5，对于每次循环，计算 m + 2n 的值，生成的二维列表借助于 MatrixForm 函数以矩阵的形式显示，如“Out[35]”所示。这里，使用了括号将赋值括起来，即“(y = Table[m + 2 n,{m, 4}, {n, 5}])”，然后再施加后置函数 MatrixForm，目的在于使变量 y 保存列表，而非 MatrixForm 函数处理后的显示格式(这种格式不能作为列表使用)。

对于一维列表，可使用 First 函数取出它的第一个元素；对于二维列表，可用 First 函数取出它的第一个子列表(的全部元素)，即对应矩阵的第一行元素，以列表的形式存储。对于一维列表，可用 Last 函数取出它的最后一个元素；对于二维列表，可用 Last 函数取出它的最后一个子列表，即对应于矩阵的最后一行元素，以列表的形式存储。在图 2-13 中，“In[36]”调用 First 函数读取列表 x 的第一个元素，相当于“x[[1]]”指令，读出值赋给变量 a2，其值为 2，如“Out[36]”所示。“In[37]”调用 First 函数读出列表 y 的第一个元素(第一个子列表)，相当于“y[[1]]”或“y[[1, All]]”或“y[[1]][[All]]”，其中“All”表示对应位置的全部元素，这里表示第一行的全部列的元素，得到结果赋给变量 b1，其值为列表{3,5,7,9,11}，如“Out[37]”所示。同理，“In[38]”调用 Last 函数读取列表 x 的最后一个元素，相当于“x[[−1]]”，读出值赋给变量 a2，其值为 29，如“Out[38]”所示。“In[39]”调用 Last 函数读取二层嵌套列表y的最后一个子列表，相当于“y[[-1]]”或“y[[-1, All]]”，读出结果为列表{6, 8, 10, 12, 14}，如“Out[39]”所示。

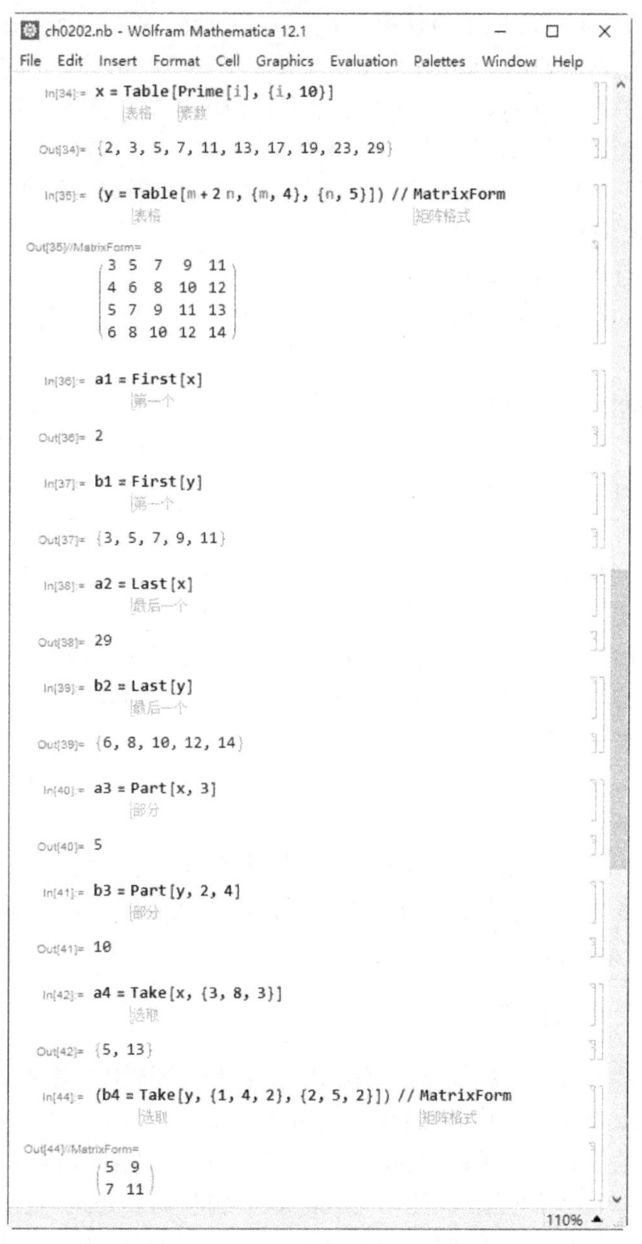

图2-13 列表操作函数的典型实例

除了位置索引操作符“[[ ]]”和 First 与 Last 函数外，Mathematica 还提供了 Part 函数和 Take 函数访问列表的各个元素(或其子列表)。

其中，Part 函数的使用与使用“[[ ]]”读取列表参数的形式相似。图 2-13 中，“In[40]”表示调用 Part 函数读取列表 x 的第 3 个元素；而“In[41]”表示调用 Part 函数读取列表 y 的第 2 个子列表的第 4 个元素，即第 2 行第 4 列的元素。Part 函数可以读取数据块，例如：“Part[y, 2 ;; 4, 1 ;; 2]”将读取列表 y 的第 2 行至第 4 行和第 1 列至第 2 列的数据块，并形成新的列表，即“{{4, 6}, {5, 7}, {6, 8}}”。

Take 函数用法众多，例如：

(1) **Take[列表, *n*]** 读取列表的前 *n* 个元素，读出的元素组合为一个新列表；

(2) **Take[列表, –*n*]** 读取列表的最后 *n* 个元素，读出的元素组合为一个新列表；

(3) **Take[列表, {*m*, *n*}]** 读取列表的第 *m* 个至第 *n* 个元素，读出的元素组合为一个新列表；

(4) **Take[列表, {*m*, *n*, *k*}]** 读取列表的第 *m* 个至第 *n* 个元素(可能取不到)，读取步长为 *k*，读出的元素组合为一个新列表。

在图 2-13 中，“In[42]”表示读取列表 x 的第 3 个至第 8 个元素，按步长 3，即读出第 3 个和第 6 个元素，其值为{5, 13}，如“Out[42]”所示；“In[44]”表示读取列表 y 的第 1 行按步长 2 至第 4 行和第 2 列按步长 2 至第 5 列相交叉处的元素，读出的元素组合为一个新列表，并以矩阵的形式显示，如“Out[44]”所示。

尽管有 Part 和 Take 等诸多函数，我们建议尽可能使用“[[ ]]”读取列表元素，当有多个“[[ ]]”嵌套使用时，通过添加适当的空格，即可以保证双括号的对应关系正确无误。

2.2.2 列表元素修改

列表元素可以使用赋值方法直接修改，例如“列表[[位置]]=新的值”，此外，可以使用 Insert 函数向列表中设定的位置插入元素，借助 Prepend 函数在列表头部插入元素，借助 Append 函数在列表尾部插入元素，使用 Delete 函数删除某些位置的元素，使用 Drop 函数删除列表中的一些元素，使用 ReplacePart 函数替换列表中的某些元素，等等。这些函数的典型用法实例如图 2-14 所示。

```
ch0202.nb - Wolfram Mathematica 12.1
File  Edit  Insert  Format  Cell  Graphics  Evaluation  Palettes  Window  Help

In[1]:= x = CharacterRange["a", "j"]
             字符范围
Out[1]= {a, b, c, d, e, f, g, h, i, j}

In[2]:= x[[2]] = "k"
Out[2]= k

In[3]:= x
Out[3]= {a, k, c, d, e, f, g, h, i, j}

In[5]:= Prepend[x, "e"]
        加在前面
Out[5]= {e, a, k, c, d, e, f, g, h, i, j}

In[6]:= Append[x, "m"]
        追加
Out[6]= {a, k, c, d, e, f, g, h, i, j, m}

In[8]:= Delete[x, {{3}, {6}, {8}}]
        删除
Out[8]= {a, k, d, e, g, i, j}

In[9]:= Drop[x, {3, 8, 2}]
        去掉元素
Out[9]= {a, k, d, f, h, i, j}

In[11]:= ReplacePart[x, 2 → "b"]
         替换部分
Out[11]= {a, b, c, d, e, f, g, h, i, j}
                                                   110%
```

图 2-14　列表元素修改函数应用实例

在图 2-14 中，“In[1]”使用函数 CharacterRange 生成一个从字符“a”至字符“j”的字符列表 x，如“Out[1]”所示；“In[2]”将 x 的第 2 个元素赋值为“k”；“In[3]”显示列表 x，可以看到其第 2 个元素由字符“b”变为了“k”，如“Out[3]”所示。“In[5]”调用 Prepend 函数在列表 x 前面添加字符“e”，形成新的列表如“Out[5]”所示；“In[6]”调用 Append 函数在列表 x 尾部添加字符“m”，形成新的列表如“Out[6]”所示；“In[8]”调用 Delete 函数删除列表 x 的第 3 个、第 6 个和第 8 个位置处的字符，形成新的列表如“Out[8]”所示；“In[9]”调用 Drop 函数删除列表 x 的第 3 个位置起、按步长 2 增加、至第 8 个位置的字符，形成新的列表如“Out[9]”所示。“In[11]”调用 ReplacePart 函数将列表 x 的第 2 个元素替换为“b”，形成新的列表如“Out[11]”所示。

注意：除了“In[2]”的赋值操作外，其余操作没有将结果赋值给 x，因此，这些操作没有改变列表 x。

需要说明的是，字符串或字符在 Mathematica 中，需要加双引号，但是在显示单元格(即在“Out[n]”)中，不显示双引号，但可以借助于 FullForm 函数显示字符串中的双引号，例如“FullForm[x]”将显示“List["a", "b", "c", "d", "e", "f", "g", "h", "i", "j"]”。图 2-13 借助一维列表展示了列表元素的修改操作，这些函数对于二维列表和高维列表同样成立。

2.2.3 列表元素检索

Wolfram 语言提供了检索某个元素是否在列表中、在列表中的位置和出现的次数的函数，这些函数依次为 FreeQ、MemberQ、Position 和 Count，其典型用法与实例如图 2-15 所示。

图 2-15　列表元素检索

图 2-15 中 FreeQ、MemberQ、Position 和 Count 函数的典型语法如下：

(1) **FreeQ[列表, 元素]** 如果给定的元素在列表中，则返回 False，否则返回 True；

(2) **MemberQ[列表, 元素]** 如果给定的元素在列表中，则返回 True，否则返回 False；

(3) **Position[列表, 元素]** 返回给定的元素在列表中的位置；

(4) **Count[列表, 元素]** 统计给定的元素在列表中出现的次数。

现在回到图 2-15，“In[28]”生成列表 x，全部元素均为字符，如“Out[28]”所示；“In[29]”调用 FreeQ 函数判定列表中有没有元素“d”，如果存在则返回 False，这里返回 False，说明字符“d”位于列表 x 中；“In[30]”调用 FreeQ 函数判定列表中有没有元素“m”，这里没有该元素，故返回 True。更常用的列表元素归属判定函数为 MemberQ 函数，如“In[31]”和“In[32]”所示：由于“b”存在于列表 x 中，故“In[31]”返回 True，如“Out[31]”所示；而“m”不在列表 x 中，故“In[32]”返回 False，如“Out[32]”所示。

图 2-15 中，“In[33]”调用 Position 函数获得元素“b”在列表 x 中的位置，返回结果如“Out[33]”所示，为一个二层嵌套列表{{2}, {4}, {10}}，表明列表 x 的第 2 个、第 4 个和第 10 个位置均为字符“b”；“In[34]”调用 Count 函数统计元素“b”在列表 x 中出现的次数，得到结果为 3 次，如“Out[34]”所示。

Position 函数和 Count 函数的参数中“元素”可取为“模式表达式”或测试函数等，例如：输入“x = {"abc", 1, 2, "def", 3, 4}”得到列表 x，然后，调用“Position[x, _?StringQ]”将返回列表 x 中为字符串的元素的位置，这里的“_?StringQ”是一种用于匹配的模式对象，下划线“_”与问号“?”表示此处为模式表达式，问号“?”后为测试函数，该语句将返回{{1}, {4}}，即列表 x 的第 1 个和第 4 个位置为字符串；同样地，“Position[x, _?IntegerQ]”将返回列表 x 中整数元素的位置，这里的“_?IntegerQ”可用“_Integer”替换，该语句返回结果为{{2}, {3}, {5}, {6}}，表示列表 x 的第 2、3、5 和 6 个位置为整数。调用“Count[x, _Integer]”计算列表 x 中的整数个数，这里返回 4。

2.2.4　列表变换

嵌套列表可以转换为单层列表，同时，单层列表也可以转换为多层嵌套列表，这两种变换对应的函数分别为 Flatten 和 Partition。

其中，Flatten 函数用于将多层嵌套列表转化为单层列表，其典型用法有如下两种：

(1) **Flatten[多层列表]** 将多层列表转化为单层列表；

(2) **Flatten[多层列表, *k*]** 将多层列表的前 *k* 层的子列表合并(称为压平)，这里的第 *k*=1 层是指第 1 层子列表(从最外层算起时，是指第二层列表)。

此外，还有一个 FlattenAt 函数，其用法为：

FlattenAt[多层列表, *n*] 将多层列表的第 *n* 个元素(即子列表)压平，只压平其第一层列表。例如："FlattenAt[{{a, b},{c, {d, e}}, {f}}, 2]" 将其中的第 2 个元素"{c, {d, e}}"压平一级，即将其最外层的花括号去掉，得到结果为"{{a, b}, c, {d, e}, {f}}"。

Partition 函数用于将单层列表转化为多层嵌套列表，其典型用法有如下三种：

(1) **Partition[单层列表, *n*]** 将单层列表分成不重叠的长度为 *n* 的子列表(最后的元素不够 *n* 个时不计入)；

(2) **Partition[单层列表, *n*, *k*]** 将单层列表分成长度为 *n* 的子列表，各子列表间不重叠的元素个数为 *k*(即偏移量为 *k*)；

(3) **Partition[多层列表，{n_1, n_2,…}]** 将多层列表的各层分别划分为长度为 n_1、n_2 等等的子列表，要求列表的层数与第二个参数的长度相同。

上述 Flatten 函数和 Partition 函数的典型用法实例如图 2-16 所示。

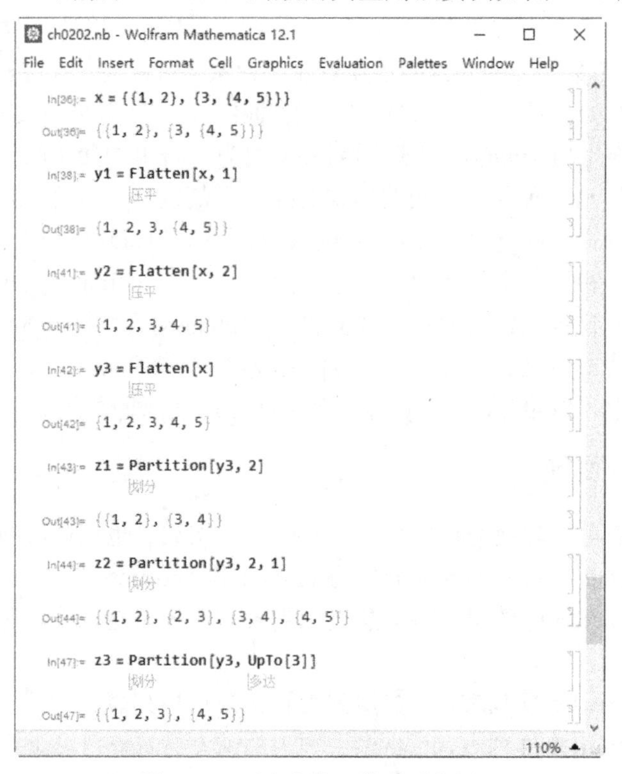

图 2-16　列表变换函数典型实例

在图 2-16 中，“In[36]”创建了一个三层列表 x，如“Out[36]”所示。“In[38]”调用 Flatten 函数将 x 的第一层子列表压平，得到结果{1, 2, 3, {4, 5}}，如“Out[38]”所示；“In[41]”将列表 x 的第 1 层和第 2 层子列表压平，其结果如“Out[41]”所示，为一单层列表；“In[42]”将列表 x 压平，其结果 y3 如“Out[42]”所示。由于列表 x 仅有 2 层，故结果与操作“In[41]”的结果“Out[41]”相同，即 y3={1, 2, 3, 4, 5}。“In[43]”调用 Partition 函数将列表 y3 分成长度为 2 的子列表，如“Out[43]”所示，其中，元素“5”被丢弃；“In[44]”将列表 y3 分成长度为 2、偏移量为 1 的子列表，如“Out[44]”所示。“In[47]”将列表分成长度为 3 的子列表，最后剩余的元素个数不足 3 个时，合并为一个子列表，如“Out[47]”所示。

除了上述的列表变换函数之外，Wolfram 还提供了合并列表函数 Join 和 Union、列表交集函数 Intersection、列表补集函数 Complement、列表反序函数 Reverse、列表循环左移函数 RotateLeft、列表循环右移函数 RotateRight 以及列表分裂函数 Split。其中，函数 Split[列表]将列表中相同的元素划分为一个子列表，例如，“Split[{1,1,0,0,1,1,1,0}]”将得到“{{1, 1}, {0, 0}, {1, 1, 1}, {0}}”。其余的函数的典型用法如图 2-17 所示。

在图 2-17 中，“In[1]”和“In[2]”分别创建了列表 x 和 y，如“Out[1]”和“Out[2]”所示；“In[3]”调用 Join 函数将列表 x 和 y 合并为一个列表，如“Out[3]”所示，Join 函数可以合并多个列表；“In[4]”使用 Union 函数合并多个列表，Union 函数是集合的并操作，列表中的相同元素仅保留一个，如“Out[4]”所示，Union 既可以合并多个列表，也可以对单个列表进行操作，即将列表中的重复元素去掉，如“In[5]”和其输出结果“Out[5]”所示。

Intersection 函数是求集合的交集，“In[6]”求列表 x 和 y 的共同元素，并且相同的元素仅保留一个，输出如“Out[6]”所示，Intersection 函数可以求多个列表的交集；“In[7]”使用 Complement 函数求列表 x 在 Range[10](这里视 Range[10]为全集)的补集，并将结果中的相同元素保留一个，结果如“Out[7]”所示；“In[8]”调用 Reverse 函数求 x 的反序列表，结果如“Out[8]”所示。RotateLeft 和 RotateRight 分别表示列表元素的循环左移和循环右移操作，例如“In[9]”将列表 x 循环左移 3 个元素，其结果如“Out[9]”所示；而“In[10]”将列表 x 循环右移 2 个元素，其结果如“Out[10]”所示。

```
ch0203.nb - Wolfram Mathematica 12.1
File Edit Insert Format Cell Graphics Evaluation Palettes Window Help

In[1]:= x = {1, 1, 2, 2, 3, 3, 4, 4}
Out[1]= {1, 1, 2, 2, 3, 3, 4, 4}

In[2]:= y = {3, 3, 4, 4, 5, 5, 6, 6}
Out[2]= {3, 3, 4, 4, 5, 5, 6, 6}

In[3]:= a1 = Join[x, y]
             连接
Out[3]= {1, 1, 2, 2, 3, 3, 4, 4, 3, 3, 4, 4, 5, 5, 6, 6}

In[4]:= a2 = Union[x, y]
             并集
Out[4]= {1, 2, 3, 4, 5, 6}

In[5]:= a3 = Union[x]
             并集
Out[5]= {1, 2, 3, 4}

In[6]:= a4 = Intersection[x, y]
             交集
Out[6]= {3, 4}

In[7]:= a5 = Complement[Range[10], x]
             补集       范围
Out[7]= {5, 6, 7, 8, 9, 10}

In[8]:= a6 = Reverse[x]
             反向排序
Out[8]= {4, 4, 3, 3, 2, 2, 1, 1}

In[9]:= a7 = RotateLeft[x, 3]
             向左轮换
Out[9]= {2, 3, 3, 4, 4, 1, 1, 2}

In[10]:= a8 = RotateRight[x, 2]
              向右轮换
Out[10]= {4, 4, 1, 1, 2, 2, 3, 3}
100%
```

图 2-17 常用列表变换函数典型实例

2.3 向量与矩阵表示

单层列表可以视为向量，两层嵌套列表(且各个子列表的长度相同时)可以视为矩阵。下面将介绍 Mathematica 中向量和矩阵的表示及其基本运算。

2.3.1　向量

一个单层列表在 Mathematica 中为一个列向量，针对向量的常用操作有元素排序函数 Sort、计算向量长度函数 Length 和求向量元素总和函数 Total。其中，Sort 函数的典型用法有两种：① **Sort[列表]**，将“列表”按升序排列；② **Sort[列表, 排序函数]**，按“排序函数”排列“列表”，“排序函数”常为纯函数(第 7.3 节)，如果“排序函数”为 Greater，则按降序排列列表元素。这三个函数的典型实例如图 2-18 所示。

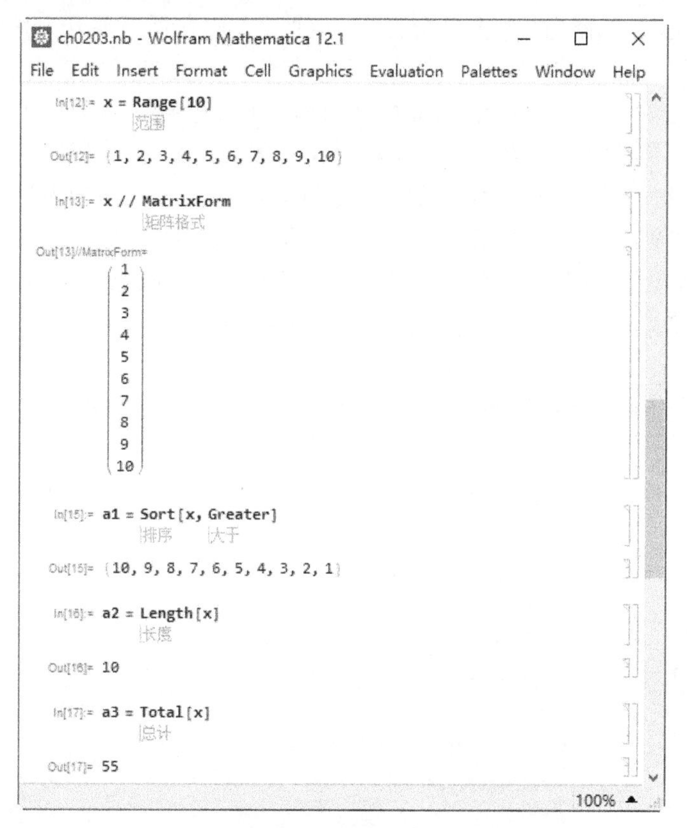

图 2-18　向量元素排序与求和函数实例

在图 2-18 中，“In[12]”创建了列表 x，如“Out[12]”所示；“In[13]”将列表 x 以矩阵的形式显示，如“Out[13]”所示，可见一维列表 x 以列向量的形式存储；“In[15]”调用 Sort 函数将列表 x 以降序的方向排列，如“Out[15]”所示；“In[16]”调用 Length 函数获得列表 x 的长度(即其中的元素个数)，其结果为 10，如“Out[16]”所示；“In[17]”调用 Total 函数计算列表 x 中元素的总和，其结果为 55，如“Out[17]”所示。

列表可借助于 PadLeft 和 PadRight 函数在左边和右边可以填补特定元素，使列表达到指定的长度。这两个函数的主要用法如下：

PadLeft[列表, 长度, 元素或元素列表]

或 **PadRight[列表, 长度, 元素或元素列表]**

其中 PadLeft 函数将第三个参数“元素”或“元素列表”重复从左向右填到“列表”的表头前，使列表长度达到指定的“长度”；如果填充的为“元素列表”，可以这样理解，即先将填充的“元素列表”向左循环展开为指定“长度”的序列，然后，将被填充的列表的元素从最后一个元素开始依次替换掉那个“序列”的对应位置上的元素(被填充的列表的元素顺序不变)。而 PadRight 函数将第三个参数“元素”或“元素列表”重复从左向右填到“列表”的表尾，使列表长度达到指定的“长度”；如果填充的为“元素列表”，可以这样理解，即先将填充的“元素列表”向右循环展开为指定“长度”的序列，然后，将被填充的列表的元素替换掉那个“序列”的相应位置上的元素。如果第三个参数为 0，可以省略。列表填充函数的典型实例如图 2-19 所示。

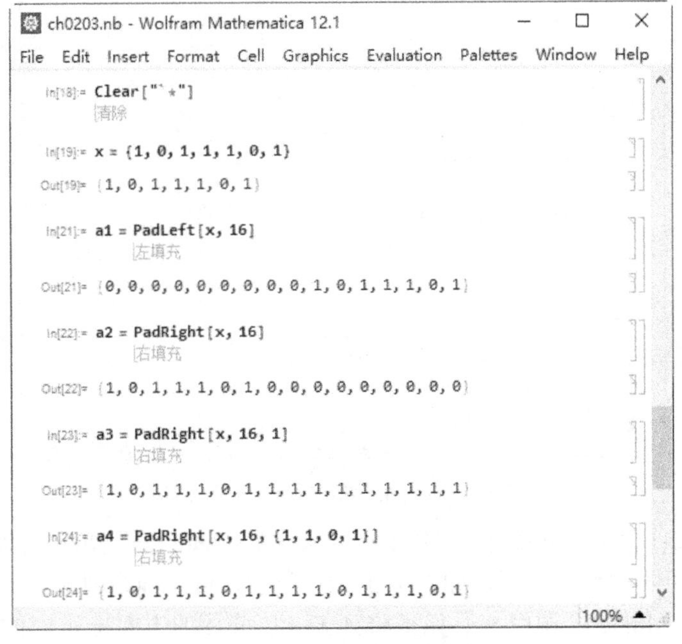

图 2-19 列表填充函数实例

在图 2-19 中，“In[18]”调用“Clear["`*"]”清除 Notebook 中已创建的变量的值；“In[19]”创建了列表 x，如“Out[19]”所示；“In[21]”调用 PadLeft 函数从左向右在列表 x 的头部添加 0，直到列表长度达到 16，如“Out[21]”所示；“In[22]”从右向左在列表 x 的尾部添加 0，直到列表长度达到 16，如“Out[22]”所示；“In[23]”从右向左在列表 x 的尾部添加 1，直到列表长度达到 16，如“Out[23]”所示；“In[24]”调用 PadRight 函数在列表 x 尾部循环添加列表{1, 1, 0, 1}中的元素，直到列表长度达到 16，如“Out[24]”所示。

下面进一步在图 2-20 中说明 PadLeft 和 PadRight 填充“列表”时的用法实例。

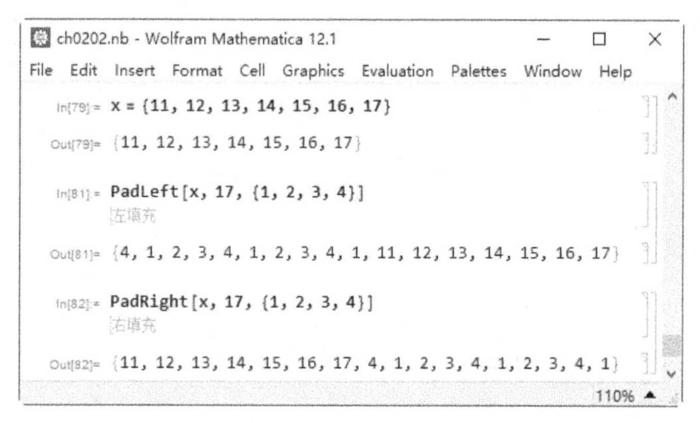

图 2-20　PadLeft 和 PadRight 函数用法说明实例

在图 2-20 中，“In[79]”生成一个列表 x，长度为 7，如“Out[79]”所示。在“In[81]”中，在列表 x 的左边循环填充列表{1, 2, 3, 4}至生成长度为 17 的新列表，其方法为：先将列表{1, 2, 3, 4}从右向左循环展开至长度为 17 的列表，即{4, 1, 2, 3, 4, 1, 2, 3, 4, 1, 2, 3, 4, 1, 2, 3, 4}，将该列表的最后 7 个元素替换为列表 x 的元素，即得到结果列表{4, 1, 2, 3, 4, 1, 2, 3, 4, 1, 11, 12, 13, 14, 15, 16, 17}，如“Out[81]”所示。在“In[82]”中，在列表 x 的右边循环填充列表{1, 2, 3, 4}至长度为 17 的新列表，其方法为：先将列表{1, 2, 3, 4}从左向右循环展开为长度为 17 的列表，即{1, 2, 3, 4, 1, 2, 3, 4, 1, 2, 3, 4, 1, 2, 3, 4, 1}，将该列表的前面 7 个元素替换为列表 x 的元素，即得到结果列表{11, 12, 13, 14, 15, 16, 17, 4, 1, 2, 3, 4, 1, 2, 3, 4, 1}，如“Out[82]所示。

借助于 Accumulate 函数可实现列表元素的累加，如图 2-21 所示。

在图 2-21 中，RandomInteger[]函数(不带参数)用于随机生成 0 或 1，“In[25]”生成长度为 10、元素为 0 或 1 的随机列表 x，如“Out[25]”所示；

然后，“In[26]” 将列表 x 转化为以 1 或 −1 为元素的列表 y，如 “Out[26]” 所示；最后，“In[27]” 调用 Accumulate 函数从左向右累加列表 y 中的各个元素，即第 n 个位置上的值是原列表中第 1 个至第 n 个元素的和，如“Out[27]”所示。

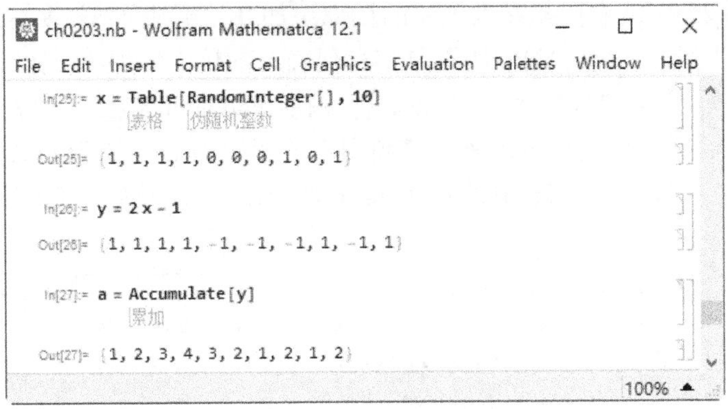

ch0203.nb - Wolfram Mathematica 12.1
File Edit Insert Format Cell Graphics Evaluation Palettes Window Help
In[25]:= x = Table[RandomInteger[], 10]
表格 伪随机整数
Out[25]= {1, 1, 1, 1, 0, 0, 0, 1, 0, 1}
In[26]:= y = 2 x - 1
Out[26]= {1, 1, 1, 1, -1, -1, -1, 1, -1, 1}
In[27]:= a = Accumulate[y]
累加
Out[27]= {1, 2, 3, 4, 3, 2, 1, 2, 1, 2}
100%

图 2-21 列表元素累加函数典型实例

2.3.2 矩阵

两层嵌套列表的每个子列表的长度相同时，可将该两层嵌套列表视为矩阵，每个子列表对应着矩阵的一行，如图 2-22 所示。

ch0203.nb - Wolfram Mathematica 12.1
File Edit Insert Format Cell Graphics Evaluation Palettes Window Help
In[28]:= Clear["`*"]
清除
In[31]:= x = Table[Sqrt[i^2 + j^2], {i, 3}, {j, 4}]
表格 平方根
Out[31]= {{√2, √5, √10, √17}, {√5, 2 √2, √13, 2 √5}, {√10, √13, 3 √2, 5}}
In[32]:= x // MatrixForm
矩阵格式
Out[32]//MatrixForm=
In[34]:= (y = Transpose[x]) // MatrixForm
转置 矩阵格式
Out[34]//MatrixForm=
In[35]:= {m, n} = Dimensions[y]
维数
Out[35]= {4, 3}
100%

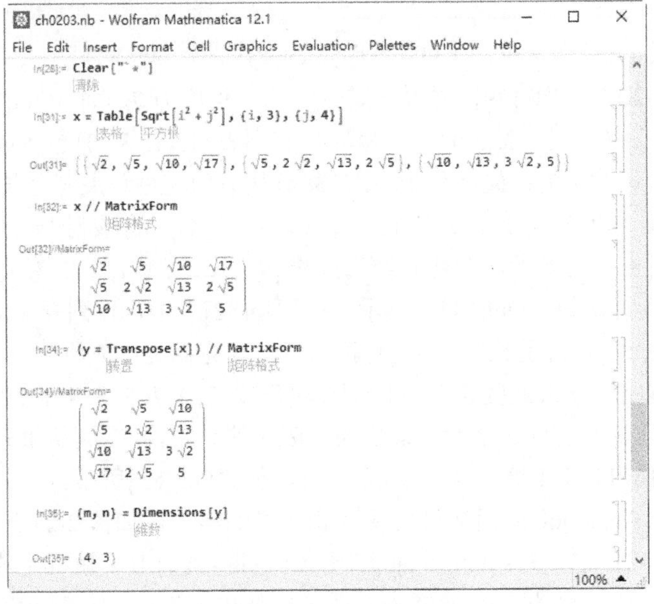

图 2-22 矩阵表示典型实例

在图 2-22 中，“In[28]”调用“Clear["`*"]”清除已创建的变量的值；“In[31]”生成一个两层嵌套列表 x，包含 3 个子列表，每个子列表具有 4 个元素，如“Out[31]”所示；“In[32]”用矩形格式表示列表 x，如“Out[32]”所示为一个 3 行 4 列的矩阵，注意：这里的输出形式为“Out[32]//MatrixForm”，它不能参与计算；但是，“Out[32]”可参与计算。“In[34]”使用矩阵转置函数 Transpose 得到 x 的转置 y，如“Out[34]”所示；“In[35]”使用 Dimensions 函数读取 y 的大小，如“Out[35]”所示，即{4, 3}，表示 y 为 4 行 3 列的矩阵。

访问矩阵中的元素时可借助于访问二维列表中的元素的方法实现，通过位置操作符“[[ ]]”或 Part 函数实现，例如对于二维列表 ***x***，“***x***[[*i*, *j*]]”为其第 *i* 行第 *j* 列的元素；“*x*[[k_1;;k_2, m_1;;m_2]]”表示 ***x*** 的第 k_1 行至第 k_2 行和第 m_1 列至 m_2 列的元素组成的新矩阵；“***x***[[*i*]]”或“***x***[[*i*, All]]”表示 ***x*** 的第 *i* 行；“***x***[[All, *j*]]”表示 ***x*** 的第 *j* 列。矩阵访问的典型实例如图 2-23 所示。

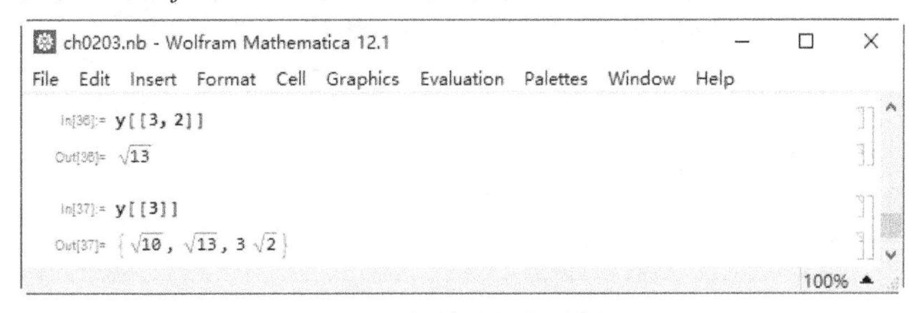

图 2-23 矩阵访问典型实例

图 2-23 的结果基于图 2-20 中的矩阵 y。“In[36]”中，y[[3,2]]读取 y 的第 3 行第 2 列的元素，得到$\sqrt{13}$，如“Out[36]”所示；“In[37]”中，y[[3]]读取第 3 行的全部元素，如“Out[37]”所示；类似地，可以用 y[[All,3]]读取 y 的第 3 列的全部元素。

对于常用的矩阵，例如单位矩阵和对角矩阵等，Mathematica 提供了内置函数，其中，函数 IdentityMatrix 用于生成单位矩阵，而 DiagonalMatrix 函数可生成对角矩阵，这两个函数用法实例如图 2-24 所示。

在图 2-24 中，“In[39]”调用“Clear["`*"]”清除已创建的全局变量的值；“In[40]”生成了一个 4 阶的单位阵，如“Out[40]”所示。函数 IdentityMatrix 只有一个正整数参数 *n*，表示生成 $n \times n$ 的单位矩阵。“In[41]”生成一个以列表{3, 7, 1, 9}中的元素为对角线元素的对角矩阵，如“Out[41]”所示。这里函数 DiagonalMatrix 的调用形式为“DiagonalMatrix[一维列表, *k*]”，当 *k* 为 0

时可省略，表示“列表”元素作为主对角线元素，如“In[41]”和“Out[41]”所示；如果 k 为正整数，表示主对角线上方第 k 条对角线上的元素为“列表”中的元素；如果 k 为负整数，表示主对角线下方第 $|k|$ 条对角线上的元素为“列表”中的元素，其典型实例如图 2-25 所示。

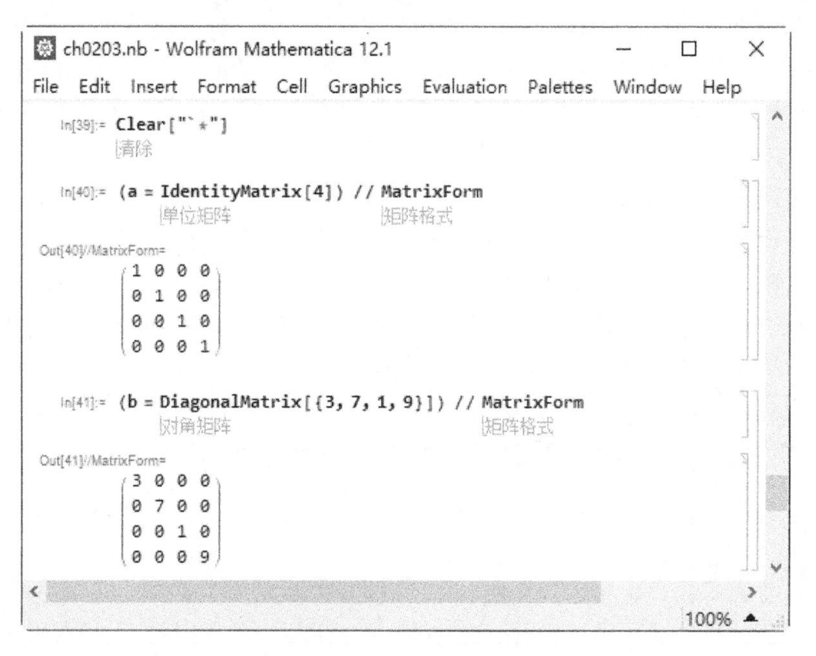

图 2-24 单位矩阵和对角矩阵生成函数典型用法

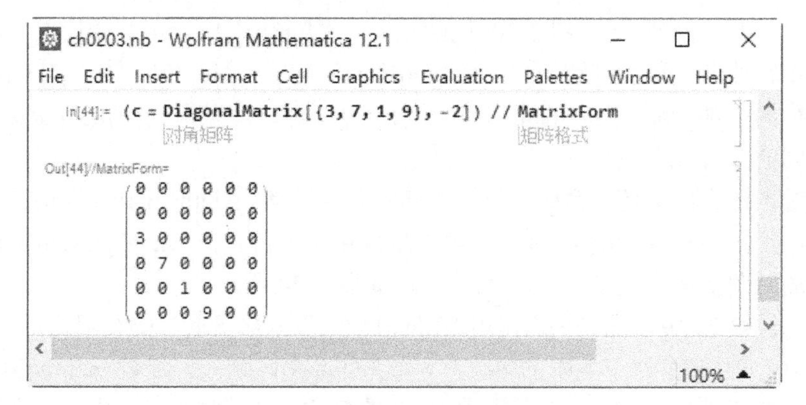

图 2-25 函数 DiagonalMatrix 典型用法实例

在图 2-25 中，“In[44]”调用 DiagonalMatrix 函数生成一个矩阵 c，在 c 的主对角线下方的第 2 条副对角线上的元素为列表{3, 7, 1, 9}，其余位置上的元素为0，因此，矩阵c必须为6×6的矩阵，如“Out[44]”所示。

本章小结

本章介绍了列表和一些常用的列表函数。列表函数虽然简单，但是具有重要的作用。例如，在图像加密时，有时需要将图像由二维矩阵转化为一维向量的形式，这时，可以使用Flatten函数实现。如果没有Flatten函数，就需要使用类似于C语言的循环控制语句实现，至少需要3条以上的语句，而且还需要借助于中间变量等。然而，使用Flatten函数只需一条语句就可以实现将图像由二维矩阵转化为一维向量的操作。

除了本章已经介绍的列表函数外，Mathematica中还有大量的列表操作函数。这些列表函数也有众多的语法和应用技巧，限于篇幅，此处不做过多介绍，有兴趣的读者请参考Mathematica帮助文档(可以在图2-25中通过菜单“Help | Wolfram Documentation”打开帮助文档)。熟练掌握列表及其操作是用好Mathematica软件的前提条件。

习　题

1. 创建一个长度为10的一维列表，每个元素为其索引号的3次方。
2. 创建一个长度为9的一维列表，每个元素为其索引号的阶乘。
3. 创建一个6阶的Hilbert矩阵。
4. 生成一个从1步进1至100的列表，求该列表的元素总和。
5. 统计列表*x*={"a", "b", "a", "c", "a", "d", "a", "e", "a", "f"}中字符“a”出现的次数。
6. 使用列表循环移位操作实现“78>>>3”和“157<<<2”，其中，“>>>”和“<<<”分别表示循环右移位和循环左移位。

提示：使用IntegerDigits[78,2]获得78对应的二进制数列表，然后，使用列表循环右移操作，最后使用FromDigits[列表, 2]获得二进制列表对应的十进制数。

第 3 章 Mathematica 绘图

Mathematica 软件具有强大的绘图功能，其二维绘图和三维绘图功能十分完备。甚至被用来制作电影特效。本章将介绍 Mathematica 最常用的二维绘图函数和三维绘图函数，并结合科技论文中插图的要求，阐述这些绘图函数的常用参数和典型用法。

3.1 二维绘图

Mathematica 软件集成了大量的二维绘图函数，这里重点讨论常用的 12 种函数，即 Plot、DiscretePlot、ListPlot、ListLinePlot、Graphics、PolarPlot、ParametricPlot、ContourPlot、BarChart、PieChart、Show 和 Graphics 函数，并主要讨论这些函数常用的参数配置和典型用法。

3.1.1 Plot 函数

Plot 函数的基本语法为：**Plot[函数, {变量, 初值, 终值}]**，其典型实例如图 3-1 所示。

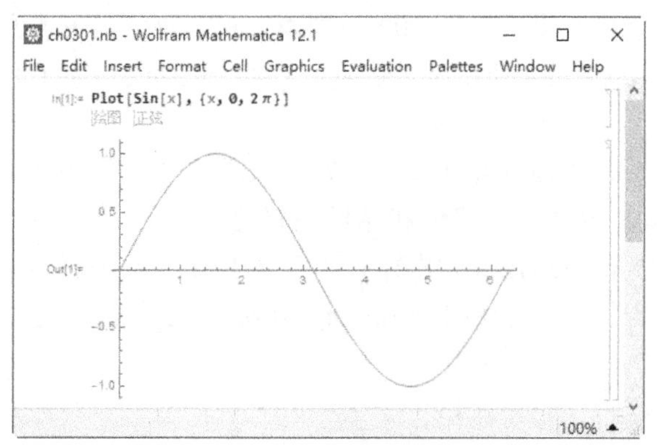

图 3-1 Plot 函数基本用法

在图 3-1 中，使用 Plot 函数绘制了正弦函数在 0 至 2π 间的图像，Plot

函数在默认参数下将绘制坐标轴和曲线，这里的函数为 Sin[x]，变量为 x，初值为 0，终值为 2π。

下面给图 3-1 添加一些绘图选项，使得图 3-1 更加美观，这些选项包括：

(1) Axes 选项，默认为 True，即显示坐标轴，如果设为 False，则不显示坐标轴；

(2) Frame 选项，默认为 False，即不显示边框，如果设为 True，则显示边框；

(3) FrameLabel 选项，用于设置边框的标签，格式为“{{左标签, 右标签}, {下标签, 上标签}}”，如果某个标签不显示，则设为 None；

(4) LabelStyle 选项，用于设置标签的显示样式，如标签字体等；

(5) PlotStyle 选项，用于设置绘图的样式，如线的粗细和颜色等；

(6) ImageSize 选项，用于设置显示图像的大小。

在设置标签样式时，常用于 Style[表达式，样式]函数，该函数用于设置“表达式”的显示“样式”。在图 3-1 的基础上，添加一些选项设置，得到如图 3-2 所示的图形。

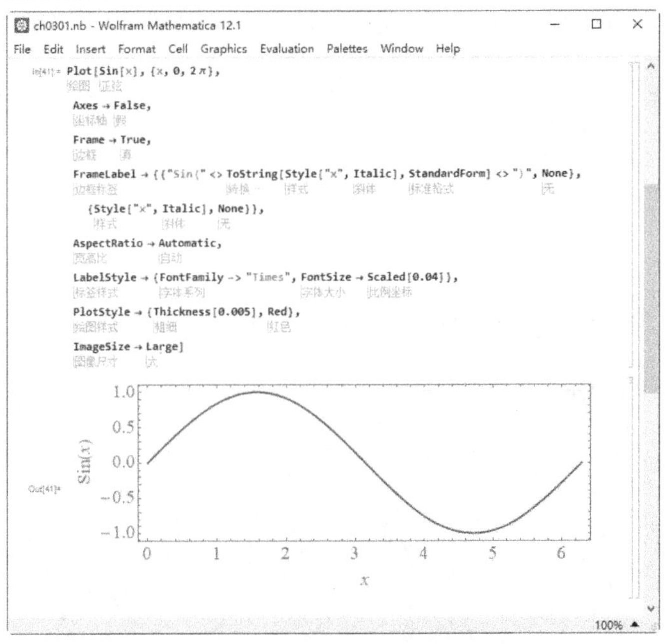

图 3-2　配置了参数的 Plot 函数绘图效果

相比于图 3-1，图 3-2 中添加了以下选项：

(1) Axes→alse，表示不显示坐标轴；

(2) Frame→True，表示显示边框；

(3) FrameLabel→{{"Sin(" <> ToString[Style["x", Italic], StandardForm] <> ")", None}, {Style["x", Italic], None}}，表示左标签为 Sin(x)，下标签为 x。

(4) AspectRatio→Automatic，表示横坐标和纵坐标的长度比例相同，默认为 1/GoldenRatio，GoldenRatio=($\sqrt{5}$+1)/2 ≈1.618。

(5) LabelStyle→{FontFamily→"Times", FontSize→Scaled[0.04]}，表示标签字体为“新罗马字体”，字号为 Scaled[0.04]，这里的“0.04”指字体大小与整个绘图面板的宽度的比值，Scaled 参数取值在 0 至 1 之间。

(6) PlotStyle→{Thickness[0.005], Red}，表示绘制线条的宽度和颜色，Thickness 的参数表示线条的宽度与整个绘图面板的宽度的比值，取值在 0 至 1 之间。

(7) ImageSize→Large，表示绘图尺寸为 Large，共 5 种尺寸，即 Tiny、Small、Medium、Large 和 Full，从左至右图像依次变大，直至全屏。

在设置了上述参数后，绘制的正弦曲线如图 3-2 中的“Out[41]”所示。

Plot 函数可以同时绘制多个函数，要求这些函数的定义域相同。如图 3-3 所示，Plot 函数同时绘制了正弦函数和余弦函数在第一个正周期内的图形。

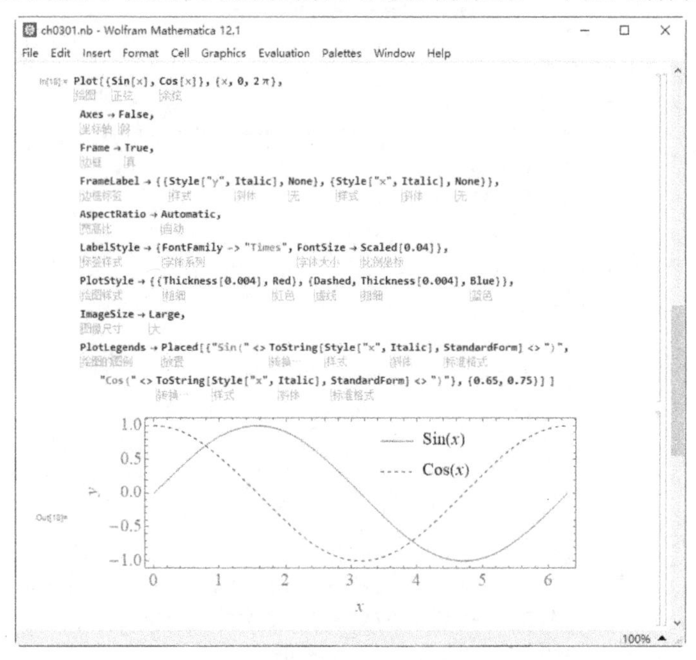

图 3-3 Plot 函数绘制正弦与余弦函数图形

与图 3-2 相比，图 3-3 中所做的修改有：

(1) Plot[{Sin[x], Cos[x], {x, 0, 2π}}]，这里 Plot 函数的第一个参数为{Sin[x], Cos[x]}，表示要同时绘制这两个函数；

(2) FrameLabel→{{Style["y", Italic], None}, {Style["x", Italic], None}}，这里左边框的标签设为“*y*”；

(3) Plostyle → {{Thickness[0.004], Red}, {Dashed, Thickness[0.004], Blue}}，这里 PlotStyle 中的参数被绘制的图形循环使用，上面加上花括号后表示{Thickness[0.004], Red}为第一个绘制的图形(正弦函数)服务，而{Dashed, Thickness[0.004], Blue}为第二个绘制的图形(余弦函数)服务；

(4) PlotLegends→Placed[{"Sin(" <> ToString[Style["x", Italic], StandardForm] <> ")", "Cos(" <> ToString[Style["x", Italic], StandardForm] <> ")"}, {0.65, 0.75}]]，这里 PlotLegends 选项用于添加图例，Placed 函数的第一个参数为{Sin(x), Cos(x)}(程序中使用了格式化的方法)，Placed 函数的第二个参数为{0.65,0.75}，表示其第一个参数的放置位置，此时图形左下角位置为(0,0)，图形跨度坐标为(0, 0)至(1, 1)。

Plot 函数常用的参数选项还有 AxesOrigin、PlotRange 和 Epilog 等。其中，AxesOrigin 指定坐标轴的“原点”放置的位置，即指定坐标轴的交叉点位置，仅为了显示美观。PlotRange 用于指定显示的范围，如果为 Full，则显示全部范围的数据；如果为 Automatic，则为了显示美观，可能有些异常数据不显示。Epilog 选项非常重要，用于在图形中插入图形对象，典型实例如图 3-4 所示。

在图 3-3 的基础上，图 3-4 增加了以下内容：

(1) $$\text{Epilog}\to\left\{\text{PointSize[0.015]},\text{Point}\left[\left\{\frac{\pi}{4},\text{Sin}\left[\frac{\pi}{4}\right]\right\}\right],\text{Point}\left[\left\{\frac{5\pi}{4},\text{Sin}\left[\frac{5\pi}{4}\right]\right\}\right]\right\},$$

表示在图上添加两个点，Point 函数的参数指定点的位置，即点所在的横坐标和纵坐标；PointSize 指定点的大小，其参数表示点的大小(直径)相对于绘图面板的宽度的比例。

(2) PlotLabels → {Placed[Style["(π/4, " $\sqrt{\text{"2"}}$ "/2)", 15], {1.4, 0.85}], Placed[Style["(5π/4, $\sqrt{\text{"2"}}$ /2)", 15], {4.5, −0.5}]}，表示在图 3-4 中为新添加的两个点指定坐标值。

Epilog 在绘制分段函数时尤其有用，如图 3-5 所示。

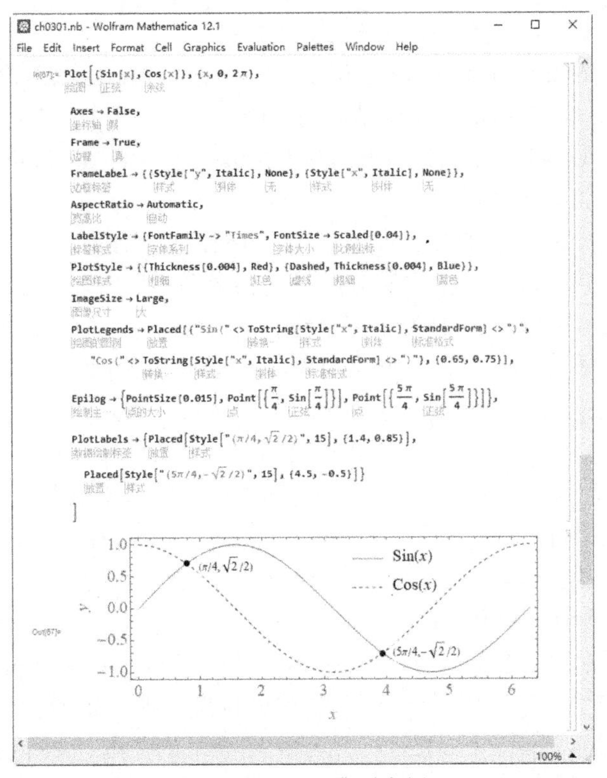

图 3-4 Epilog 典型实例

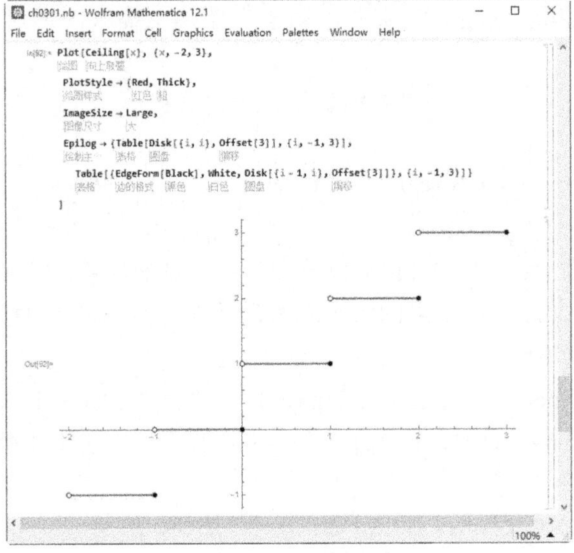

图 3-5 绘制分段函数

在图 3-5 中，绘制了分段函数 $y=\lceil x \rceil$，具体绘图语句说明如下：

(1) PlotStyle→{Red, Thick}，表示使用红色粗线条画线；

(2) Epilog→{Table[Disk[{i, i}, Offset[3]], {i, −1, 3}], Table[{EdgeForm[Black], White, Disk[{i−1, i}, Offset[3]]}, {i, −1, 3}]}，用于绘制图 3-5 中的每条线段的两个端点，其中，Disk[{i,i}, Offset[3]]表示以{i,i}为圆心以 3 为半径画圆盘，Offset 在这里用于指定圆盘的绝对半径；EdgeForm 和 FaceForm 是一对，分别用于指定(填充)图形的边和(盘)面的特性(如颜色)等，因此，Epilog 可以写为：

```
Epilog→{Table[{EdgeForm[Black], FaceForm[Black], Disk[{i, i},
            Offset[3]]}, {i, −1, 3}],
 Table[{EdgeForm[Black], FaceForm[White], Disk[{i-1, i}, Offset[3]]}, {i, −1, 3}]
```

表示产生五个黑色填充的圆盘(中心在(−1, −1)、(0,0)、(1,1)、(2,2)、(3,3))和五个白色填充的圆盘(中心在(−2, −1)、(−1,0)、(0,1)、(1,2)、(2,3))。

在绘制圆盘时，如果不使用 Offset 函数设置绝对半径，而是使用语法 Disk[{x,y},r]绘制半径为 r 的圆盘，此时，r 可以设为 0.03，这时，应使用如下的语句：

```
Plot[Ceiling[x], {x,−2,3}]
PlotStyle→{Red, Thick},
ImageSize→Large,
Epilog→{Table[Disk[{i, i}, 0.03], {i, −1, 3}],
  Table[{EdgeForm[Black], FaceForm[White], Disk[{i−1,i},0.03]},
      {i,−1,3}]},
AspectRatio→Automatic]
```

即添加一条语句：AspectRatio→Automatic，使得横轴和纵轴上的显示尺度相同，否则，圆盘显示将为椭圆盘。

3.1.2 DiscretePlot 函数

DiscretePlot 函数用于绘制离散(时间)序列的图形，其基本语法为：**DiscretePlot[序列, {*n*, 最小值, 最大值, 步长}]**，其中，“最小值”为 1 可省略，步长为 1 可省略；“序列”可以为多个序列，当有多个序列时，使用花括号“{ }”括起来。DiscretePlot 函数的典型实例如图 3-6 所示。

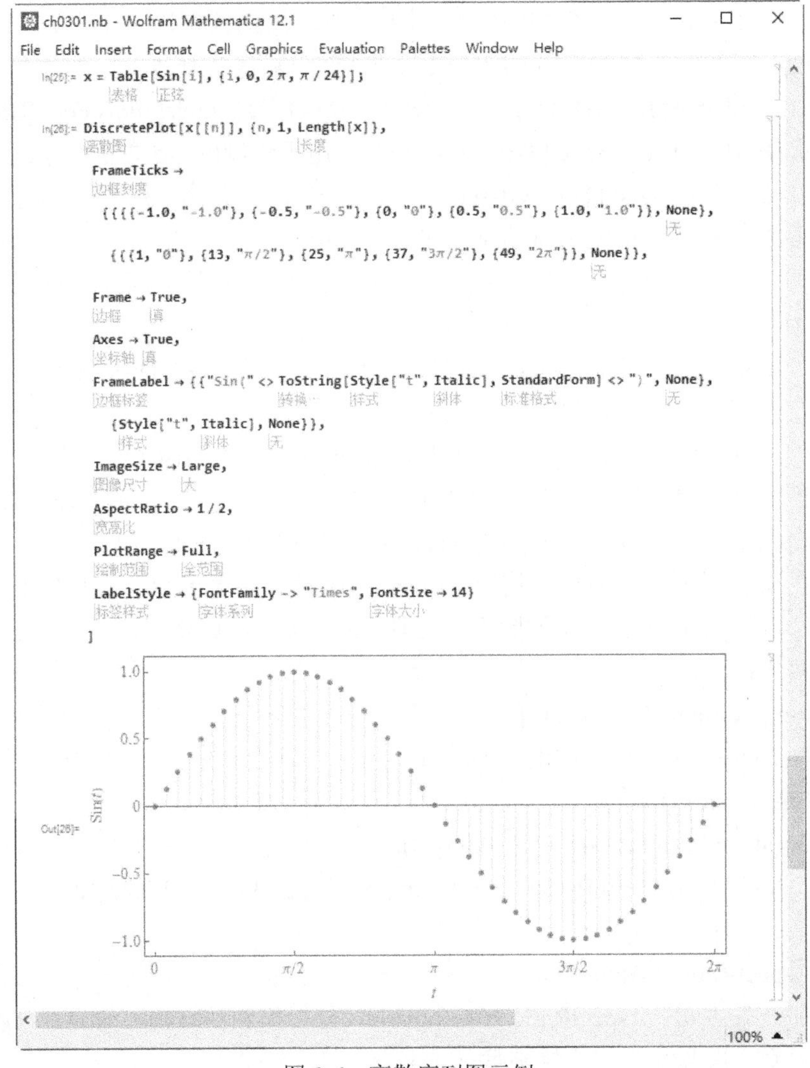

图 3-6　离散序列图示例

在图 3-6 中，“In[25]” 使用 Table 函数生成了一个正弦函数序列 x，用分号 “;” 结尾，表示这一行代码的输出不显示在 Notebook 中。然后，“In[26]” 调用 DiscretePlot 函数绘制离散序列图，其中，各个参数或选项的作用如下：

(1) x[[n]], {n, 1, Length[x]}，表示绘制的序列为 x，长度为从 1 至 x 的最后一个数据点。

(2) FrameTicks 的语法为 FrameTicks→{{左边框, 右边框}, {下边框, 上边框}}，如果某个边框不进行标注，则使用 None。各个边框标注的方法为{{值

1, 字符串 1}, {值 2, 字符串 2}, …}，即在“值 1”处显示标注的“字符串 1”，因此，在图 3-6 中，下述代码

FrameTicks→

{{{{-1., "-1.0"}, {-0.5, "-0.5"}, {0, "0"}, {0.5, "0.5"}, {1.0, "1.0"}}, None},

{{{1, "0"}, {13, "π/2"}, {25, "π"}, {37, "3π/2"},{49, "2π"}}, None}}

含义为：在左边框上标注-1.0、-0.5、0、0.5、1.0；在下边框上标注 0、π/2、π、3π/2 和 2π。

(3) LabelStyle→{FontFamily->"Times", FontSize→14}，表示使用“新罗马”字体，字号大小为 14。

DiscretePlot 函数可用于同时绘制多个离散序列，如图 3-7 所示。

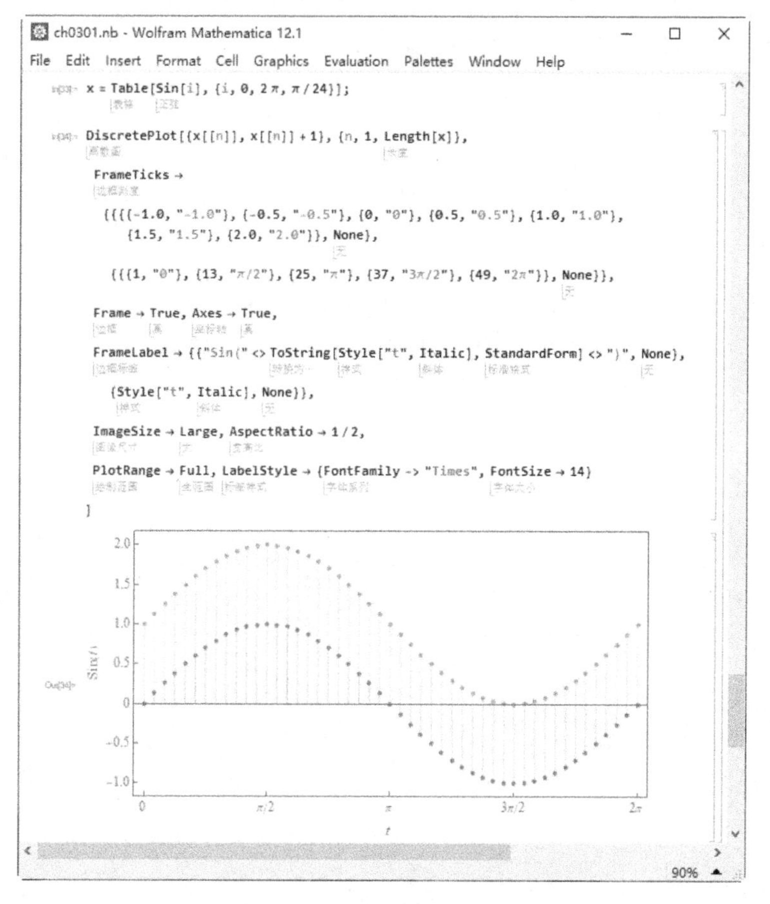

图 3-7　DiscretePlot 函数绘制两个离散序列

在图 3-7 中，绘制的曲线为{x[[n]], x[[n]]+1}。DiscretePlot 函数可用于绘制离散时间信号，多用于“信号与系统”等课程中。

3.1.3　ListPlot 函数

ListPlot 函数用于列表的绘制，典型语法为：**ListPlot[列表或多个列表]**，如果为“多个列表”，需使用花括号“{ }”将“多个列表”括起来，即以嵌套列表的形式表达。ListPlot 函数最常用的选项为 Filling 和 PlotMarkers。ListPlot 函数的典型应用实例如图 3-8 所示。

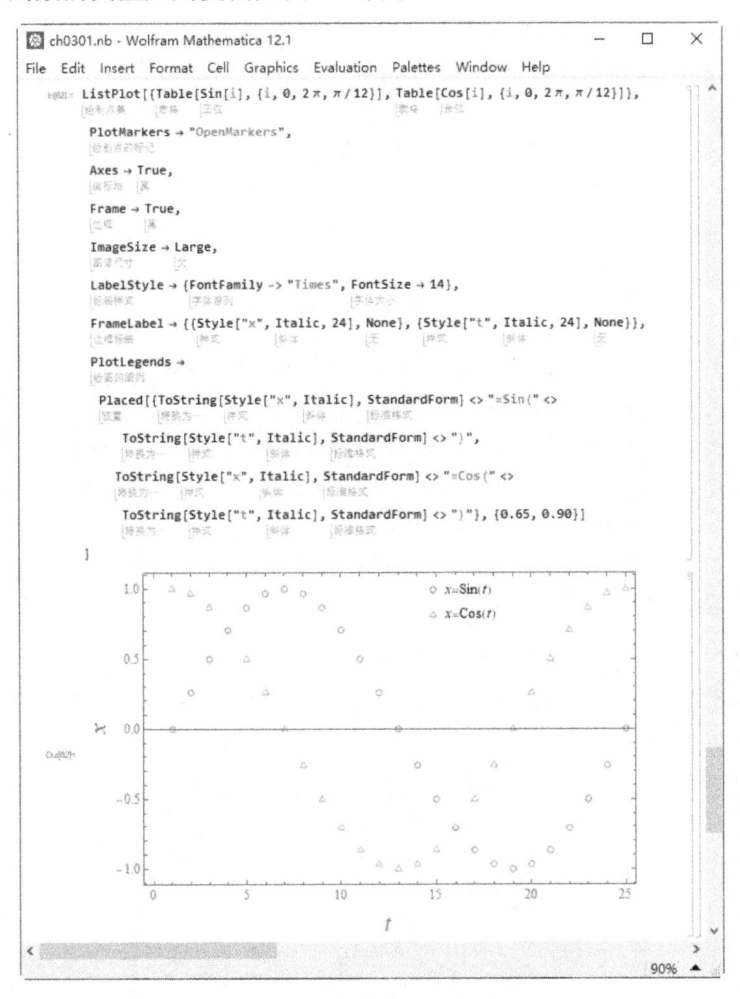

图 3-8　ListPlot 函数典型实例

在图 3-8 中，ListPlot 函数绘制了一个正弦序列和一个余弦序列，即“{Table[Sin[i],{i,0,2π,π/12}], Table[Cos[i], {i,0,2π, π/12}]}”“PlotMarkers→"OpenMarkers"”表示使用 Wolfram 语言预定义的标记绘制点，这里第一个序列的点用圆圈“○”表示，第二个序列的点用三角“△”表示；LabelStyle→{FontFamily->"Times", FontSize→14}表示标注使用“新罗马”字体，且字号为 14 号。ToString[Style["x", Italic], StandardForm]<>"= Sin("<>ToString[Style["t", Italic], StandardForm]<>")"表示“x=Sin(t)”。Style["t", Italic,24]表示字符“t”用斜体和 24 号字显示，在图 3-8 中，下边框和左边框的标注(即 t 和 x)明显比坐标轴上显示的数字的字号要大。

Filling 选项用于指定点列的“填充”，如图 3-9 所示。

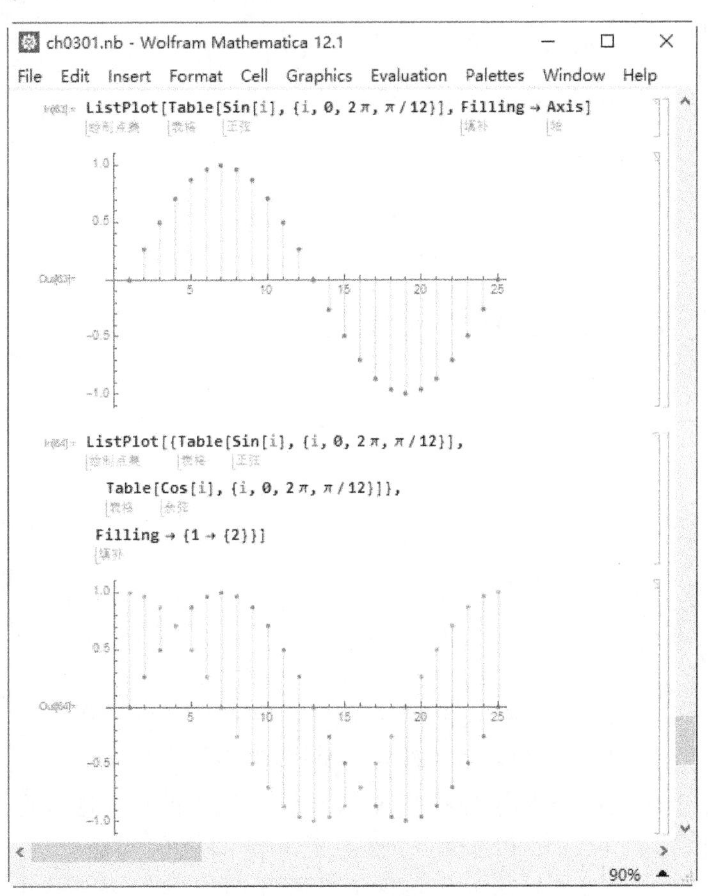

图 3-9　Filling 选项用法实例

在图 3-9 中，“In[83]”中的“Filling→Axis”表示绘制每个点与横轴之间的线段，使用这个选项的 ListPlot 函数与 DiscretePlot 函数基本功能相似；在“In[84]”中，Filling→{1→{2}}表示第一个序列的点与第二个序列的点间的线段被绘制出来。在不指定点的“标记”方式的情况下，默认使用不同颜色区分不同列表中的点。

ListPlot 函数的参数为$\{\{x_1,y_1\},\{x_2,y_2\},\{x_3,y_3\},\cdots\}$时，将以$\{x_i,y_i\}$为点的横、纵坐标绘制点，如图 3-10 所示。

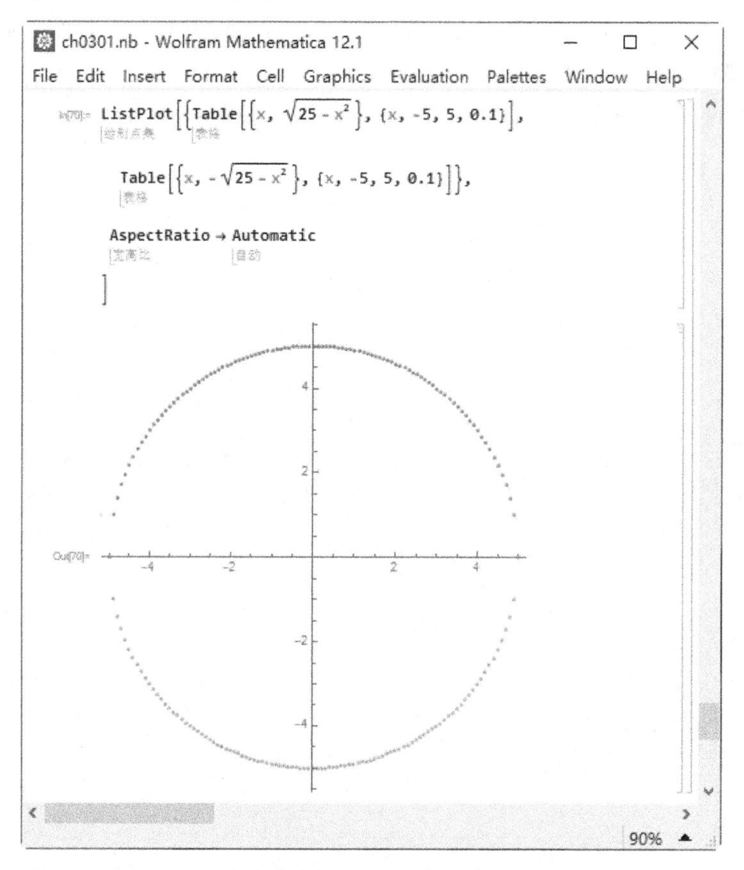

图 3-10　ListPlot 函数使用$\{x_i,y_i\}$形式列表参数的情况

在图 3-10 中，绘制了分布在 $x^2+y^2=25$ 的圆上的点。这里的 Table[{x, $\sqrt{25-x^2}$ }，{x, −5, 5, 0.1}]构成圆的上半圆周上的点列，而 Table[{x, $-\sqrt{25-x^2}$ }，{x,−5,5,0.1}]构成了圆的下半圆周上的点列，列表中的每个元素均为$\{x_i,y_i\}$的形式；使用了 AspectRatio→Automatic 可使得横轴和纵轴的长度

比例为 1，圆周呈圆形，否则，会呈现为椭圆形。

3.1.4 ListLinePlot 函数

ListLinePlot 函数与 ListPlot 函数的输入参数相同，其各个参数的含义也相同，但是 ListPlot 绘制列表中的各个点，而 ListLinePlot 函数绘制列表中各个点的连线(不标记各个点)。将图 3-10 中“In[70]”的 ListPlot 函数更换为 ListLinePlot 函数，此时将不绘制各个点，而是绘制连接各个点的连线，其结果如图 3-11 所示。

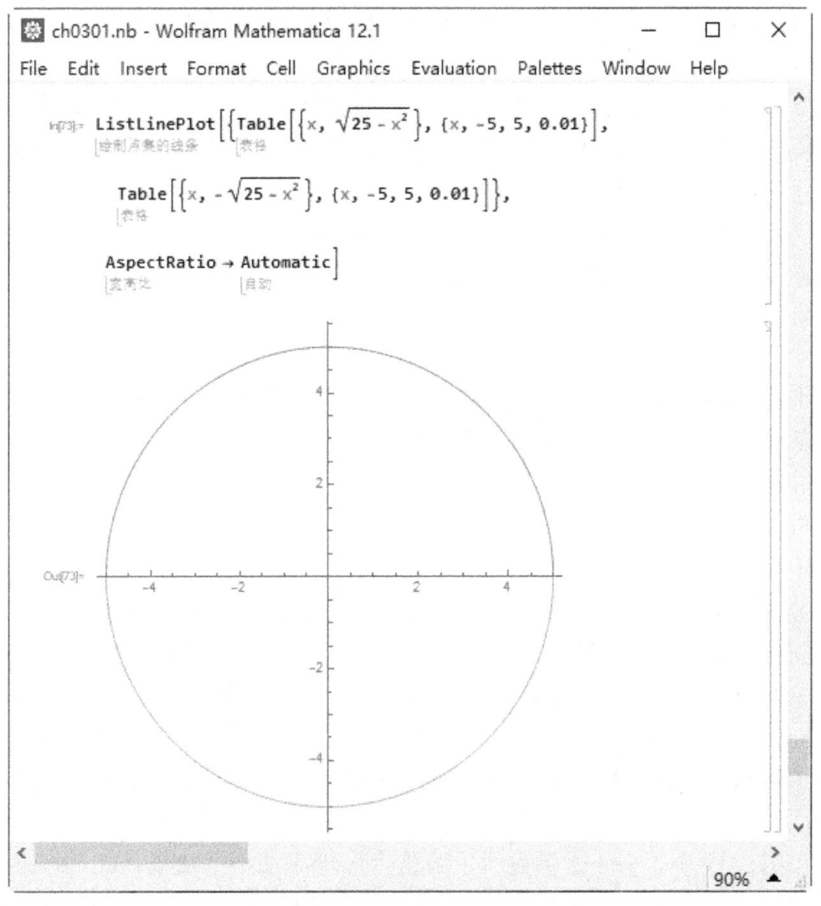

图 3-11 ListLinePlot 函数典型实例

在图 3-11 中，为了使得圆的显示效果更佳、连线更平滑，这里在 Table 循环中，设置步长为 0.01(在图 3-10 中，步长为 0.1)。

3.1.5 Graphics 函数

Graphics 函数用于将二维图形数据转化为可视图形，其基本语法为：**Graphics[二维图形数据, 参数]**，这里最常用的“参数”为“Frame→True, FrameLabel→{{左边框, 右边框}, {下边框, 上边框}}”，表示绘制边框，并为边框添加标注；而常用的“二维图形数据”由如下的函数生成：

(1) 圆。Circle[{x,y}, r]生成圆心在坐标{x,y}处、半径为 r 的圆。

(2) 圆盘。Disk[{x,y}, r]生成圆心在坐标{x,y}处、半径为 r 的填充圆盘。

(3) 文本。Text[字符串, {x,y}]在坐标{x,y}处显示“字符串”。

(4) 点。Point[{x,y}]生成坐标{x,y}处的点。

(5) 线段。Line[{{x_1,y_1},{x_2,y_2},…}]生成连接{x_1,y_1}、{x_2,y_2}等点的线段。

(6) 矩形。Rectangle[{x_1,y_1},{x_2,y_2}]生成以{x_1,y_1}为左下角点坐标、以{x_2,y_2}为右上角点坐标的实心矩形。

(7) 三角形。Triangle[{{x_1,y_1},{x_2,y_2},{x_3,y_3}}]生成以点{x_1,y_1}、{x_2,y_2}和{x_3,y_3}为顶点的实心三角形。

(8) 多边形。Polygon[{{x_1,y_1},{ x_2,y_2},…}]生成以点{x_1,y_1}和{x_2,y_2}等为顶点的实心多边形。

上述介绍的函数均用于生成图形数据。图形往往具有多种属性，例如线型和颜色等，这里需要借助于 Directive 函数将它们描述出来，例如，使用 Directive[Blue, Thick, Dashed]，指定图形属性为蓝色粗虚线。此外，常用 EdgeForm 和 FaceForm 指定图形的边和面的属性。其他常用的属性通过 Thickness、RGBColor、Opacity、GrayLevel、Dashing 和 PointSize 等函数指定，分别表示线条粗细、颜色、透明度、灰度、虚线和点的大小等。

Graphics 函数的功能十分强大；而 Plot 等函数由于本身已生成了 Graphics 对象，因此无需使用 Graphics 进行处理，例如：Plot[Sin[x]], {x,0,2π}和 Graphics[Plot[Sin[Sin[x],{x,0,2π}]]是相同的功能。这里重点介绍上述 8 种“二维图形数据”生成函数借助于 Graphics 函数生成二维图形的实例，如图 3-12 所示。

在图 3-12 中，Frame 函数用于给整个图形添加一个边框；Graphics 函数中共绘制了四个图形和一个文本，依次为：使用蓝色粗虚线作的圆(半径为 1.5，圆心坐标为{0,0})、红色的内接正四边形、绿色的圆盘(作为正四边形的内切圆)、蓝色的正三角形(圆盘的内接正三角形)和一个黑色的文本“Graphs”。图 3-12 中，图形的坐标均使用了绝对坐标。

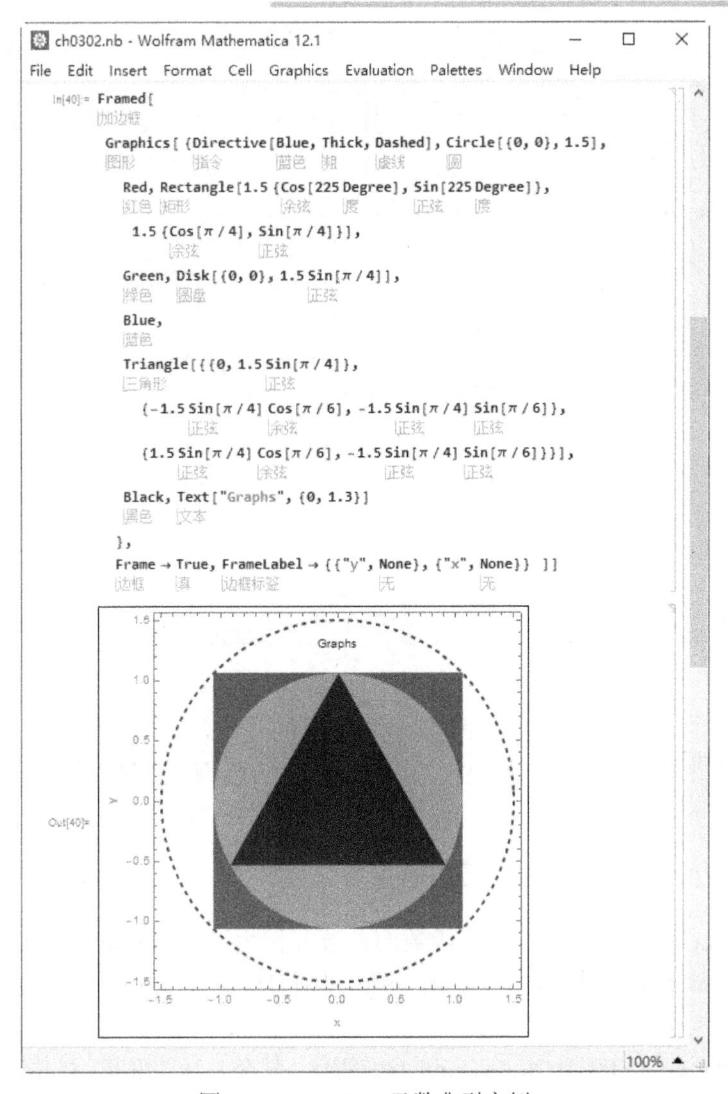

图 3-12　Graphics 函数典型实例

3.1.6　PolarPlot 函数

PolarPlot 函数是 Plot 函数的极坐标版本，其基本语法为：**PolarPlot[*r*(*θ*), {*θ*, 起始角度, 终止角度}]**，其中，$r(\theta)$是以极坐标表示的曲线函数。当绘制多条曲线时，使用$\{ r_1(\theta), r_2(\theta), \cdots\}$替换 $r(\theta)$。PolarPlot 函数的典型实例如图 3-13 所示。

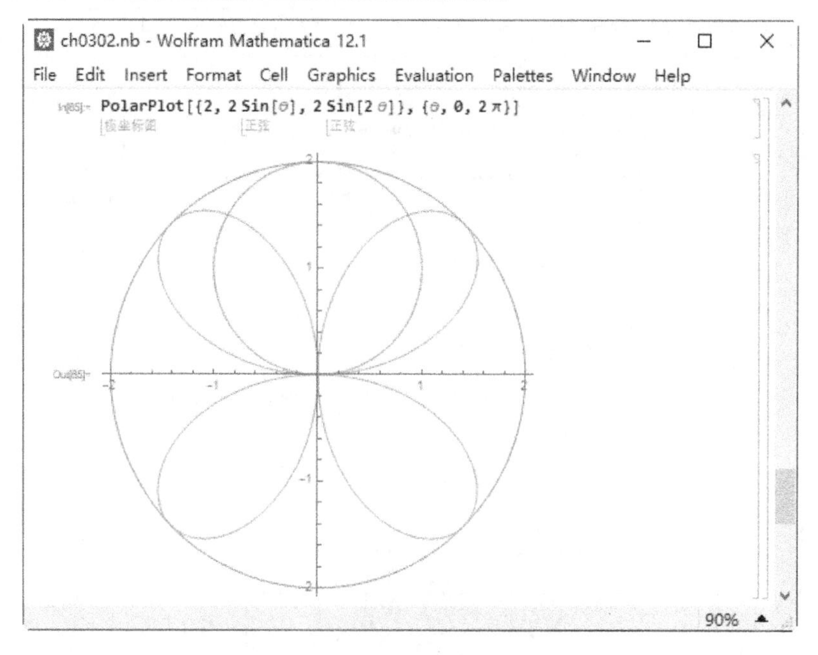

图 3-13　PolarPlot 函数的典型实例

在图 3-13 中，绘制了三个极坐标函数的曲线，即 r = 2、r = 2Sin(*θ*)和 r = 2Sin(2*θ*)。在 Mathematica 中，*θ* 可以作为变量，输入方法为“Esc + t+h + Esc”。

3.1.7　ParametricPlot 函数

ParametricPlot 函数是 Plot 函数的参数方程版本，其基本语法为：

ParametricPlot[{*x*(*t*), *y*(*t*)}, {*t*, 初值, 终值}]

或

ParametricPlot[{*x*(*u*,*v*),*y*(*u*,*v*)},{*u*, 初值, 终值}, {*v*, 初值, 终值}]

其中，$x(t)$表示曲线在 x 轴上的取值(为 t 的函数)，$y(t)$表示曲线在 y 轴上的取值(为 t 的函数)。当绘制多条曲线时，使用$\{\{x_1(t), y_1(t)\}, \{x_2(t), y_2(t)\}, \cdots\}$替换$\{x(t), y(t)\}$。

已知长轴为 5、短轴为 3 的椭圆曲线的参数方程为

$$\begin{cases} x(t) = 5\sin t \\ y(t) = 3\cos t \end{cases}$$

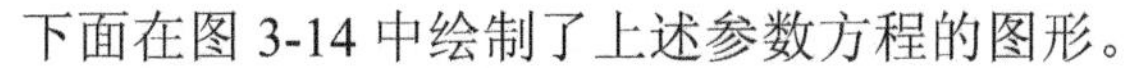

下面在图 3-14 中绘制了上述参数方程的图形。

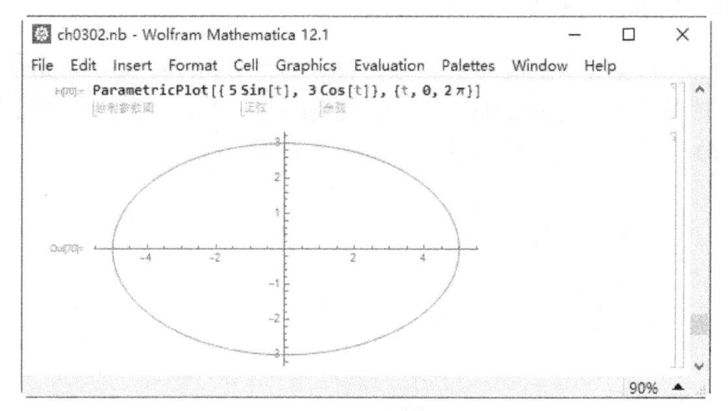

图 3-14 椭圆曲线

3.1.8 ContourPlot 函数

ContourPlot 函数用于绘制等高线，例如，绘制平面上函数 *f* 的等高线图，使用 **ContourPlot[*f*, {*x*, x_{min}, x_{max}}, {*y*, y_{min}, y_{max}}]**；同时，ContourPlot 函数也可用于绘制隐函数的曲线，即 **ContourPlot[f==*g*, {*x*, x_{min}, x_{max}}, {*y*, y_{min}, y_{max}}]**。ContourPlot 函数的典型应用实例如图 3-15 所示。

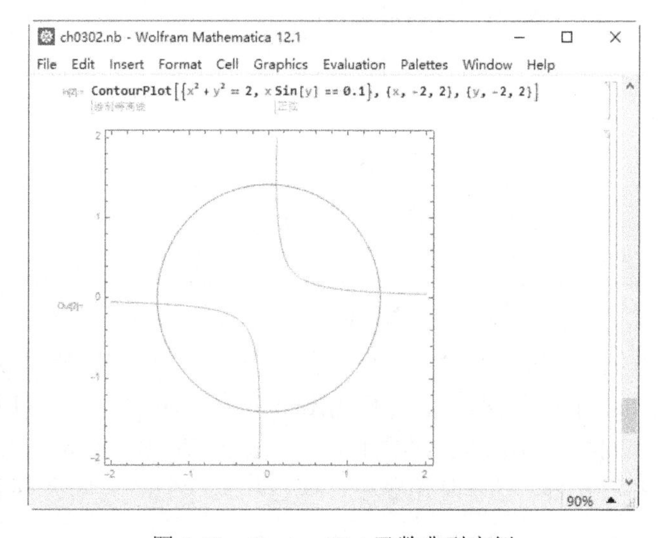

图 3-15 ContourPlot 函数典型实例

图 3-15 中，绘制了两个隐函数的图形，其中，$x^2+y^2=2$ 为圆，而 xSin(y)=0.1 为关于原点中心对称的曲线。

3.1.9 BarChart 函数

BarChart 函数用于绘制序列的条形图，基本用法为：**BarChart[列表, 选项]**，常用的选项有 ChartLabels 和 ChartElements，分别用于指定每个柱形元素的标签和形状。其典型应用实例如图 3-16 所示。

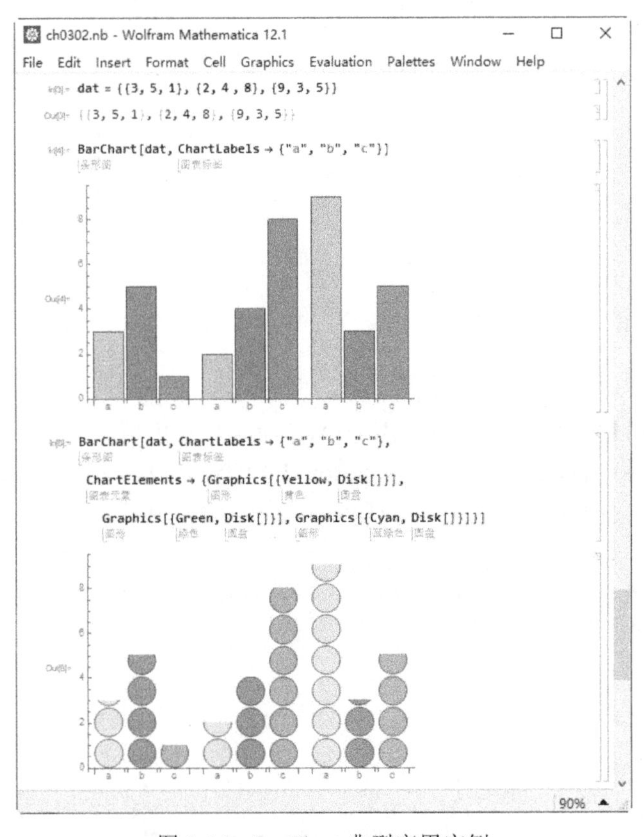

图 3-16 BarChart 典型应用实例

在图 3-16 中，“In[3]”输入一个嵌套列表 dat；“In[4]”使用 BarChart 函数绘制列表 dat 的柱状图，选项 ChartLabels 用于标注每个柱状图的标签；“In[8]”在“In[4]”的基础上，添加了一个选项 ChartElements，用于指定绘制柱状图的图形元素，这里使用黄色、绿色和蓝绿色的圆盘绘制柱状图。

3.1.10 PieChart 函数

PieChart 函数用于制作饼状图，其基本语法为：**PieChart[列表, 选项]**，常用的选项有 ChartLabels 和 SectorSpacing，用于确定各部分的标签和距离。PieChart 函数的典型应用实例如图 3-17 所示。

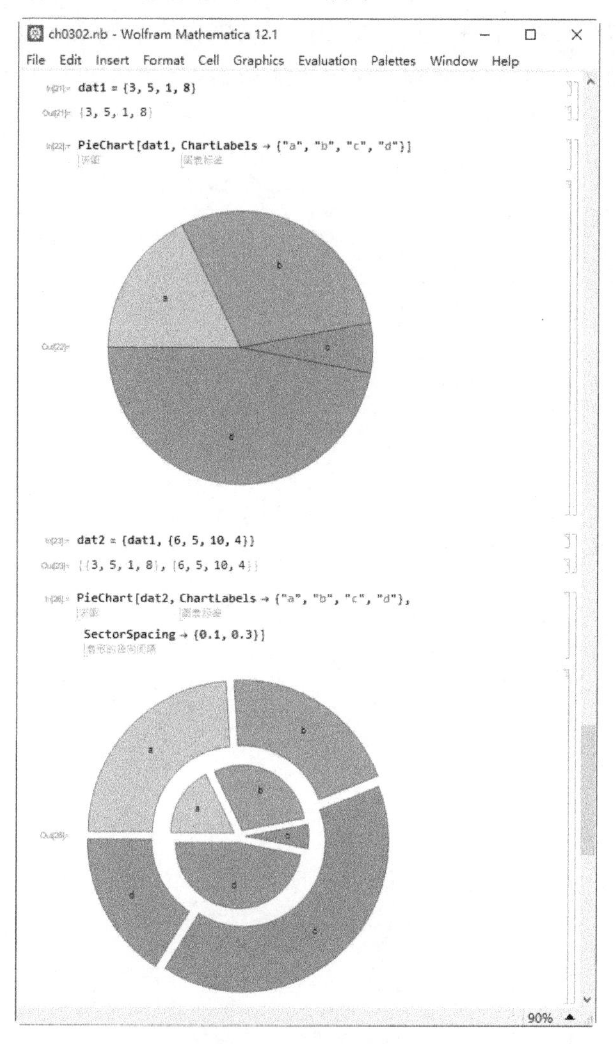

图 3-17　PieChart 函数的典型实例

图 3-17 中，“In[21]”输入一个列表 dat1；“In[22]”调用 PieChart 函数绘制列表 dat1 的饼状图，这里 ChartLabels 用于为各个部分指定标签名；“In[23]”生成一个二维列表 dat2；“In[26]”调用 PieChart 绘制 dat2 的饼状图，选项 SectorSpacing 用于指定各个扇形的间距(这里是 0.1)和同心的不同饼图的间距(这里为 0.3)。

3.1.11 Show 函数

Show 函数有两个作用，其一是为已有的图像添加新的选项，使之具有所需要的显示效果；其二是将多个图像叠加显示。Show 函数的典型应用实例如图 3-18 所示。

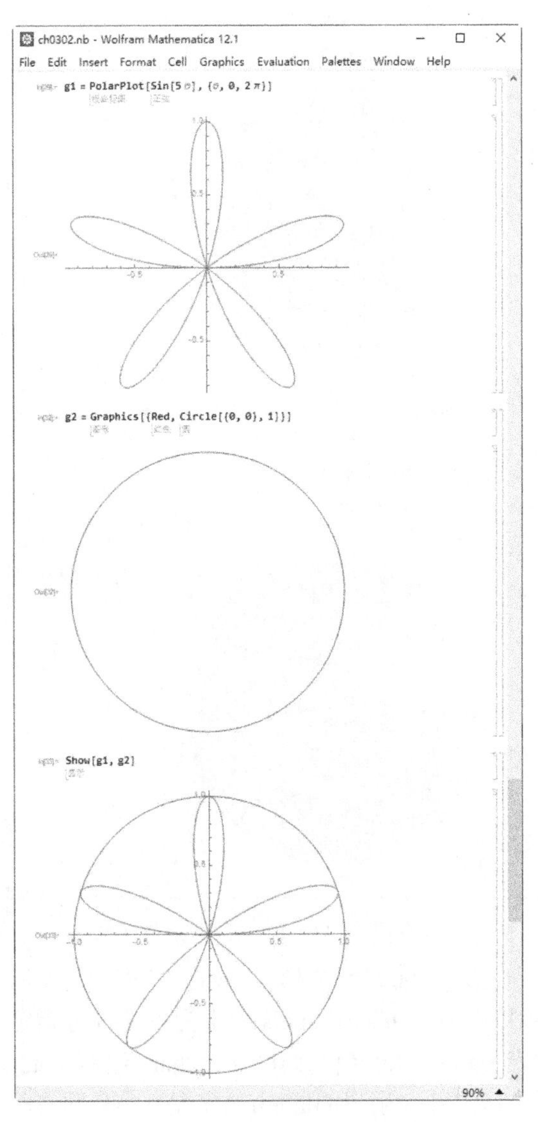

图 3-18 Show 函数的典型实例

在图 3-18 中，“In[29]”使用 PolarPlot 函数绘制了图形 g1；“In[32]”使用 Graphics 输出了红色的圆圈 g2；“In[33]”调用 Show 函数将两者叠加在一幅图像中。

3.1.12 GraphicsGrid 函数

GraphicsGrid 函数将多个图形按矩阵组合进行显示，其语法为：**GraphicsGrid[{{*g*11,*g*12,…}, {*g*21,*g*22,…}, …}]**，其中的参数为二维嵌套列表，每个子列表对应着一行图形对象，子列表的个数为组合图像的行数。GraphicsGrid 函数的典型用法实例如图 3-19 所示。

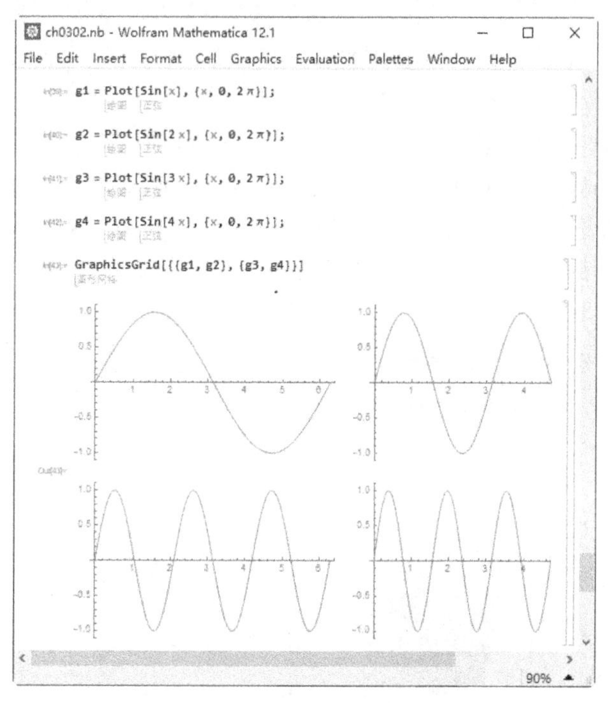

图 3-19 GraphicsGrid 函数典型实例

在图 3-19 中，“In[39]”绘制了正弦信号 Sin(x)的图形 g1，这里使用了分号“;”表示图形 g1 不显示；同理，“In[40]”至“In[42]”依次绘制了正弦信号 Sin(2x)、Sin(3x)和 Sin(4x)的图形 g2、g3 和 g4。“In[43]”调用 GraphicsGrid 函数生成两行两列的图像显示阵列，第一行显示 g1 和 g2；第二行显示 g3 和 g4，如图 3-19 中的“Out[43]”所示。这里的 GraphicsGrid 函数和 Show 函数可以用于三维图形的显示。

3.2 三 维 绘 图

Mathematica 软件具有强大的三维绘图功能，这里重点讨论常用的 10 种函数，即 Plot3D、DiscretePlot3D、ParametricPlot3D、RevolutionPlot3D、SphericalPlot3D、ListPlot3D、ContourPlot3D、ListContourPlot3D、ListSurfacePlot3D 和 Graphics3D 函数，并主要讨论这些函数常用的参数配置和典型用法。

3.2.1 Plot3D 函数

使用函数 Plot3D 在三维直角坐标系中绘制函数 $z=f(x,y)$的图形(空间曲面)，其基本语法为

Plot3D[$f(x,y)$, {x, $x_{\min}$, $x_{\max}$}, {y, $y_{\min}$, $y_{\max}$}, 选项]

或 **Plot3D[{$f_1(x,y)$, $f_2(x,y)$, …}, {x, $x_{\min}$, $x_{\max}$}, {y, $y_{\min}$, $y_{\max}$}, 选项]**

后者用于绘制多个图形。这里常用的选项有 Mesh 和 BoxRatios，分别用于设置曲面上的网格线和三个坐标轴的比例(默认为 1:1:0.4)。Plot3D 函数的典型用法实例如图 3-20 所示。

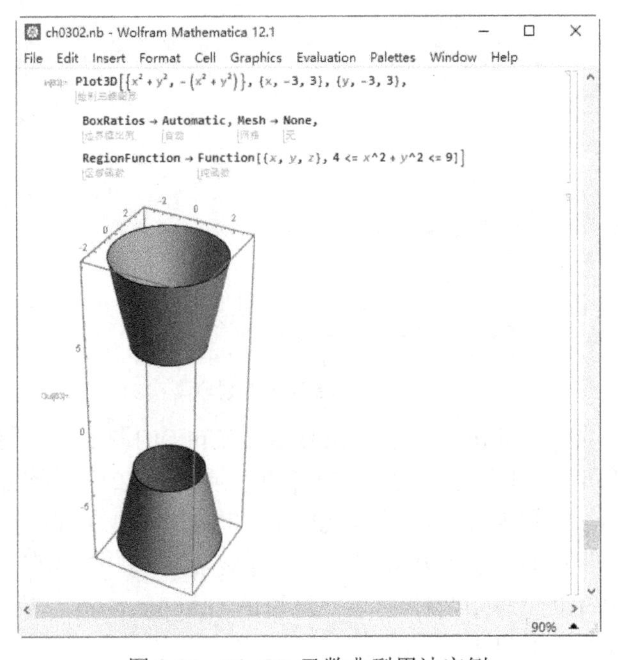

图 3-20 Plot3D 函数典型用法实例

在图 3-20 中，绘制了两个关于 xy 平面对称的曲面，其中选项 BoxRatios 设为 Automatic，表示三个坐标轴的尺度比例相同；Mesh 设为 None，表示在曲面上不绘制网格线；RegionFunction 用于设定函数的取值区域，借助于 Function 函数(纯函数)指定范围，这里的设定表示 z 轴上 z=4 和 z=9 之间的范围。

3.2.2　DiscretePlot3D 函数

DiscretePlot3D 函数用于绘制在平面上离散取值的函数值图形，典型用法为

DiscretePlot3D[$f(i,j)$, {i, $i_{\min}$, $i_{\max}$, d_i}, {j, $j_{\min}$, $j_{\max}$, d_j}]

或　**DiscretePlot3D[$f(i,j)$, {i, {i_1, i_2, …}}, {j, {j_1, j_2, …}}]**

其中，“{i, $i_{\min}$, $i_{\max}$, d_i}”表示 i 从 $i_{\min}$ 按步长 d_i 增至 $i_{\max}$，当步长 d_i 为 1 时可以省略。同理，“{j, $j_{\min}$, $j_{\max}$, d_j}”表示 j 从 $j_{\min}$ 按步长 d_j 增至 $j_{\max}$，当步长 d_j 为 1 时可以省略。“{i, {i_1, i_2, …}}”表示 i 从列表{i_1, i_2, …}中取值；“{j, {j_1, j_2, …}}”表示 j 从列表{j_1, j_2, …}中取值。

DiscretePlot3D 函数的典型用法实例如图 3-21 所示。

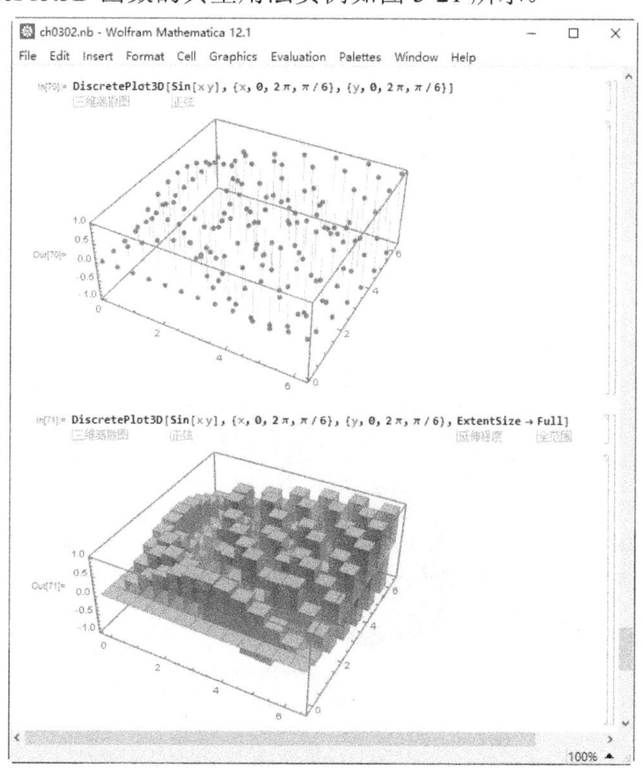

图 3-21　DiscretePlot3D 函数的典型实例

在图 3-21 中，绘制了 z=Sin(xy)的离散图形，“In[70]”是标准的散点图，而“In[71]”中添加了常用选项“ExtentSize→Full”，表示每个离散点用以其为中心的矩形区域表示，这种情况下，当所有的离散点位于同一平面时，表示这些点的小矩形区域将覆盖整个平面。显然，与“Out[70]”的图形相比，“Out[71]”所示的图形更加形象。

3.2.3 ParametricPlot3D 函数

ParametricPlot3D 函数基于参数方程绘制三维曲线或曲面，其典型语法为

ParametricPlot3D[{f_x, f_y, f_z}, {u, $u_{\min}$, $u_{\max}$}]

或 **ParametricPlot3D[{f_x, f_y, f_z}, {u, $u_{\min}$, $u_{\max}$}, {v, $v_{\min}$, $v_{\max}$}]**

这里的f_x、f_y和f_z分别为 x、y 和 z 方向上的函数。ParametricPlot3D 函数的典型实例如图 3-22 所示。

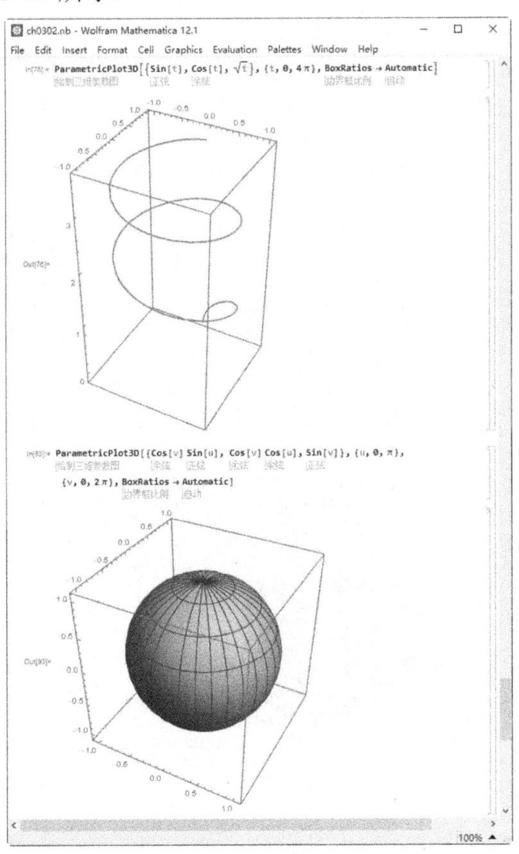

图 3-22 ParametricPlot3D 函数典型实例

在图 3-22 中，“In[76]”调用 ParametricPlot3D 函数绘制了一个三维曲线；而“In[93]”调用 ParametricPlot3D 函数绘制了一个球面。

3.2.4 RevolutionPlot3D 函数

RevolutionPlot3D 函数用于绘制绕 *z* 轴旋转的曲面，其常用语法如下：

(1) **RevolutionPlot3D[f_z, {x, $x_{\min}$, $x_{\max}$}]**，这里 f_z 为 x 的函数；

(2) **RevolutionPlot3D[{f_x,f_z},{t, $t_{\min}$, $t_{\max}$}]**，这里 f_x 和 f_z 为 t 的参数方程；

(3) **RevolutionPlot3D[{f_x,f_z},{t, $t_{\min}$, $t_{\max}$}, {θ, $\theta_{\min}$, $\theta_{\max}$}]**，这里的 θ 为绕 *z* 轴转动的角度。

RevoluationPlot3D 函数的典型实例如图 3-23 所示。

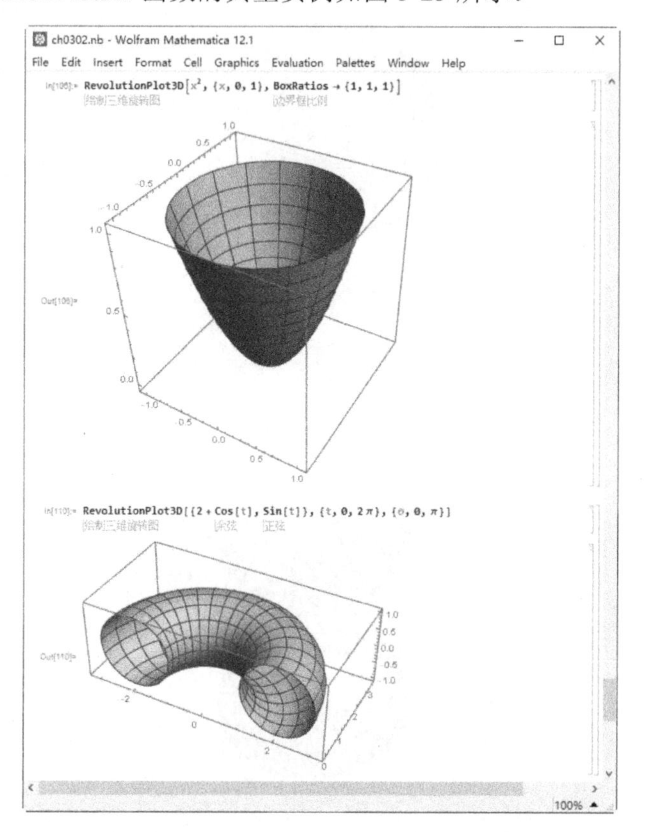

图 3-23 RevolutionPlot3D 函数典型实例

在图 3-23 中，“In[106]”绘制了 $z=x^2$ 绕 z 轴旋转形成的曲面；而“In[110]”绘制了 $(x-2)^2+z^2=1$(以参数方程形式)绕 z 轴旋转 180° 形成的曲面。

3.2.5 SphericalPlot3D 函数

基于球坐标绘制曲面使用函数 SphericalPlot3D，其基本语法为

SphericalPlot3D[*r*, {θ, θ_{min}, θ_{max}}, {ϕ, ϕ_{min}, ϕ_{max}}]

其中，θ 为纬度方向上从 z 轴正方向开始的角度，而 ϕ 为经度方向上从 x 轴正方向开始的角度。SphericalPlot3D 函数典型实例如图 3-24 所示。

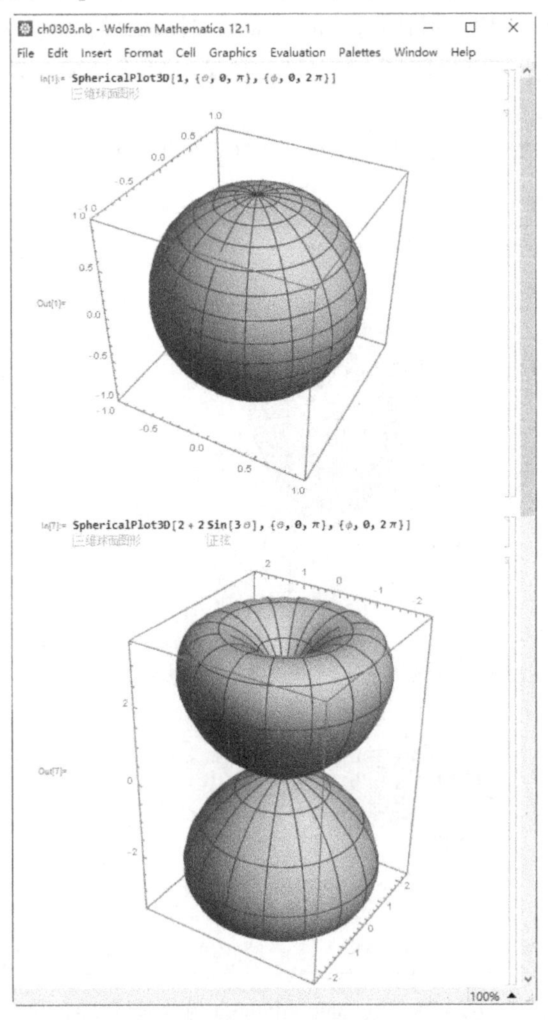

图 3-24 SphericalPlot3D 函数典型实例

在图 3-24 中，ϕ的输入方法为“Esc+f+Esc”。“In[1]”绘制了一个半径为 1 的单位球；“In[7]”绘制了表达式为 r=2+2Sin(3θ)的曲面。

3.2.6 ListPlot3D 函数

ListPlot3D 函数在三维空间中根据点列绘制曲面图，其基本语法为

ListPlot3D[{{x_1,y_1,z_1}, {x_2,y_2,z_2}, …}]

即绘制点列(x_1,y_1,z_1)、(x_2,y_2,z_2)等等。ListPlot3D 函数的典型用法实例如图 3-25 所示。

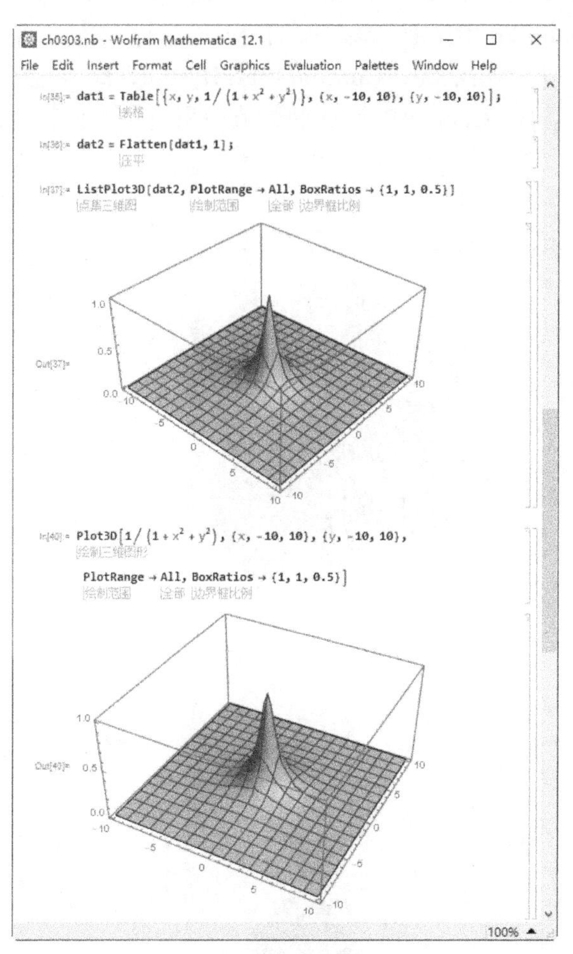

图 3-25 ListPlot3D 函数典型用法实例

在图 3-25 中，“In[35]” 生成一个嵌套列表 dat1，“In[36]” 将 dat1 的第一层压平，得到列表 dat2，此时 dat2 具有形式{{x_1,y_1,z_1}, {x_2,y_2,z_2}, …}。“In[37]”调用 ListPlot3D 函数基于 dat2 绘制曲面，如“Out[37]”所示。“In[40]”

使用 Plot3D 绘制的 $z=1/(1+x^2+y^2)$的图形，如“Out[40]”所示。比较“Out[37]”和“Out[40]”可知，两者相似(由于采样间隔 1 较大，故 Out[37]在曲面突变处更陡峭)。

3.2.7 ContourPlot3D 函数

ContourPlot3D 函数有两种功能：其一，绘制三维空间的等高面图，基本语法为：**ContourPlot3D[*f*, {*x*, x_{min}, x_{max}}, {*y*, y_{min}, y_{max}}, {*z*, z_{min}, z_{max}}]**；其二，绘制等值面图，基本语法为：**ContourPlot3D[*f*==*g*, {*x*, x_{min}, x_{max}}, {*y*, y_{min}, y_{max}}, {*z*, z_{min}, z_{max}}]**。ContourPlot3D 函数典型用法实例如图 3-26 所示。

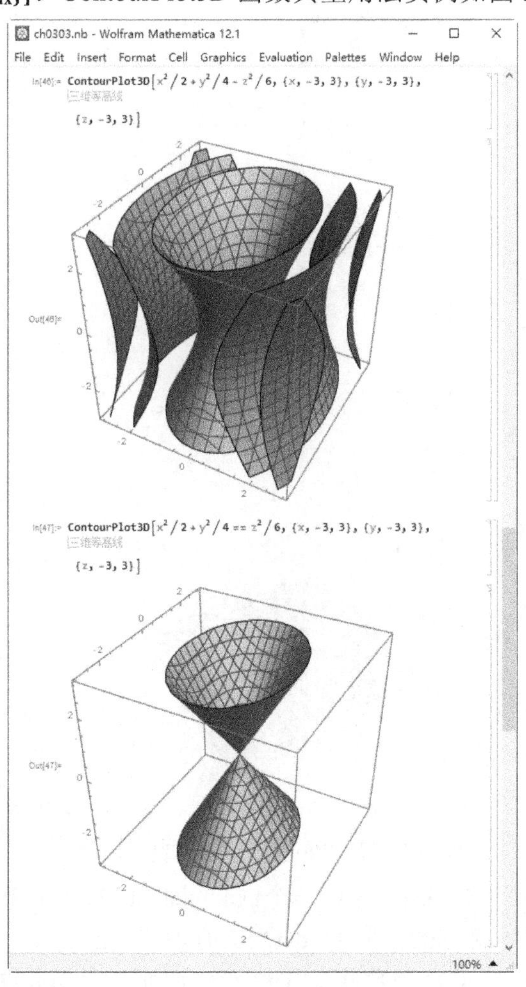

图 3-26 ContourPlot3D 函数典型应用实例

在图 3-26 中，“In[46]” 绘制了 f(x, y, z) = $x^2/2 + y^2/4 - z^2/6$ 的等高面图；而“In[47]” 绘制了 $x^2/2 + y^2/4 = z^2/6$ 的等值面图。

3.2.8 ListContourPlot3D 函数

ListContourPlot3D 函数基于表示离散序列的列表绘制等高面图，其典型语法为：**ListContourPlot3D[{{x_1, y_1, z_1, f_1}, {x_2, y_2, z_2, f_2}, …}]**，这里，f_n 表示 $f_n(x_n, y_n, z_n)$。ListContourPlot3D 函数典型用法实例如图 3-27 所示。

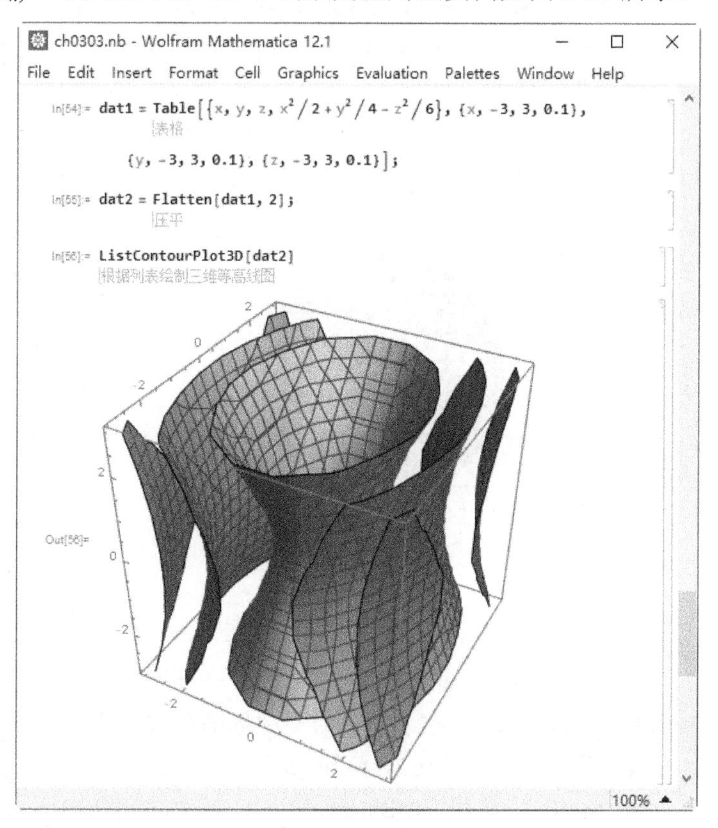

图 3-27 ListContourPlot3D 函数典型用法实例

图 3-27 中“Out[56]”显示的图形与图 3-26 中“Out[46]”中的图形相似，由于在“In[54]”中使用了步长 0.1，使得“Out[56]”中的图形不够平滑。在图 3-27 中，“In[54]”生成离散的三维点列 dat1；“In[55]”将 dat1 压平为两层的嵌套列表 dat2，使其具有形式{{x_1, y_1, z_1, f_1}, {x_2, y_2, z_2, f_2}, …}；“In[56]”调用 ListContourPlot3D 函数绘制列表 dat2 的等高面图。

3.2.9 ListSurfacePlot3D 函数

ListSurfacePlot3D 函数根据三维空间的点列拟合得到其曲面图，其典型语法为：**ListSurfacePlot3D[{{x_1, y_1, z_1}, {x_2, y_2, z_2}, {x_3, y_3, z_3}, …}]**，典型实例如图 3-28 所示。

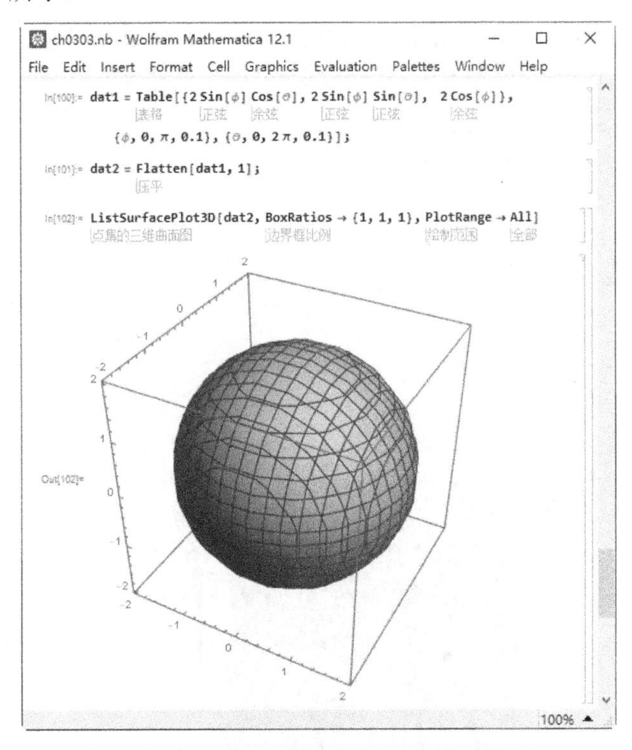

图 3-28 ListSurfacePlot3D 函数典型实例

在图 3-28 中，“In[100]”生成了半径为 2 的球面列表数据 dat1，“In[101]”将压平 dat1 的第一层得到列表 dat2，使 dat2 具有形式{{x_1, y_1, z_1}, {x_2, y_2, z_2}, {x_3, y_3, z_3}, …}。“In[102]”调用 ListSurfacePlot3D 函数绘制 dat2 的拟合曲面。

3.2.10 Graphics3D 函数

Graphics3D 函数将一些函数产生的图形数据转化为图形显示出来，其中常用的三维图形数据生成函数包括以下几种：

(1) 点。Point[{x,y,z}]生成在坐标(x,y,z)处的点。

(2) 线。Line[{{x_1,y_1,z_1}, {x_2,y_2,z_2},…}]生成连接各个点的线段。

(3) 实心三角形。Triangle[{{x_1,y_1,z_1}, {x_2,y_2,z_2}, {x_3,y_3,z_3}}]生成连接三个点的填充三角形。

(4) 填充多边形。Polygon[{{x_1,y_1,z_1}, {x_2,y_2,z_2}, {x_3,y_3,z_3}, …}]生成连接多个点的填充多边形。

(5) 文本。Text[表达式, {x, y, z}]在(x, y, z)坐标处以文本形式显示表达式。

(6) 填充球。Ball[{x, y, z}, r]生成球心在(x, y, z)处、半径为 r 的球。

(7) 填充立方体。Cube[{x, y, z}, a]生成中心在(x, y, z)处、边长为 a 的立方体。

(8) 填充四面体。Tetrahedron[{{x_1,y_1,z_1}, {x_2,y_2,z_2}, {x_3,y_3,z_3}, {x_4,y_4,z_4}]生成以该四个点为顶点的实心四面体；Tetrahedron[{x,y,z}, a]生成以(x,y,z)为中心、边长为 a 的四面体。

(9) 圆锥体。Cone[{{x_1,y_1,z_1}, {x_2,y_2,z_2}},r]生成一个圆锥体，底面圆半径为 r，中心为(x_1,y_1,z_1)，顶点为(x_2,y_2,z_2)。

(10) 圆柱体。Cylinder[{{x_1,y_1,z_1},{x_2,y_2,z_2}}, r]生成一个圆柱体，顶面和底面圆的圆心坐标分别为(x_1,y_1,z_1)和(x_2,y_2,z_2)，半径为 r。

上述函数生成的图形数据，需要借助于 Graphics3D 函数展示出来。Graphics3D 函数典型用法实例如图 3-29 所示。

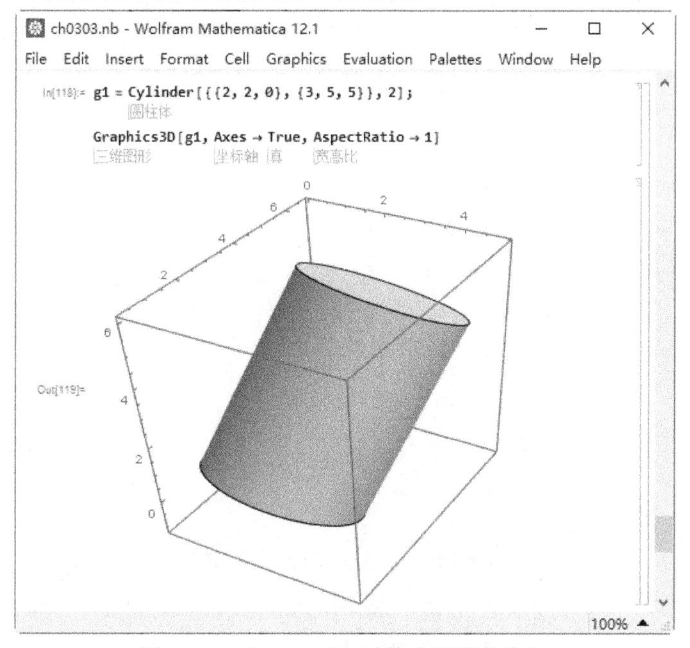

图 3-29 Graphics3D 函数典型用法实例

图 3-29 为使用 Graphics3D 函数和 Cylinder 函数绘制一个圆柱体。

3.3 动　　画

Mathematica 软件可以创建具有复杂物理学动力特征的动画。本节重点借助于常用的 Animate 函数和 Manipulate 函数，通过改变绘图函数的参数实现动画效果。

3.3.1 Animate 函数

Animate 函数用于播放动画，其语法为：**Animate[绘图表达式, {u, u_{min}, u_{max}, step}]**或 **Animate[绘图表达式, {u, {u_1, u_2, …, u_n}}]**。其中，“{u, u_{min}, u_{max}, step}”表示控制参数 u 从 u_{min} 依步长 step 增加到 u_{min}，当步长 step 为 1 时可省略；“{u, {u_1, u_2, ⋯, u_n}}”表示 u 在列表“{u_1, u_2, ⋯, u_n}”中取值。同时，Animate 函数还可以有多个控制参量。

Animate 函数的典型用法实例如图 3-30 所示。

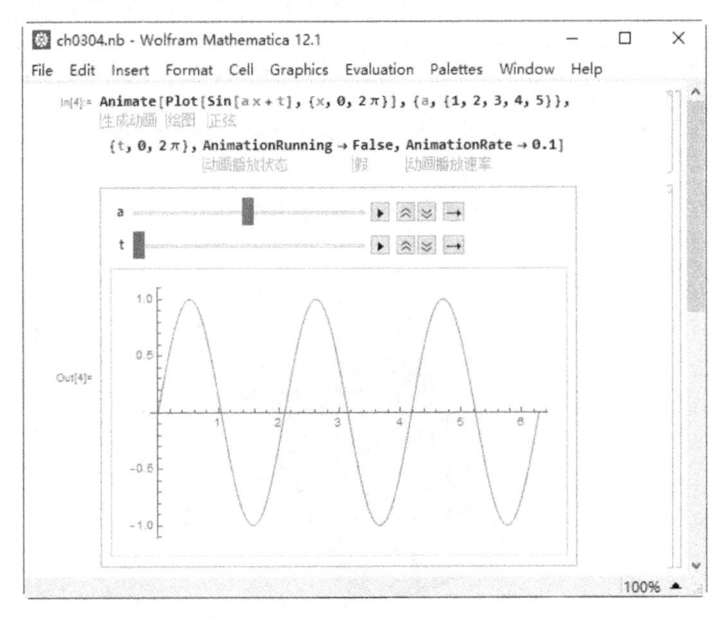

图 3-30　Animate 函数典型实例

在图 3-30 中，“绘图表达式”为 Plot[Sin[ax+t],{x,0,2π}]，具有两个控制参量 a 和 t，其中，a 控制正弦波的频率，t 控制正弦波的位置。a 的取值为离散值，从列表{1,2,3,4,5}中取值；t 的取值为连续值，从 0 至 2π 取值。选项"AnimationRunning→False"表示动画初始状态为静态，在图 3-30 中用鼠标左键单击播放铵键"▸"启动动画；选项"AnimationRate→0.1"设置播放速度，可以在图 3-30 中动态调整。在图 3-30 中，当 a 固定时，启动动画，t 将从 0 不断增大至 2π，正弦波将连续向左移动。

Animate 函数可以创建多个图形叠加的动画。下面绘制一个小圆球沿圆形轨道运行的动画，如图 3-31 所示。

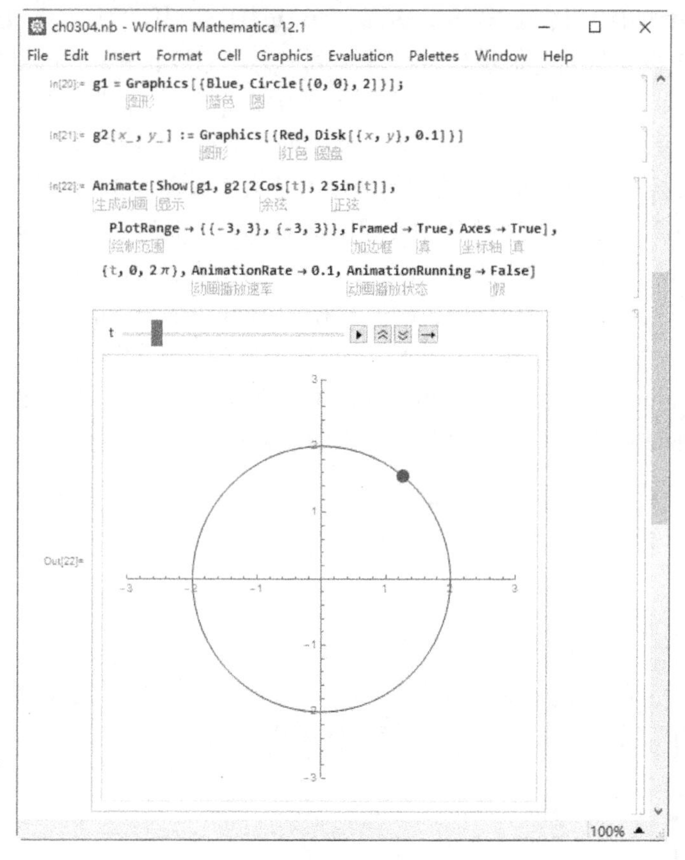

图 3-31　多图像动画实例

在图 3-31 中，"In[20]"绘制了一个圆心在原点、半径为 2 的圆 g1；"In[30]"为自定义函数(参数第 7.1.3 节)g2，表示绘制圆心在(x,y)、半径为 0.1 的圆盘；在"In[22]"中通过 Show 函数，将 g1 和 g2 叠加显示，Animate 函数通过控制参数 t 实现 g2 的动态变化，从而达到小圆盘 g1 沿着 g2 旋转的动画目的。

3.3.2 Manipulate 函数

Manipulate 函数是可以控制参数变化的函数，它与 Animate 函数的区别在于：Animate 函数中控制参数是自动变化的；而 Manipulate 函数中控制参数是可以手动调节的(也能以播放的方式自动变化)。在 Manipulate 函数中可以查看控制参数在各个取值下的图形形状，因此，Manipulate 函数的输出中带有控件，它的常用语法为：**Manipulate[绘图表达式, {*u*, u_{min}, u_{max}, step}]** 或 **Manipulate [绘图表达式, {*u*, {u_1, u_2, …, u_n}}]**，其中，“{u, u_{min}, u_{max}, step}”表示控制参数 u 从 u_{min} 依步长 step 增加到 u_{max}，当步长 step 为 1 时可省略；“{u, {u_1, u_2, …, u_n}}”表示 u 在列表“{u_1, u_2, …, u_n}”中取值。同时，Manipulate 函数还可以有多个控制参量，并为控制参数赋初始值 u_0，此时，用{u, u_0}替换 u。Manipulate 函数的典型用法实例如图 3-32 所示。

在图 3-32 中，“In[31]”中{{a,2,"Frequency"}, {1,2,3,4,5}, ControlType→RadioButton}表示参数 a 的初始值为 2，显示信息为“Frequency”，取值范围为{1,2,3,4,5}，以单选钮的形式显示；{{t,0,"Time"},0,2π,0.01π}表示 t 的初始值为 0，显示信息为“Time”，最小值为 0，最大值为 2π，步长为 0.01π。“In[41]”使用了 Manipulate 函数显示动画，与图 3-31 中的 Animate 动画效果相似，而且 Manipulate 函数还可以手动设置参数值观测图形信息。

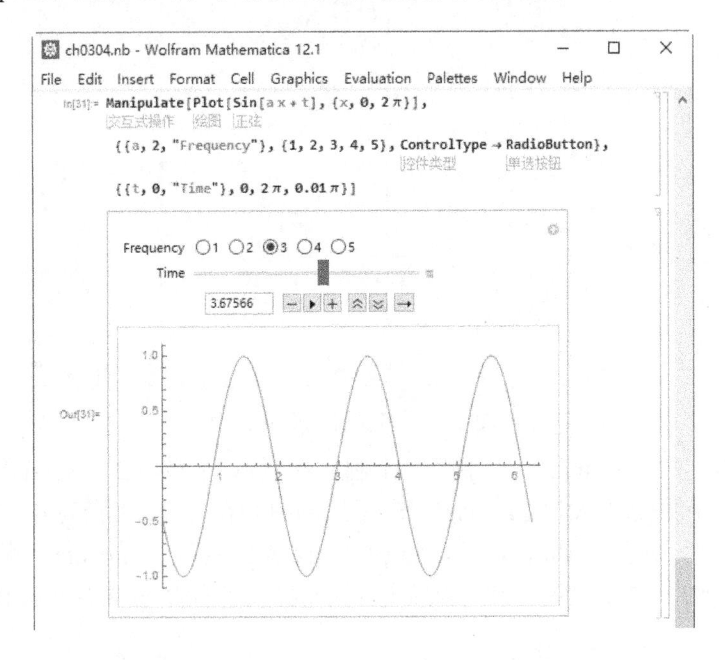

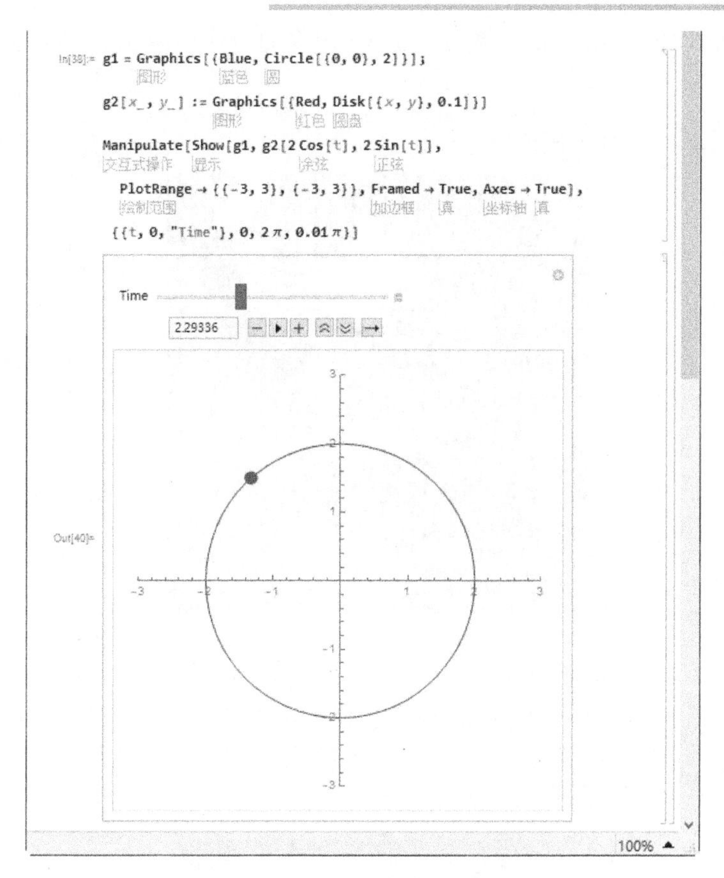

图 3-32　Manipulate 函数的典型用法实例

3.4　图像处理基础

Mathematica 具有丰富的图像处理函数，这里重点讨论图像与矩阵间的转换，即将矩阵转化为图像的方法和将图像转化为矩阵的方法。

3.4.1　图像转化为矩阵

Mathematica 在线资源库中集成了常用的测试图像，可以通过 ExampleData 函数读取(计算机需要联网)，可以通过 ColorConvert 函数将彩色图像转化为灰度图像，通过 ImageResize 函数调整图像大小，通过 ImageData 函数得到与图像对应的数据矩阵(二维嵌套列表)。

借助于 ExampleData 函数读取 Lena 图像的方法如图 3-33 所示。

图 3-33　从 Mathematica 在线资源库中读取 Lena 图像(注：原图为彩色)

可将图 3-33 中的彩色 Lena 图像转化为灰度图像，如图 3-34 所示。

图 3-34　生成灰度图像 Lena

通过 ImageResize 函数将图 3-34 中的图像转化为 256×256 大小的灰度图像，如图 3-35 所示。

ch0304.nb - Wolfram Mathematica 12.1
File Edit Insert Format Cell Graphics Evaluation Palettes Window Help
In[49]:= p3 = ImageResize[p2, {256, 256}]
调整图像大小
Out[49]=
100%

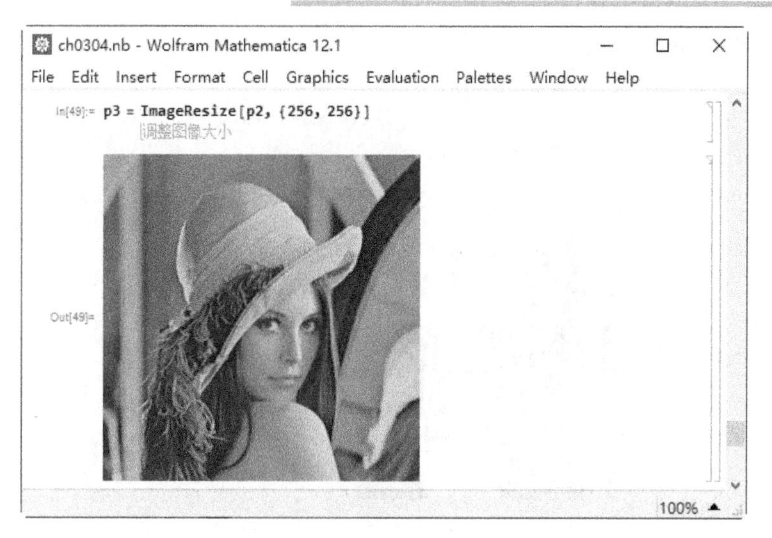

图 3-35 大小为 256×256 灰度图像 Lena

借助 ImageData 函数获得图像数据，如图 3-36 所示。

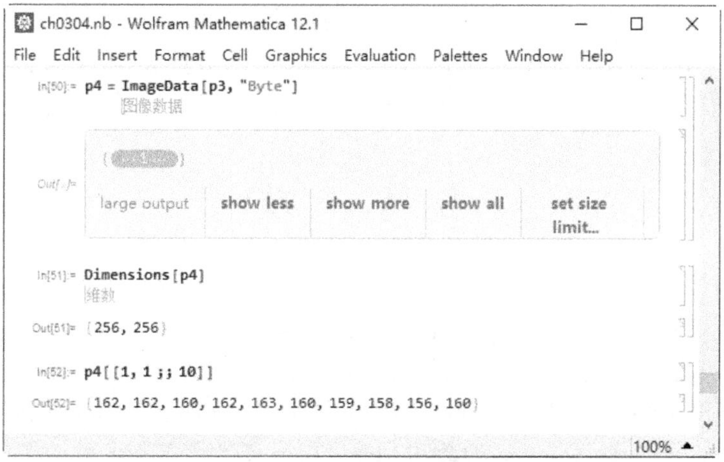

ch0304.nb - Wolfram Mathematica 12.1
File Edit Insert Format Cell Graphics Evaluation Palettes Window Help
In[50]:= p4 = ImageData[p3, "Byte"]
图像数据
large output
show less
show more
show all
set size limit...
In[51]:= Dimensions[p4]
维数
Out[51]= {256, 256}
In[52]:= p4[[1, 1 ;; 10]]
Out[52]= {162, 162, 160, 162, 163, 160, 159, 158, 156, 160}
100%

图 3-36 图像数据矩阵

在图 3-36 中，p4 为图 3-35 中 p3 图像的数据矩阵，从图像的左上角逐行生成矩阵的行，直到图像的右下角。Dimensions 函数返回矩阵 p4(本质上是二维嵌套列表)的大小，可以通过“[[ ]]”读取图像矩阵中的元素值。

3.4.2 矩阵转化为图像

借助于 Image 函数可将矩阵转化为图像显示，这里基于图 3-36 中的 p4

进行处理，如图 3-37 所示。

图 3-37　矩阵转化为图像显示

在图 3-37 中，UnitStep 函数为单位阶跃函数，当参数小于 0 时，返回 0；否则，返回 1。因此，“255UnitStep[p4−128]”将 p4 中小于 128 的值转化为 0，大于 128 的值转化为 255。然后，借助于 Image 函数将 p5 转化为图像，如图 3-37 中的“Out[60]”所示。显然，p6 是 Lena 图像的“二值”图像。

本章小结

本章详细介绍了 Mathematica 中二维图形和三维图形的绘图方法。对于二维绘图，重点讨论了 Plot 函数、ListPlot 函数和 Show 函数等 12 种函数；对于三维绘图，重点介绍了 Plot3D 函数、ParametricPlot3D 函数和 RevolutionPlot3D 函数等 10 种绘图函数。然后，阐述了 Mathematica 创建动画的方法，借助于 Animate 函数和 Manipulate 函数，基于各种绘图函数可实现动画显示。最后，分析了 Mathematica 中图像与矩阵相互转化的常用函数，这些函数广泛应用在图像信息安全中。

习　题

1. 使用直角坐标系绘制圆心在(−3,2)、半径为 5 的圆。
2. 基于参数方程绘制圆心在(−3,2)、半径为 5 的圆。

3. 借助于极坐标方程绘制圆心在(−3,2)、半径为 5 的圆。

4. 使用球坐标系绘制球心在(2,1,−1)处、半径为 5 的球。

5. 基于参数方程绘制球心在(2,1,−1)处、半径为 5 的球。

6. 使用 Graphics3D 函数绘制球心在(2,1,−1)处、半径为 5 的球。

7. 使用 Animate 函数实现 Lorenz 方程的相图演变动画。

提示：(1) 控制参量为 t；(2) Lorenz 方程为

$$\begin{cases} x' = \sigma(y - x) \\ y' = rx - y - xz \\ z' = xy - bz \end{cases}$$

其中，$\sigma = 10$，$r = 28$，$b = 8/3$。将上式用差分方程表示，时间步长取为 0.002。

8. 从 Mathematica 在线资源库中读取 Mandrill 图像，将其转化为 256×256 大小的灰度图像，并得到其对应的数据矩阵。

第 4 章 Mathematica 微积分

本章介绍使用 Mathematica 实现微积分运算的方法，重点阐述极限、导数、偏导数、积分和常微分方程等的计算方法。本章内容可帮助理工科学生借助于 Mathematica 软件解决“高等数学”中的问题，增强其微积分学习乐趣。微积分不仅是现代数学的基石，也是经济学的主要数学工具，还是相对论的主要数学方法。微积分是现代大学生必须掌握的基础数学知识，而 Mathematica 针对微积分提供了完备的算法库。极限运算是微积分的基础，本章将首先介绍极限运算。

4.1 极　　限

极限考察函数在其自变量变化过程中函数值的变化趋势。对于一元函数，自变量的变化过程主要有两种，其一为趋于无穷大，包括趋于正无穷大和负无穷大；其二为趋于特定的考察点，包括从大于该点的一侧趋于该点和从小于该点的一侧趋于该点。对于多元函数，自变量在平面(或超平面)上沿任意路径(或选定路径)趋于其定义域中的考察点。

Mathematica 中，计算函数在自变量变化过程中的极限值使用 Limit 函数，其基本语法为

(1) **Limit[函数 f, {x→x_0}, 选项参数]** 计算自变量 x 趋于 x_0 时的函数 f 的极限值；

(2) **Limit[函数 f, {x_1→x_{10}, x_2→x_{20}, …, x_n→x_{n0}}, 选项参数]** 计算当 $x_n \to x_{n0}$、…、$x_2 \to x_{20}$ 和 $x_1 \to x_{10}$ 时的逐次极限；

(3) **Limit[函数 f, {x_1, x_2,…, x_n}→{x_{10}, x_{20},…, x_{n0}}, 选项参数]** 计算当$\{x_1, x_2,\cdots, x_n\}$趋于$\{x_{10}, x_{20},\cdots, x_{n0}\}$时的多变量极限。

Limit函数常用的“选项参数”为Direction，表示自变量的变化方向，缺省情况(选项参数为空)下表示Direction→Reals或Direction→"TwoSided"，即在实数范围内计算双边极限。通过设定“选项参数”可以计算单边极限，有以下四种情况：

(1) 设定“选项参数”为Direction→FromAbove或Direction→−1，表示计算函数的右极限，即计算自变量从大于x_0的一侧趋于x_0时的函数极限。一般地，借助Limit函数计算右侧极限时使用“Direction->FromAbove”，因为“高等数学”中右侧极限的自变量变化过程表示为“$x \to x_0+$”，即x从大于x_0的一侧趋于x_0，与这里的“Direction→−1”(使用−1表示自变量趋向左侧)的表示方式不一致。

(2) 设定“选项参数”为Direction→FromBelow或Direction→+1，表示计算函数的左极限，即计算自变量从小于x_0的一侧趋于x_0时的函数极限。一般地，借助Limit函数计算左侧极限时使用“Direction→FromBelow”，在“高等数学”中左侧极限的自变量变化过程表示为“$x \to x_0-$”，即x从小于x_0的一侧趋于x_0，与这里的“Direction→+1”(使用+1表示自变量趋向右侧)的表示方式不一致。

(3) 设定“选项参数”为Direction→Complexes，表示沿所有复方向求函数的极限；

(4) 设定“选项参数”为Direction→Exp[I θ]，表示沿着x_0点处的曲线切线方向计算函数极限，称为方向极限，其切线的方向角为θ。

在Mathematica中，正无穷大可以用“Infinity”或“∞”表示，后者使用“Esc+i+n+f+Esc”输入；而负无穷大用“−∞”表示。

Limit函数的典型实例如图4-1所示。

在图4-1中，“In[1]”计算当x趋于0时Cos(x)的极限值，结果为1，如“Out[1]”所示；“In[2]”计算当x趋于0时，Sin(x)/x的极限值，结果为1，如“Out[2]”所示。“In[3]”和“In[4]”计算|x|/x的单边极限，这里，RealAbs[x]表示实数x的绝对值；“In[3]”计算|x|/x的右侧极限，结果为1，如“Out[3]”所示；“In[4]”计算|x|/x的左侧极限，结果为−1，如“Out[4]”所示。“In[5]”计算当x趋于无穷大时函数$(x^2+x+1)/(3x^2-5x+7)$的极限值，其结果为1/3，如“Out[5]”所示；“In[6]”计算多元函数$x^2+y^2-z^2$当(x, y, z)趋于点(2,3,1)时的极限值，其结果为12，如“Out[6]”所示。

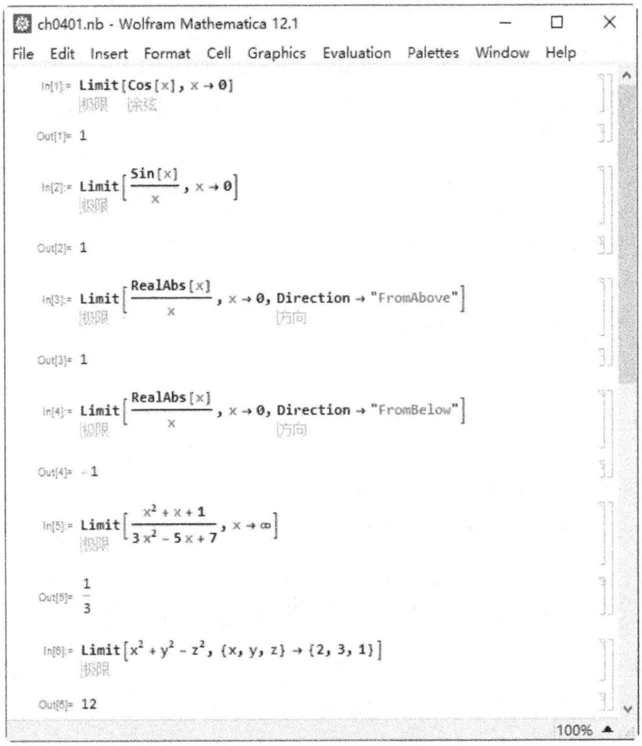
ch0401.nb - Wolfram Mathematica 12.1
File Edit Insert Format Cell Graphics Evaluation Palettes Window Help
In[1]:= Limit[Cos[x], x → 0]
极限 余弦
Out[1]= 1
In[2]:= Limit[Sin[x]/x, x → 0]
极限
Out[2]= 1
In[3]:= Limit[RealAbs[x]/x, x → 0, Direction → "FromAbove"]
极限 方向
Out[3]= 1
In[4]:= Limit[RealAbs[x]/x, x → 0, Direction → "FromBelow"]
极限 方向
Out[4]= -1
In[5]:= Limit[(x^2 + x + 1)/(3 x^2 - 5 x + 7), x → ∞]
极限
Out[5]= 1/3
In[6]:= Limit[x^2 + y^2 - z^2, {x, y, z} → {2, 3, 1}]
极限
Out[6]= 12
100%

图 4-1　Limit 函数典型实例

4.2　导数与偏导数

本节将介绍导数与偏导数的计算方法，并详细讨论函数的级数展开式、方向导数与梯度以及全微分等计算方法。导数反映了函数的变化率，常用于求极值和近似计算等诸多方面。

4.2.1　导数与偏导数运算

在 Mathematica 中，函数导数的计算借助于 Derivative 函数(或者“'”)，其基本语法为：

(1) **Derivative[*n*][*f*]** 对函数 f 求 n 阶导数(n 为负整数时，表示$|n|$重不定积分)；

(2) **Derivative[n_1, n_2, …][*f*]** 对函数 f 的第一个自变量求导 n_1 次，对第二

个自变量求导 n_2 次，依此类推(本质上是计算偏导数)。

Derivative[1][*f*]相当于 f'。Derivative 函数的典型用法如图 4-2 所示。

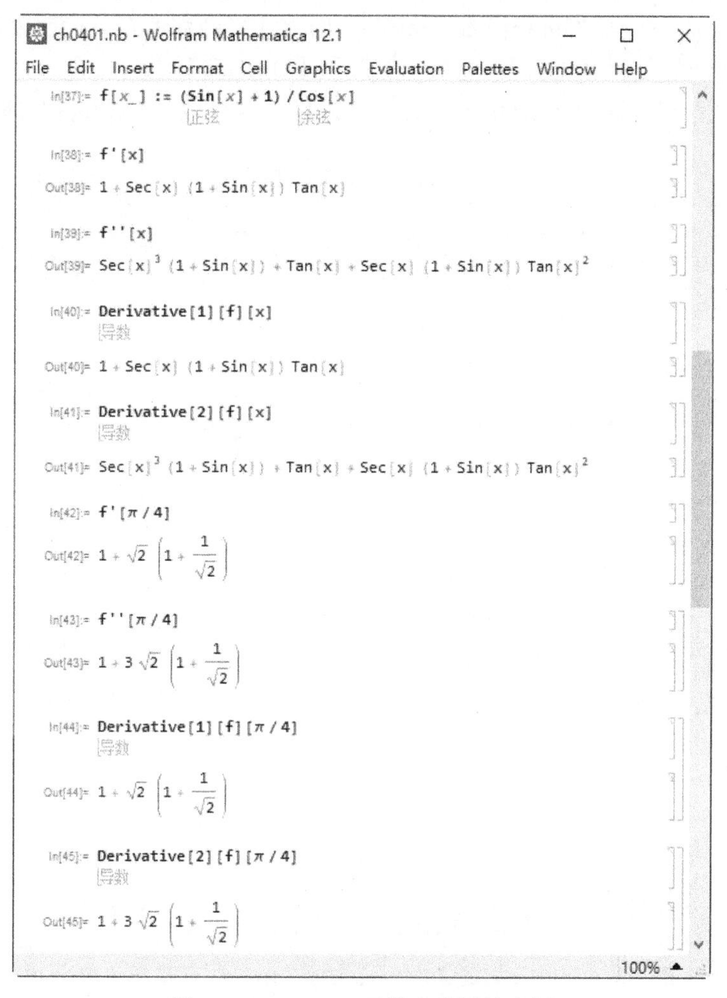

图 4-2　Derivative 函数典型用法实例

在图 4-2 中，“In[37]”定义了函数 f，这里的“x_”表示形式参数 x，注意，x 后面的单下划线“_”不可缺少，并且使用延时赋值符“：=”。“In[38]”和“In[40]”均为计算函数 f 的一阶导数，其中，“In[38]”使用“′”求一阶导数，而“In[40]”用 Derivative 函数求一阶导数，两者的结果相同，如“Out[38]”和“Out[40]”所示。“In[39]”和“In[41]”均为计算函数 f 的二阶导数，其中，“In[39]”使用“″”求二阶导数，而“In[41]”用 Derivative 函数求二阶导数，两者的结果相同，如“Out[39]”和“Out[41]”所示。“In[42]”和“In[44]”均为计算函数 f 的一阶导数在 x=π/4 处的值，两者结果相同，如“Out[42]”和“Out[44]”所示；“In[43]”和“In[45]”均为计算函数 f 的二阶导数在 x=π/4 处的值，两者结果相同，如“Out[43]”和“Out[45]”所示。

对于多元函数，Derivative 函数可以计算其偏导数，其典型用法实例如图 4-3 所示。

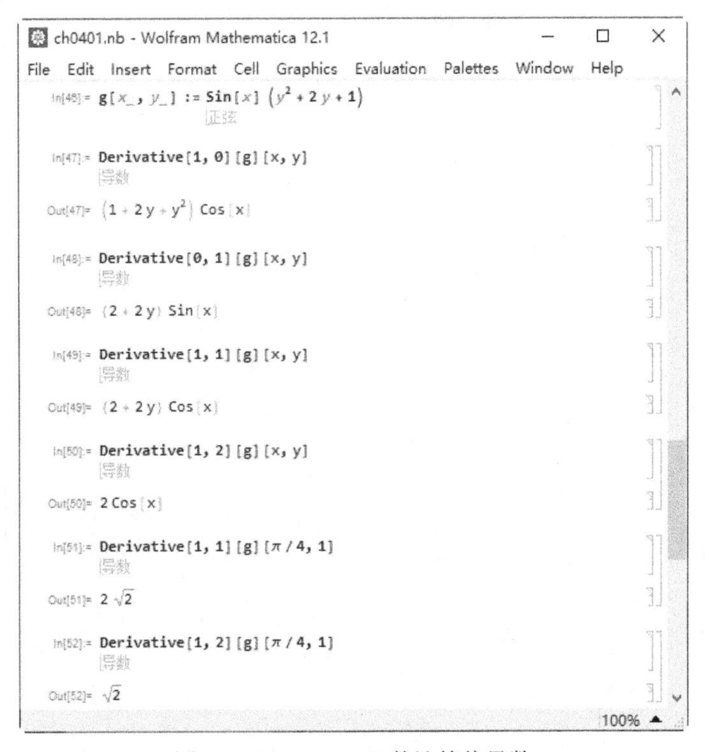

图 4-3 Derivative 函数计算偏导数

在图 4-3 中，“In[46]”定义双变量函数 g，其中参数“x_”和“y_”表示形式参数为 x 和 y，注意这里每个参数后面紧跟一条下划线“_”。“In[47]”调用 Derivative 函数计算函数 g 对 x 的一阶偏导数，其结果如“Out[47]”所示；“In[48]”调用 Derivative 函数计算函数 g 对 y 的一阶偏导数，其结果如“Out[48]”所示；“In[49]”先计算函数 g 对 x 的一阶偏导数，再计算其对 y 的一阶偏导数，其结果如“Out[49]”所示；“In[50]”先计算函数 g 对 x 的一阶偏导数，再计算其对 y 的二阶偏导数，其结果如“Out[50]”所示；“In[51]”求函数 g 对 x 和 y 的偏导数在点(π/4,1)处的值，其结果如“Out[51]”所示；

“In[52]”求函数 g 对 x 的一阶偏导数和 y 的二阶偏导数在点(π/4,1)处的值，其结果如“Out[52]”所示。

除了 Derivative 函数外，求偏导数(或导数)的常用函数为 D 函数，其语法如下：

(1) **D[*f*, *x*]** 求函数 f 关于 x 的一阶偏导数；

(2) **D[*f*, {*x*, *n*}]** 求函数 f 关于 x 的 n 阶偏导数；

(3) **D[*f*, *x*, *y*, *z*, ...]** 求函数 f 关于 x、y、z、…的一阶偏导数；

(4) **D[*f*, {*x*, *n*}, {*y*, *m*}, …]** 求函数 f 关于 x 的 n 阶偏导数和关于 y 的 m 阶偏导数，依次类推。

(5) **D[*f*, {{*x*₁, *x*₂, …}}]** 依次求函数 f 关于 x_1、x_2、…的导数，并组合成向量形式。

借助于函数 D 求导的典型用法实例如图 4-4 所示。

图 4-4　函数 D 的典型用法实例

在图 4-4 中，“In[59]” 定义了二元函数 f；“In[60]” 求函数 f(x)关于 x 的导数，此时的“f[x, x]”是关于 x 的函数，其结果如“Out[60]”所示；“In[61]”求“Out[60]”当 x=π/4 时的值，其结果如“Out[41]”所示；“In[62]”求函数 f(x)关于 x 的 5 阶导数，其结果如“Out[62]”所示；“In[63]”求函数 f(x,y)关于 x 的二阶偏导数，其结果如“Out[63]”所示；“In[64]”求函数 f(x,y)关于 x 的二阶偏导数和关于 y 的二阶偏导数，其结果如“Out[64]”所示；“In[65]”求“Out[64]”当 x=π/4 且 y=1 时的值，如“Out[65]”所示；“In[66]”求函数 f(x,y)关于 y 的三阶偏导数，其结果如“Out[66]”所示。

在图 4-4 中，“%”表示上一次操作的结果，例如，在“In[61]”中出现的“%”表示“Out[60]”。这里的“上一次操作”的结果，是指在 Mathematica 内核中计算次序上的前一次操作，而不是指 Notebook 中相邻的上一次操作。为了避免有歧义，在“In[61]”中可以将“%”写为“%60”。

此外，在图 4-4 中出现的“/.”表示替换操作，例如：

(1) 输入 z = x /.{x→1}，将返回 z = 1；

(2) 输入 z = x /.{{ x→1 }}，将返回 z = {1}；

(3) 输入 z = {x, y} /.{x→1, y→2}，将返回 z = {1, 2}；

(4) 输入 z = {3, 4, x, y, 5, 6}/. {x→1,y→2}，将返回 z = {3, 4, 1, 2, 5, 6}。

可见，替换操作符“/.”可将其后的表达式中相应的替换处理应用于其前面的表达式中，借助替换操作可以在不影响表达式(并且不需要定义新的变量)的情况下计算表达式在特定点处的函数值。

图 4-4 中的 D 函数还可以求得以向量形式存储的导数，常用于求梯度和方向导数。例如对于图 4-4 中的二元函数 f(x, y)而言，输入指令“D[f[x,y],{{x,y}}]”将得到包含两个元素的一维向量“{2x+y^3Cos[x], e^y+3y^2Sin[x]}”，这两个元素分别为 f(x,y)对 x 的偏导数和对 y 的偏导数。

除了借助于 D 函数计算偏导数外，Mathematica 还可以使用偏导数运算符计算偏导数，偏导数运算符为“∂”，使用“Esc+p+d+Esc”输入到 Notebook 中，该符号与“高等数学”中的偏导数符号一致。下面为一些借助于偏导数运算符的典型实例：

(1) ∂_x(Sin[*x*]+Cos[*y*])

输入方式为：“Esc 键 + pd + Esc 键”+“Ctrl + -”+“(Sin[x]+Cos[y])”，表示将函数(Sin[x] + Cos[y])对 x 求偏导数。

计算结果为：Cos[x]。

(2) $\partial_{(x,y,y)}$ (Sin[*x*]+Exp[*xy*])

输入方式为："Esc 键 + pd + Esc 键" + "Ctrl + -" + "x, y, y" + "(Sin[x] + Exp[xy])"，表示将函数(Sin[x] + Exp[xy])对 x 求一阶偏导后，再对 y 求二阶偏导数。

计算结果为：$2e^{xy}x + e^{xy}x^2y$。

(3) $\partial_{\{x,2\},\{y,3\}}(x^5y^3 + \text{Exp}[xy])$

输入方式为："Esc 键 + pd + Esc 键" + "Ctrl + -" + "{x, 2}, {y, 3}" + "(x^5y^3+Exp[x y])"，表示将函数 x^5 y^3+Exp[x y]对 x 求 2 阶偏导数后，再对 y 求 3 阶偏导数。

计算结果为：$6e^{xy}x+120x^3+6e^{xy}x^2y + e^{xy}x^3y^2$。

4.2.2 级数

如果 $f(x)$在 $x = x_0$ 处具有任意阶导数，则 $f(x)$可以在 x_0 处展开为泰勒级数，即

$$f(x)=\sum_{n=0}^{\infty}\frac{f^{n}(x_0)}{n!}(x-x_0)^n = f(x_0)+f'(x_0)(x-x_0)+\frac{f''(x_0)}{2!}(x-x_0)^2+\cdots+\frac{f^{(n)}(x_0)}{n!}(x-x_0)+\cdots$$

其中，$f^{(n)}(x_0)$表示 $f(x)$在 x_0 点的 n 阶导数。当 $x_0 = 0$ 时的级数展开式称为麦克劳林级数。

在 Mathematica 中，使用 Series 函数求函数的级数展开式，其基本语法为：

(1) Series[函数, {x, x_0, n}]求"函数"在 x_0 处的级数展开式，展开至$(x - x_0)^n$；

(2) Series[函数, {x, x_0, n}, {y, y_0, m}]求"函数"在 x_0 处的级数展开式，展开至$(x - x_0)^n$；再求其在 y_0 处的级数展开式，展开至$(y-y_0)^m$。

Series 函数的典型用法实例如图 4-5 所示。

在图 4-5 中，"In[81]"至"In[84]"调用 Series 依次计算了 Sin(x)、Cos(x)、$\sqrt{1+x}$ 和 Tan(x)的在 x_0=0 处的级数展开式，即麦克劳林级数，均展开到 x^5 项。其中，"In[81]"求 Sin(x)的麦克劳林级数，如"Out[81]"所示；"In[82]"求 Cos(x)的麦克劳林级数，如"Out[82]"所示；"In[83]"求$(1+x)^{1/2}$的麦克劳林级数，如"Out[83]"所示；"In[84]"求 Tan(x)的麦克劳林级数，如"Out[84]"所示。在上述级数展开式中，均展开至$(x-0)^5$，级数展开式的最后一项为比 x^5 更高阶的无穷小量，可借助于 Normal 函数将该项去掉。例如，在"In[100]"

中，调用 Normal 函数从 Sin(x)的级数展开式中去掉最后的无穷小量，获得常规的多项式，如“Out[100]”所示。“In[103]”展示了 Sin(x)和它的 3 次、5 次、7 次与 9 次级数展开式在[0, 2π]上的图形，如“Out[103]”所示，这里，对每个 x 和 n 的取值，Evaluate 函数均强制计算一次表达式的值。由“Out[103]”可知，在 x=0 附近(其邻近的右侧)，各个级数的计算结果与 Sin(x)的值非常接近，随着 x 的增大(偏离原点)，各个基于原点的级数展开式的误差将逐步变大，且级数的次数越高(项数越多)，逼近的越好。

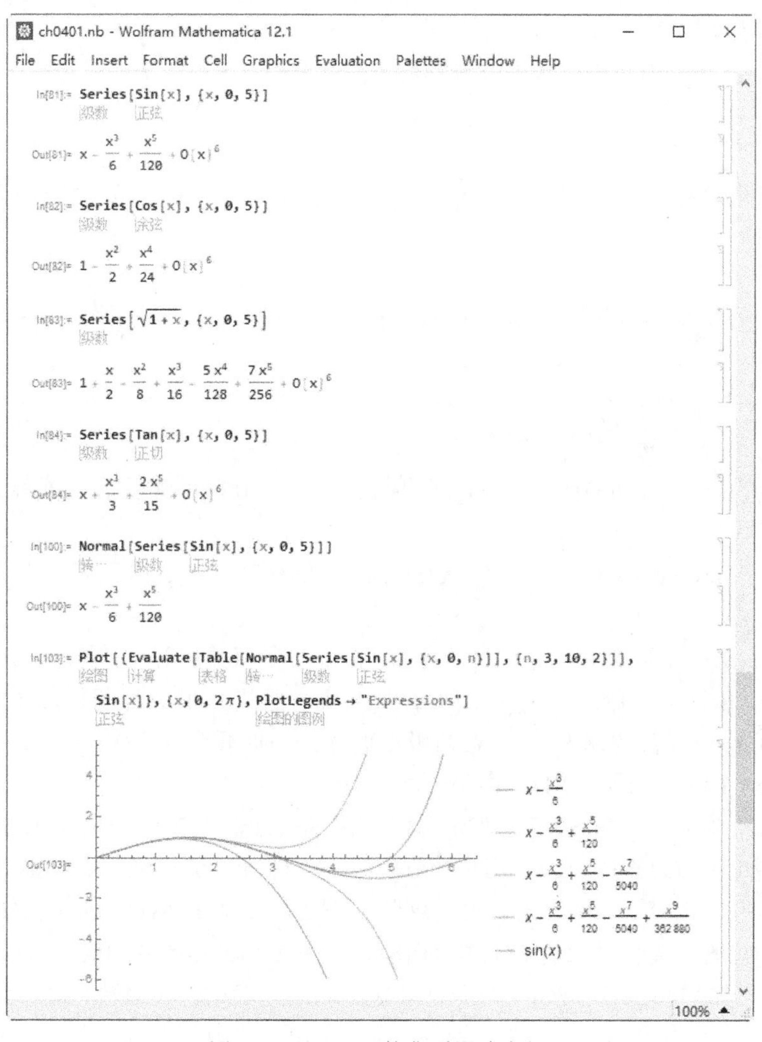

图 4-5　Series 函数典型用法实例

4.2.3　方向导数与梯度

在二维平面上，设函数 $z=f(x, y)$在点 $M_0(x_0, y_0)$的邻域内有定义，过点 $M_0(x_0, y_0)$作射线 l，设点 $M(x_0+\Delta x, y_0+\Delta y)\in l$，记有向线段$\overrightarrow{M_0M}$的长度为

$\rho=\sqrt{(\Delta x)^2+(\Delta y)^2}$，若极限

$$\lim_{\rho\to 0}\frac{f(x_0+\Delta x, y_0+\Delta y)-f(x_0, y_0)}{\rho}$$

存在，称此极限为函数 $z=(f, y)$在点 $M_0(x_0, y_0)$处沿射线 l 的方向导数，记为

$\left.\frac{\partial f}{\partial l}\right|_{M_0}$，其计算公式为

$$\left.\frac{\partial f}{\partial l}\right|_{M_0}=\left.\frac{\partial f}{\partial x}\right|_{M_0}\cos\alpha+\left.\frac{\partial f}{\partial y}\right|_{M_0}\cos\beta$$

其中，$(\cos\alpha，\cos\beta)$为射线 l 的方向余弦。

在三维空间中，设函数 $u=f(x, y, z)$在点 $M_0(x_0, y_0, z_0)$的邻域内有定义，过点 $M_0(x_0, y_0, z_0)$作射线 l，设点 $M(x_0+\Delta x, y_0+\Delta y, z_0+\Delta z)\in l$，记有向线段$\overrightarrow{M_0M}$的长度为 $\rho=\sqrt{(\Delta x)^2+(\Delta y)^2+(\Delta z)^2}$，若极限

$$\lim_{\rho\to 0}\frac{f(x_0+\Delta x, y_0+\Delta y, z_0+\Delta z)-f(x_0, y_0, z_0)}{\rho}$$

存在，称此极限为函数 $u=f(x, y, z)$在点 $M_0(x_0, y_0, z_0)$处沿射线 l 的方向导数，

记为$\left.\frac{\partial f}{\partial l}\right|_{M_0}$，其计算公式为

$$\left.\frac{\partial f}{\partial l}\right|_{M_0}=\left.\frac{\partial f}{\partial x}\right|_{M_0}\cos\alpha+\left.\frac{\partial f}{\partial y}\right|_{M_0}\cos\beta+\left.\frac{\partial f}{\partial z}\right|_{M_0}\cos\gamma$$

其中，$(\cos\alpha, \cos\beta, \cos\gamma)$为射线 l 的方向余弦。

以三维空间为例，三元函数 $u=f(x, y, z)$在点 $M_0(x_0, y_0, z_0)$处沿射线 l 的方向导数可表示为点积的形式，即

$$\left.\frac{\partial f}{\partial l}\right|_{M_0}=\left.\frac{\partial f}{\partial x}\right|_{M_0}\cos\alpha+\left.\frac{\partial f}{\partial y}\right|_{M_0}\cos\beta+\left.\frac{\partial f}{\partial z}\right|_{M_0}\cos\gamma$$

$$=\left\{\frac{\partial f}{\partial x},\frac{\partial f}{\partial y},\frac{\partial f}{\partial z}\right\}_{M_0}\cdot\{\cos\alpha,\cos\beta,\cos\gamma\}$$

其中，令 $=\left\{\frac{\partial f}{\partial x},\frac{\partial f}{\partial y},\frac{\partial f}{\partial z}\right\}_{M_0}=\operatorname{grad}u|_{M_0}$；令 $\{\cos\alpha,\cos\beta,\cos\gamma\}=\boldsymbol{e}$，表示射线 l 对应的单位向量，其模为 1，方向与 l 相同。因此，函数 u 在 M_0 处的方向导数为

$$\left.\frac{\partial f}{\partial l}\right|_{M_0}=\operatorname{grad}u|_{M_0}\cdot\boldsymbol{e}=\left|\operatorname{grad}u|_{M_0}\right|\cdot|\boldsymbol{e}|\cos\theta=\left.\sqrt{\left(\frac{\partial f}{\partial x}\right)^2+\left(\frac{\partial f}{\partial y}\right)^2+\left(\frac{\partial f}{\partial z}\right)^2}\right|_{M_0}\cos\theta$$

其中，$\operatorname{grad}u|_{M_0}$ 与 $\boldsymbol{e}$ 的夹角设为 θ。显然，当且仅当 $\theta=0$ 时，$\left.\frac{\partial u}{\partial l}\right|_{M_0}$ 取得最大值，此时 $\operatorname{grad}u|_{M_0}$ 与 $\boldsymbol{e}$ 方向相同，称 $\operatorname{grad}u|_{M_0}=\left\{\frac{\partial f}{\partial x},\frac{\partial f}{\partial y},\frac{\partial f}{\partial z}\right\}_{M_0}$ 为函数 $u=f(x,y,z)$ 在点 M_0 处的梯度，即梯度的方向为方向导数取最大值的方向或函数增长最快的方向。一般地，记 $\operatorname{grad}u=\left\{\frac{\partial f}{\partial x},\frac{\partial f}{\partial y},\frac{\partial f}{\partial z}\right\}$。

在 Mathematica 中，使用 Grad 函数计算函数的梯度，其语法为：**Grad[函数 *f*, {*x*₁, *x*₂, ⋯, *x*ₙ}]**，返回向量{ $\partial f/\partial x_1$， $\partial f/\partial x_2$， ⋯ }。

下面借助 Grad 函数计算 $u=x^2+y^3+z^4$ 在点 A(1, 0, 1)处的梯度和沿 A 点指向 B(3, −2, 2)方向的方向导数，如图 4-6 所示。

在图 4-6 中，“In[9]”定义了函数 f(x,y,z)。“In[10]”计算了函数 f 在(x,y,z)处的梯度 g1，如“Out[10]”所示，这与使用 D 函数求向量形式的偏导数的用法相同，即“D[f[x,y,z],{{x,y,z}}]”也将返回梯度 g1。“In[11]”使用替代运算符“/.”计算 g1 在点(1,0,1)处的梯度值，即函数 f 在(1,0,1)处的梯度值。“In[12]”输入 B 点的坐标(3, −2, 2)，如“Out[12]”所示；“In[13]”输入 A

点的坐标(1, 0, 1)，如“Out[13]”所示。“In[14]”计算连接 A 和 B 的有向线段的单位向量，如“Out[14]”所示。“In[15]”计算函数 f(x,y,z)沿连接 A 和 B 两点的有向线段的方向导数。

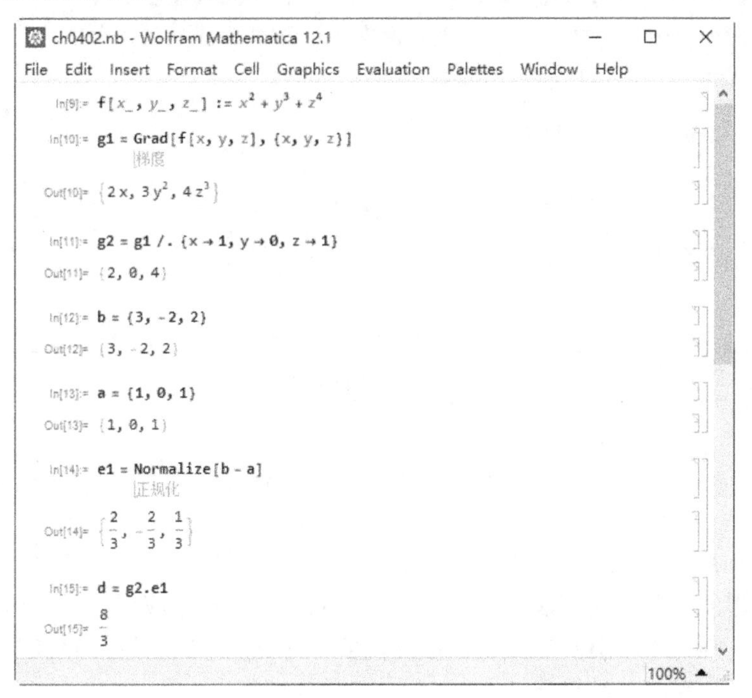

图 4-6　方向导数计算典型实例

4.2.4　全微分

在 Mathematica 中，借助于函数 Dt 计算全微分，函数 Dt 的基本用法有三种：

(1) **Dt[函数*f*]** 对函数 *f* 求全微分，其中“函数 *f*”中的字符量均视为变量；

(2) **Dt[函数 *f*, *x*]** 对 *x* 求全导数，此时，指定自变量为 *x*，其余字符量均视为 *x* 的函数；

(3) **Dt[函数 *f*, {*x*, *n*}]** 求基于 *x* 的 *n* 阶全导数，此时，除 *x* 之外的字符量均视为 *x* 的函数。

全微分 Dt 函数的典型应用实例如图 4-7 所示。

在图 4-7 中，“In[26]”定义了一个二元函数 f(x,y)。“In[27]”计算函数 $x^2+y^2\text{Sin}(x)$的全微分，其结果如“Out[27]”所示，其中的 Dt[x]和 Dt[y]分别

视为微分 dx 和 dy。"In[28]" 计算了函数 x^2+y^2Sin[x]关于 x 的全导数，此时 y 视为 x 的函数，其结果如 "Out[28]" 所示。

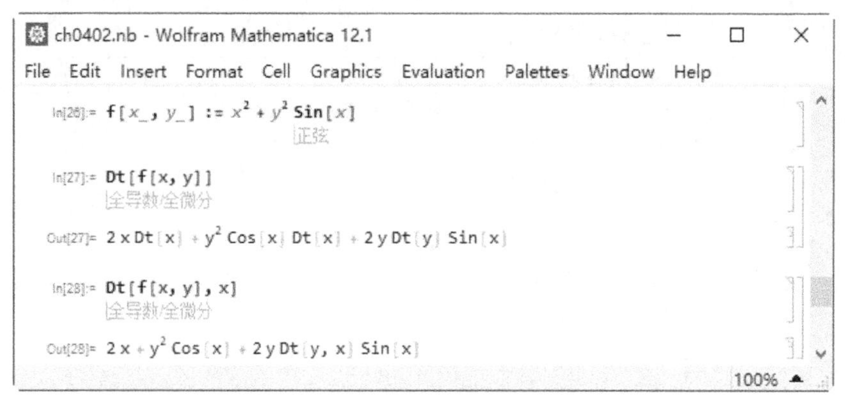

图 4-7　全微分的典型实例

4.3 积　　分

本节将介绍不定积分和定积分运算方法以及傅里叶变换与拉普拉斯变换两种常用的积分变换方法。定积分在工程应用中被广泛应用，而傅里叶变换是现代工程技术的奠基性算法，是现代信号处理技术的出发点和核心内容，也是量子计算的基础算法。

4.3.1 积分运算

Mathematica 积分运算的函数为 Integrate，其基本语法如下：

(1) **Integrate[f, x]** 计算 f 关于 x 的不定积分；

(2) **Integrate[f, {x, x_{min}, x_{max}}]** 计算 f 关于 x 在[x_{min}, x_{max}]上的定积分；

(3) **Integrate[f, {x, x_{min}, x_{max}}, {y, y_{min}, y_{max}}, …]** 计算 f 关于 x 和 y 等的重积分。

Integrate 函数的定积分结果可以借助函数 N 转化为小数显示，也可以使用 NIntegrate 求定积分的近似数值。

此外，Mathematica 还支持使用积分符号实现积分操作。在 Notebook 中输入 "Esc 键+int+Esc 键" 可输入积分符号 "∫"，下面首先介绍使用积分符号实现积分运算的操作，再介绍使用 Integrate 函数实现积分操作的方法。

借助于积分符号实现积分操作的实例如下：

(1) $\int x^2 \mathrm{d}x$。

输入方式为："Esc 键+int+Esc 键" + "x^2" + "Esc 键+dd+Esc 键" + "x"。

计算结果为：$\frac{x^3}{3}$，注意，不定积分的输入结果中省略了积分常数。

(2) $\int_0^1 x^2 \mathrm{d}x$。

输入方式为："Esc 键+int+Esc 键" + "Ctrl+_" + "0" + "Ctrl+5" + "1" + "x^2" + "Esc 键+dd+Esc 键" + "x"。

计算结果为：$\frac{1}{3}$。

(3) $\pi\int_0^{2\pi}\int_0^1 (\sqrt{x}-x)^2 \mathrm{d}x\mathrm{d}y$。

输入方式为："Esc 键+pi+Esc 键" + "Esc 键+int+Esc 键" + "Ctrl+_" + "0" + "Ctrl+5" + "2+Esc 键+pi+Esc 键" + "Ctrl+空格键" + "Esc 键+int+Esc 键" + "Ctrl+_" + "0" + "Ctrl+5" + "1" + "(" + "Ctrl+2" + "-x" + ")" + "Ctrl+6" + "2" + "Esc 键+dd+Esc 键" + "x" + "Esc 键+dd+Esc 键" + "y"。

计算结果为：$\frac{\pi^2}{15}$。

下面介绍使用 Integrate 函数计算积分的典型应用实例，如图 4-8 和图 4-9 所示。

在图 4-8 中，"In[30]" 使用 Integrate 函数计算了$(x+4)/(x^2+5x+6)$的不定积分，在 Mathematica 中，省略了积分常数，其结果如"Out[30]"所示。"In[31]" 与 "In[30]" 含义相同，只是使用了积分符号计算同一函数的不定积分，借助于"Esc 键+int+Esc 键"输入积分符号，然后输入被积分函数$(x+4)/(x^2+5x+6)$，接着，使用 "Esc 键+dd+Esc 键" 输入 d，再输入 x，其结果如 "Out[31]" 所示，与 "Out[30]" 相同。"In[32]"、"In[33]" 和 "In[35]" 调用 Integrate 函数依次计算了 x^n、a^x 和 $1/\sqrt{\mathrm{a}^2-\mathrm{x}^2}$ 的不定积分，其结果分别如 "Out[32]"、"Out[33]" 和 "Out[35]" 所示，均省略了积分常数，TraditionalForm 函数表示将结果以习惯的数学公式记法显示，即公式中包含符号或变量的多项式按其次数的降序排列各项。

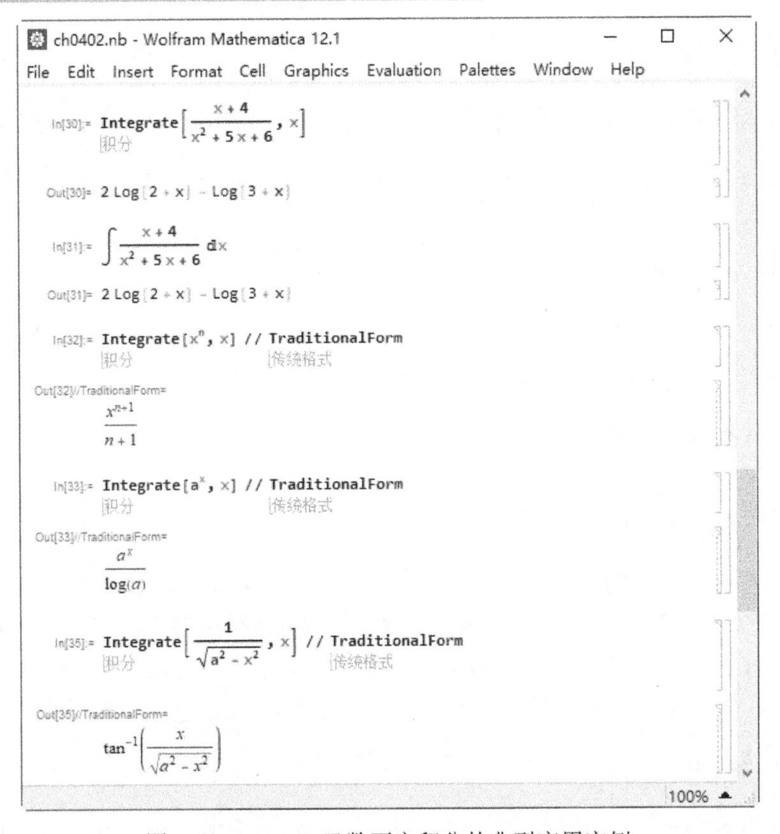

图 4-8 Integrate 函数不定积分的典型应用实例

下面讨论定积分计算方法，拟解决以下两个问题，如图 4-9 所示：

(1) 设 $f(x)=x^2+4$，求由直线 $x=0$，$x=4$，$y=0$ 及曲线 $y=f(x)$围成的曲边图形的面积。

(2) 计算 $\iint_D (x+y)\mathrm{d}x\mathrm{d}y$，其中 D 由 $x=y^2$ 与 $y=x-2$ 围成。

在图 4-9 中，“In[61]”绘制了问题(1)中的积分区域，其中的选项“Filling→Axis”表示将曲线和坐标轴间的区域进行填充绘图，如“Out[61]”所示，这里的阴影部分为积分区域(请注意 x 坐标轴的位置)；“In[63]”绘制了问题(2)中的积分区域，其中的选项“Filling→{1→{2}, 2→{{3}, White}}”表示图形中的第 1 条曲线(即 $\sqrt{x}$)与第 2 条曲线(即 $-\sqrt{x}$)之间用默认色填充，而第 2 条曲线与第 3 条曲线间用白色填充，最后的效果如“Out[63]”所示，这里的阴影部分为积分区域。

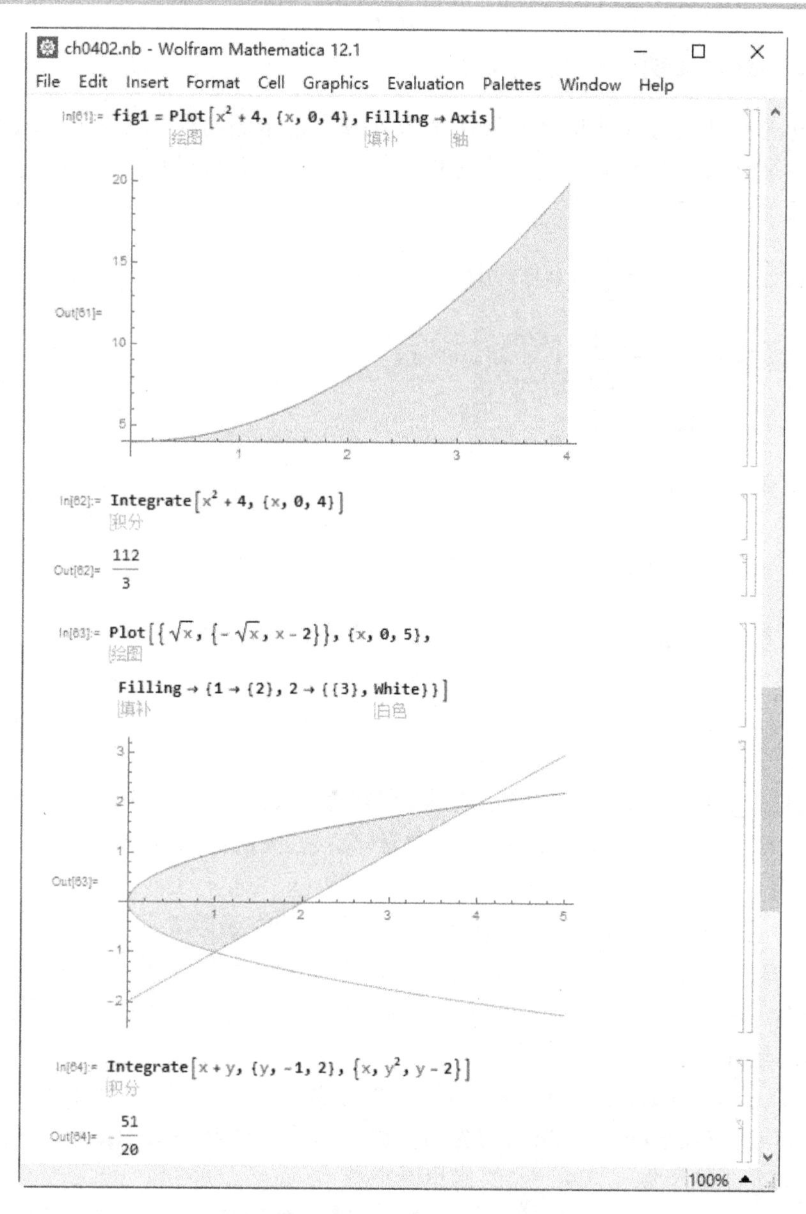

图 4-9　Integrate 定积分典型实例

“In[62]”调用 Integrate 函数计算“Out[61]”所示阴影图形的面积，计算结果如“Out[62]”所示，该结果为问题(1)的答案；“In[64]”调用 Integrate 函数计算了问题(2)中的定积分，其结果如“Out[64]”所示。

4.3.2 积分变换

拉普拉斯变换和傅里叶变换是信号处理中常用的两种积分变换，是将信号从时域转换到复频域，突出信号特征并简化信号分析过程。其中，拉普拉斯变换如下所示：

正变换：$L(s)=\int_0^{\infty} f(t)\mathrm{e}^{-st}\mathrm{d}t$

逆变换：$f(t)=\dfrac{1}{2\pi i}\int_{\beta+i\infty}^{\beta+i\infty} L(s)\mathrm{e}^{st}\,\mathrm{d}s$。

傅里叶变换如下所示：

正变换：$F(\omega)=\int_{-\infty}^{\infty} f(t)\mathrm{e}^{-i\omega t}\mathrm{d}t$

逆变换：$f(t)=\dfrac{1}{2\pi}\int_{\infty}^{\infty} F(\omega)\mathrm{e}^{i\omega t}\mathrm{d}\omega$。

在 Mathematica 中，拉普拉斯正变换函数为 LaplaceTransform，拉普拉斯逆变换函数为 InverseLaplaceTransform；傅里叶正变换函数为 FourierTransform，傅里叶逆变换函数为 InverseFourierTransform。这里函数的语法如下：

(1) **LaplaceTransform[含自变量 *t* 的函数 *f*, *t*, *s*]** 计算函数 $f(t)$ 的拉普拉斯变换 $L(s)$；**LaplaceTransform[含自变量 t_1, t_2, …的函数 *f*, {t_1, t_2, …}, {s_1, s_2, …}]** 计算函数 $f(t_1, t_2, \cdots)$ 的拉普拉斯变换 $L(s_1, s_2, \cdots)$；

(2) **InverseLaplaceTransform[含自变量 *s* 的谱函数 *L*, *s*, *t*]** 计算谱函数 $L(s)$ 的逆拉普拉斯变换 $f(t)$；InverseLaplaceTransform[含自变量 s_1, s_2, …的谱函数 *L*, {s_1, s_2, …}, {t_1, t_2, …}] 计算谱函数 $L(s_1, s_2, \cdots)$ 的拉普拉斯逆变换 $f(t_1, t_2, \cdots)$；

(3) **FourierTransform [含自变量 *t* 的函数 *f*, *t*, *ω*]** 计算函数 $f(t)$ 的傅里叶变换 $\mathrm{F}(\omega)$；**FourierTransform [含自变量 t_1, t_2, …的函数 f, {t_1, t_2, …}, {ω_1, ω_2, …}]** 计算函数 $f(t_1, t_2, \cdots)$ 的傅里叶变换 $F(\omega_1, \omega_2, \cdots)$；

(4) **InverseFourierTransform [含自变量 *s* 的谱函数 *F*, *ω*, *t*]** 计算谱函数 $F(\omega)$ 的傅里叶逆变换 $f(t)$；**InverseFourierTransform [含自变量 ω_1, ω_2, …的谱函数 *F*, {ω_1, ω_2, …}, {t_1, t_2, …}]** 计算谱函数 $\mathrm{F}(\omega_1, \omega_2, \cdots)$ 的傅里叶逆变换 $f(t_1, t_2, \cdots)$。

然而，工程中最常用的是离散傅里叶变换 Fourier 和离散傅里叶余弦变换

FourierDCT，这里仅介绍离散傅里叶变换，其正变换和逆变换的形式如下：

正变换：$y_k = \frac{1}{\sqrt{N}}\sum_{i=0}^{N-1} x_i \mathrm{e}^{\mathrm{j}\frac{2\pi i}{N}k} = \frac{1}{\sqrt{N}}\sum_{i=0}^{N-1} x_i W^{ik}$

逆变换：$x_i = \frac{1}{\sqrt{N}}\sum_{k=0}^{N-1} y_k \mathrm{e}^{-\mathrm{j}\frac{2\pi k}{N}i} = \frac{1}{\sqrt{N}}\sum_{k=0}^{N-1} y_k W^{-ki}$

其中，$W = \mathrm{e}^{\mathrm{j}\frac{2\pi}{N}}$。

在 Mathematica 中，实现 Fourier 正变换的函数为 Fourier，实现其逆变换的函数为 InverseFourier，典型语法如下：

(1) **Fourier[列表]** 计算给定“列表”的离散傅里叶变换；

(2) **InverseFourier[列表]** 计算给定“列表”的离散傅里叶逆变换。

下面首先介绍拉普拉斯变换的典型实例，如图 4-10 所示。

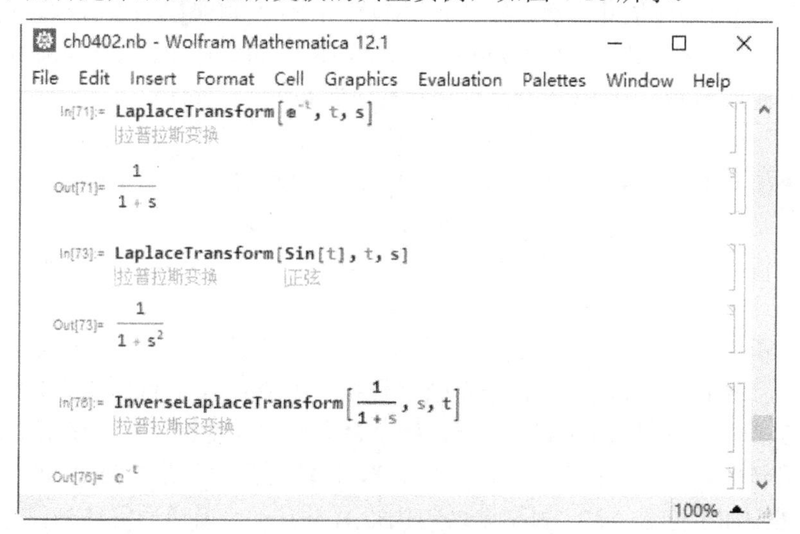

图 4-10 拉普拉斯变换的典型实例

在图 4-10 中，“In[71]”计算了 e^{-t} 的拉普拉斯变换，输出结果如“Out[71]”所示。在“In[71]”中输入“Esc 键+ee+Esc 键”得到自然常数 e，或者使用大写字母 E 表示自然常数 e。“In[73]”计算了 Sin[t]的拉普拉斯变换，计算结果如“Out[73]”所示。在“In[76]”中计算了 1/(1+s)的拉普拉斯逆变换，返回结果如“Out[76]”所示，对比“In[71]”和“Out[71]”可验证拉普拉斯变换的可逆性。

连续时间信号(或函数)的傅里叶变换的典型实例如图 4-11 所示。

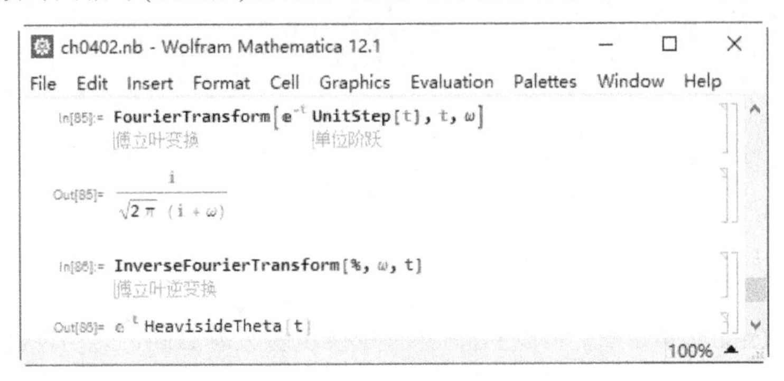

图 4-11　傅里叶变换的典型实例

在图 4-11 中，“In[85]”中“UnitStep[t]”为单位阶跃函数，当 t<0 时返回 0；当 t≥0 时，返回 1。“In[85]”调用 FourierTransform 函数计算了因果信号 e^{-t}(t≥0)时的傅里叶变换，如“Out[85]”所示；“In[86]”计算了“Out[85]”的傅里叶逆变换，其结果如“Out[86]”所示，在“Out[86]”中，HeavisideTheta[t]为单位阶跃函数，与 UnitStep 不同的是，当 t=0 时，HeavisideTheta 函数无定义。

下面介绍离散傅里叶变换的应用实例，首先产生一个信号 x(t)如下所示：

$$x(t) = 3\,\mathrm{Sin}(4\pi t) + 5\,\mathrm{Cos}(7\pi t)$$

然后，将该信号离散化，并调用 Fourier 函数计算其离散傅里叶变换的结果，接着，计算它的功率谱，并观察信号的功率谱的特点，如图 4-12 所示。

在图 4-12 中，“In[8]”定义了信号 x(t)。“In[9]”借助于 Table 函数离散化 x(t)，由于信号 x(t)包含一个正弦信号和一个余弦信号(可以统称为余弦信号)，其频率分别为 2 Hz 和 3.5 Hz，按奈奎斯特采样定律，至少使用 7 Hz 以上的采样率，这里使用了 20 Hz 的采样率，采样时间间隔为 0.05 s，在“In[9]”的末尾添加了分号“;”，表示该语句执行后不显示。采样后的序列保存在变量 x1 中。

然后，“In[10]”计算序列 x1 的长度，其结果为 189，即 x1 包含了 189 个采样点，如“Out[10]”所示。“In[11]”在序列 x1 后面填充 0，得到长度为 256 的序列 x2。“In[12]”调用 Fourier 函数计算序列 x2 的离散傅里叶频谱，是一个长度为 256 的复数序列，保存在变量 y1 中。“In[13]”计算频谱序列 y1 的功率谱，即求 y1 中每个点的模的平方，保存在变量 y2 中。

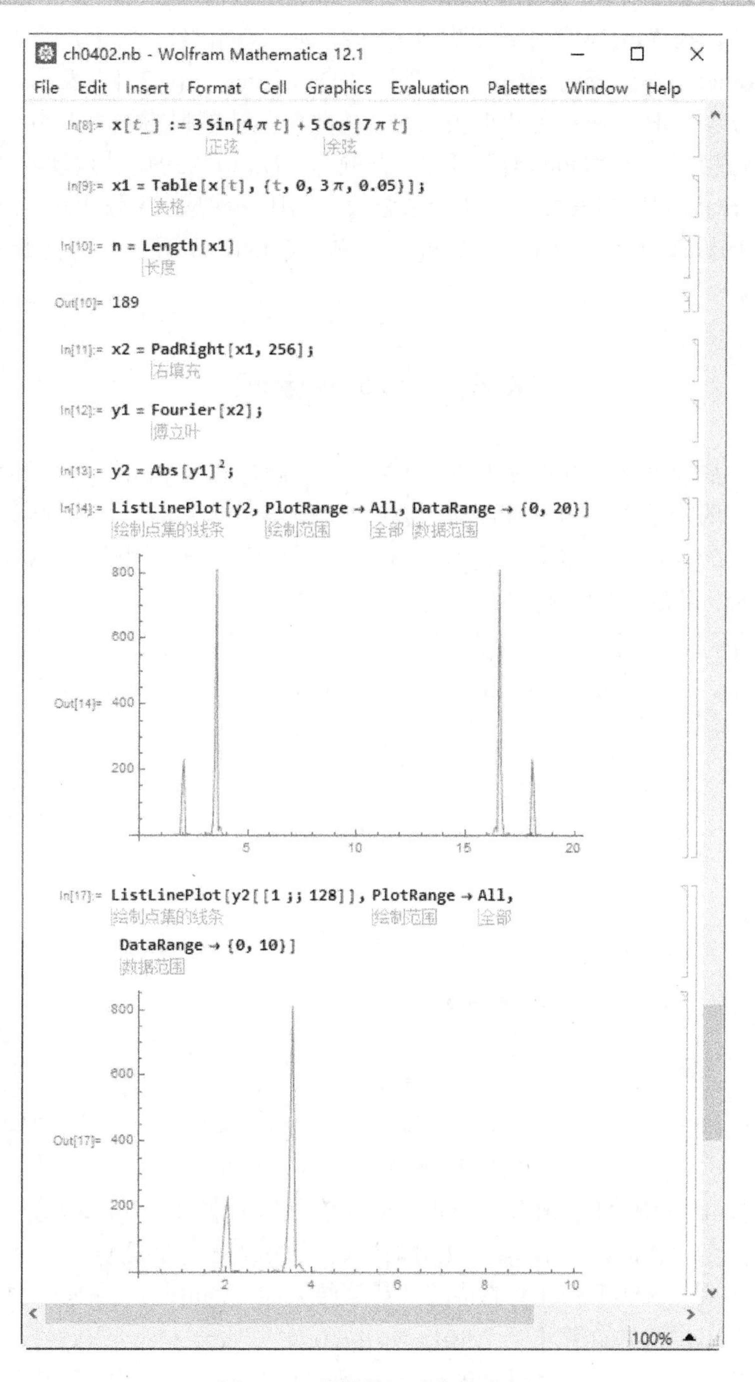

图 4-12 离散傅里叶变换实例

最后，在“In[14]”中绘制功率谱 y2，如“Out[14]”所示，这里的选项“PlotRange→All”表示绘制全部图像，“DataRange→{0,20}”表示横坐标的范围为 0 至 20Hz。离散傅里叶变换中，离散傅里叶序列的长度大小与采样频率的数值相同。从“Out[14]”可知，在频率 2 Hz 和 3.5 Hz 处出现频谱峰值，刚好与 x(t)时间序列信号中的两个余弦信号的频率对应。习惯上，将只绘制 0 至 fs/2 的频谱(或功率谱)，如“In[17]”和“Out[17]”所示，这里 fs 表示采样频率。

4.4 常微分方程

含导数或微分的方程称为微分方程，其一般形式为 $f(x,y,y',\cdots,y^{(n)})=0$。微分方程的阶数由方程中所含的导数或微分的最高阶数决定。在 Mathematica 中，使用 DSolve 函数获取常系数微分方程的通解，其典型用法为：**DSolve[常微分方程, 函数, 自变量]**，典型实例如图 4-13 所示。

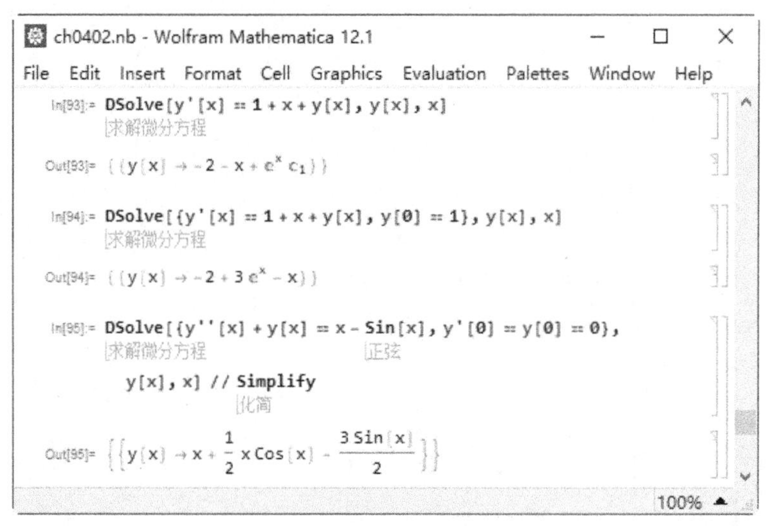

图 4-13 常微分方程求解实例

在图 4-13 中，“In[93]”调用 DSolve 函数得到了常微分方程 $y'(x)=1+x+y$ 的通解，如“Out[93]”所示。“In[94]”调用 DSolve 函数计算了当 $y(0)=1$ 时常微分方程 $y'(x)=1+x+y$ 的特解，计算结果如“Out[94]”所示；“In[95]”调用 DSolve 函数计算了当 y'[0] = y[0] = 0 时常微分方程 $y''(x)+y(x)=x-\sin(x)$的特解，其中，使用了 Simplify 函数对计算结果进行化简，得到的方程

的解如“Out[95]”所示。

本 章 小 结

本章讨论了 Mathematica 在高等数学方面的应用，重点讨论了极限、导数、偏导数、级数、方向导数、梯度、全微分、不定积分、定积分和常微分方程的求解等计算方法，并列举了大量的典型实例。在计算过程中，建议经常使用“Clear["`*"]”指令清除 Notebook 中的全局变量，以保证计算结果不受已定义的全局变量的影响。高等数学是应用最普遍的数学分支，从日常生活到工程应用、从生态经济到宇宙运行、从量子力学到火箭技术，都渗透着高等数学的广泛应用。Mathematica 可以解决现有的高等数学教科书中的全部问题，有些问题甚至给出了更好的解题思路和方法。无论是刚接触高等数学的学生，还是已经学完高等数学的学生，均可以在 Mathematica 应用中发现微积分的巨大魅力。在学习本章内容之后，需要进一步查阅“Help | Wolfram Documentation”帮助文档(图 4-12 中“Help”菜单下的子菜单)，了解所列举的函数的其他用法以及相关的函数，全面掌握 Mathematica 在高等数学方面的函数库。

习 题

1. 计算极限 $\lim\limits_{x\to 0}(1+x)^{1/x}$。

2. 求函数 $f(x)=x^n+\sin(n\ x)$的一阶、二阶和三阶导数，其中 $n>3$ 且为常数。

3. 计算函数 $f(x, y)=x^y+y\sin(x)$关于 y 的一阶和二阶导数。

4. 计算函数 $f(x, y)=x^y+y\sin(x)$的全微分。

5. 计算函数 $f(x, y, z)=1+y\sin(x)+x\,z^2$ 在点(1,1,1)处的梯度。

6. 求函数 x^2+3x 的不定积分。

7. 求函数 $\sin(x^2)$在$[0, 2\pi]$上的定积分。

第 5 章　Mathematica 矩阵运算

在 Mathematica 中，向量与矩阵都以列表的形式存储，向量对应着一维列表，矩阵对应着二维嵌套列表。列表操作函数可用于向量和矩阵操作，且任意符号和数值都可以作为矩阵元素参与矩阵运算。本章将介绍借助于 Mathematica 软件进行矩阵运算的方法，主要包括向量与矩阵定义、矩阵基本运算、矩阵变换和线性方程组求解等。矩阵代数是量子计算的主要数学工具，已经成为推动微观领域建模的重要数学方法。

5.1　向量与矩阵

n 个元素 a_1, a_2, …, a_n 所构成的一个有序数组称为 n 维向量，记做 $(a_1, a_2, \cdots, a_n)$或$(a_1, a_2, \cdots, a_n)^{\mathrm{T}}$，分别称为 n 维行向量或 n 维列向量，元素 a_i 称为向量的第 i 个分量。

由 $m \times n$ 个元素 a_{ij}, $i = 1, 2, \cdots, m$, $j = 1, 2, \cdots, n$，排成如下所示 m 行 n 列的表

$$\begin{bmatrix} a_{11} & \cdots & a_{i1} \\ \vdots & \ddots & \vdots \\ a_{1j} & \cdots & a_{ij} \end{bmatrix}$$

称为 m 行 n 列矩阵，简称 $m \times n$ 矩阵。当 $m=n$ 时，相应的矩阵称为 n 阶矩阵或者 n 阶方阵。当且仅当两个相同大小的向量对应位置的元素相等时，两个向量才是相等的。同样地，当且仅当两个相同大小的矩阵所有对应位置的元素相等时，两个矩阵才是相等的。

在 Mathematica 中，向量和矩阵都是以列表的形式存储，一个向量就是一个一维列表，而一个矩阵可由一个二层嵌套列表定义，且每个子列表的元素个数要相同，因为每个子列表对应着矩阵的一行，矩阵的每行应具有相同数目的元素。一般地，可通过构造一个列表手动输入一个向量或者矩阵，也

可以利用内建的制表函数或者专用矩阵生成函数来构造向量和矩阵。

5.1.1　列表与矩阵

向量与矩阵均可采用以列表的形式输入其中元素的方法来直接构造，其中的元素可以是整数、实数、复数或各种符号。

向量和矩阵的输入方法如下：

1．单层列表(向量)的输入方法

单层列表："变量名 $=\{e_1, e_2, \cdots, e_n\}$"，其中，$e_i, i=1, 2, \cdots, n$ 表示列表元素。

输入一个变量名保存列表。一般地，变量名可为英文小写字母开头的符号串，也可以为希腊字符等，但是不能以数字开头；此外，由于下划线"_"在 Mathematica 中有特殊含义(用作模式匹配)，因此，变量名中不应使用下划线。等号"="为赋值符号，又称为"立即赋值符号"，即赋值是立即完成的；相对而言，":="称为延时赋值符号，每次调用或引用变量时才进行赋值操作，常用于自定义函数中。列表用花括号"{ }"括起来，列表元素间用逗号","分隔。在 Mathematica 中，"空格"表示乘号，因此，列表元素不能用"空格"分隔，但是，列表元素可以用逗号","加零个或多个"空格"分隔。

2．二层嵌套列表(矩阵)的输入方法

二层嵌套列表："变量名 $=\{\{a_{11}, a_{12}, \cdots, a_{1n}\}, \{a_{21}, a_{22}, \cdots, a_{2n}\}, \cdots, \{a_{m1}, a_{m2}, \cdots, a_{mn}\}\}$"，其中，$a_{ij}, i=1, 2, \cdots, m, j=1, 2, \cdots, n$ 为列表元素。

可以对单层列表或二层嵌套列表使用 MatrixForm 函数，使列表以矩阵的形式显示，其中，单层列表以列向量的形式显示，二层嵌套列表以 m 行 n 列的数据表显示。

例 5-1　将列表视为向量或矩阵，如图 5-1 所示。

在图 5-1 中，"In[1]"得到一维列表 v1，如"Out[1]"所示；"In[2]"将 v1 以列向量的形式显示，如"Out[2]"所示。这里，MatrixForm 函数用于将列表以向量或矩阵的形式显示，并为显示的列表添加左右括号。"In[3]"输入一个新的列表 v2，如"Out[3]"所示，v2 表明列表元素可以取数值或符号；"In[4]"输入一个二维嵌套列表 mt，即矩阵，并以矩阵形式显示，如"Out[4]"所示。

一般地，可以视为向量或矩阵的列表的情况有：① 一维列表可以视为列向量；② 二维嵌套列表，当它的子列表元素个数相同时，才可以视为矩阵。

此时，可以用 MatrixQ 函数判定嵌套列表是否为矩阵。

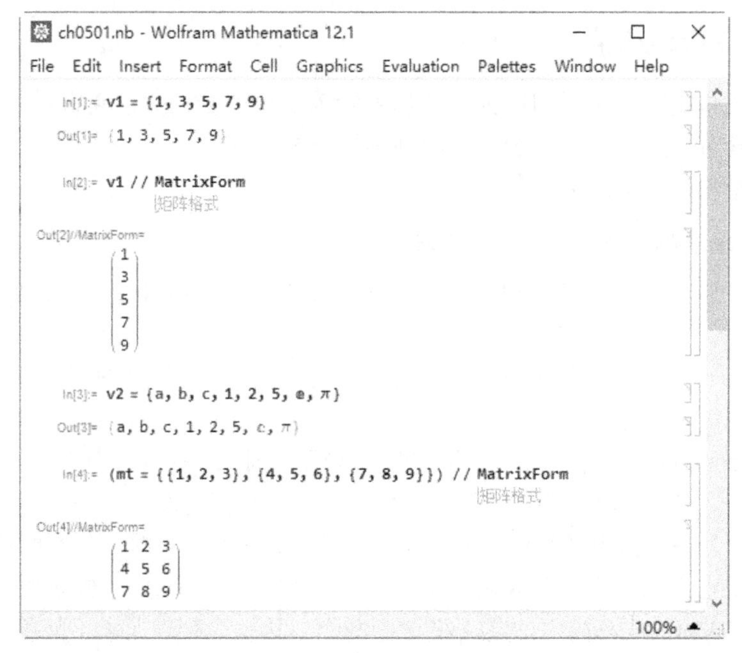

图 5-1　由列表得到向量和矩阵

5.1.2　向量与矩阵函数

Mathematica 集成了丰富的向量与矩阵处理函数，利用其内置函数可创建规则的向量与矩阵。表 5-1 和表 5-2 分别列出了常用的构造向量和矩阵的内置函数，其中 Table 函数最为常用，即可以构造向量，也可以构造矩阵。

表 5-1　常用的向量构造函数

序号	函数名	基 本 用 法
1	Table[*f*, {*i*, *n*}]	构造一个 n 维的向量(单层列表)，其中的元素由表达式 f 在 $i = 1, 2, 3, \cdots, n$ 时的值组成
2	Array[*f*, *n*]	构造一个 n 维向量，其中的元素依次为 $f[1], f[2], \cdots, f[n]$，这里的 f 为函数

例 5-2　使用 Table 函数和 Array 函数构造向量，如图 5-2 所示。

在图 5-2 中，“In[25]”使用 Table 函数构造了向量{3, 6, 9, 12}，如“Out[25]”所示；“In[26]” 使用 Table 函数构造向量，每个元素为 2^i，i 的取值从 2 依步长 2 增至 10，得到的向量如“Out[26]”所示。“In[27]”使用了纯函数“2#+3&”

借助于 Array 生成了向量{5, 7, 9, 11}，如“Out[27]”所示。这里，纯函数“2#+3&”中，“&”为纯函数定义符，即纯函数以“&”结尾，其中的“#”表示函数形参；在“In[27]”中，“形参”取值从 1 按步长 1 增至 4，对于每个参数的取值，计算“2×参数的值+3”，故得到如“Out[27]”所示结果。“In[28]”中定义了函数 f，“In[29]”使用 f 函数和 Array 数组创建了一维向量，如“Out[29]”所示。

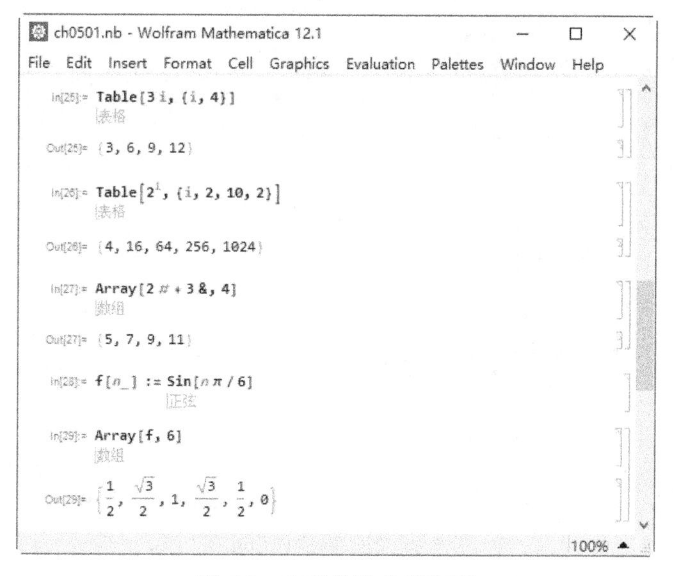

图 5-2　向量构造典型实例

下面介绍常见的矩阵构造函数与方法，其中，常用的矩阵构造函数如表 5-2 所示。

表 5-2　常见的矩阵构造函数

序号	函数名	基 本 用 法
1	Table[*f*,{*i*,*m*},{*j*,*n*}]	构造一个 $m \times n$ 矩阵，其中 f 是关于 i,j 的函数，矩阵中第 i, j 项是 f 的第 i, j 项的值
2	Array[*f*,{*m*,*n*}]	构造一个 $m \times n$ 矩阵，其中第 i, j 项是 $f[i, j]$，i=1,2,⋯,m，j=1, 2, ⋯, n
3	IdentityMatrix[*n*]	生成一个 $n \times n$ 的单位矩阵，主对角线元素为 1，其余元素全部为 0
4	DiagonalMatrix[list]	生成一个对角矩阵，其对角线上是 list 的元素，其余元素均为 0。设 list 长度为 n，则矩阵大小为 $n \times n$

例 5-3　利用表 5-2 中的函数构造矩阵，如图 5-3 所示。

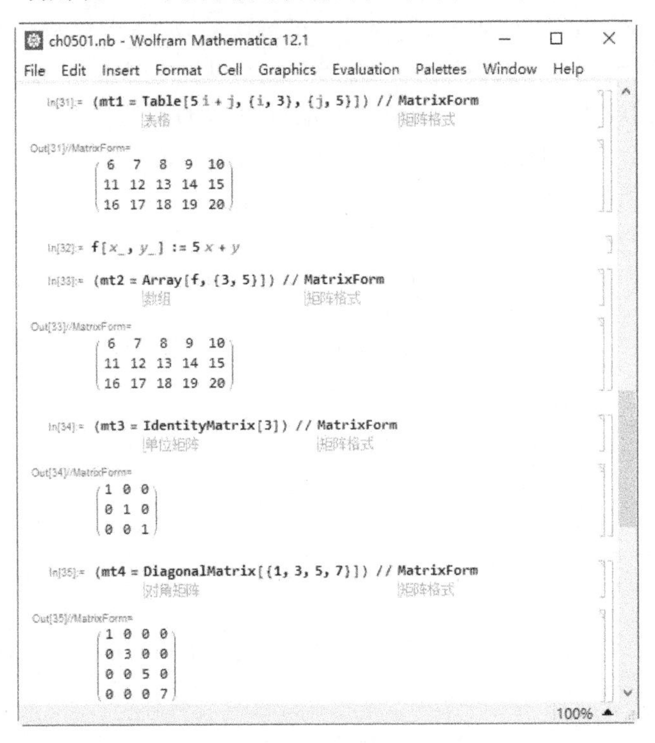

图 5-3　矩阵构造典型实例

在图 5-3 中，“In[31]”使用 Table 构造了一个 3×5 的矩阵 mt1，如“Out[31]”所示；“In[32]”为自定义函数 f(x,y)，“In[33]”使用自定义函数 f 和 Array 函数生成矩阵 mt2(与 mt1 相同)，如“Out[33]”所示；“In[34]”生成三阶单位矩阵，如“Out[34]”所示；“In[35]”以列表{1, 3, 5, 7}为对角线生成对角阵 mt4，如“Out[35]”所示。

从上述例子可知，Table 函数是最常用的构造向量和矩阵的函数，并且可利用 Table 函数构造出一些特殊类型的矩阵，如表 5-3 所示。

表 5-3　借助于 Table 函数生成一些特殊矩阵

序号	特殊矩阵构造语句	含　义
1	Table[0, {*m*},{*n*}]	构造一个 *m*×*n* 的零矩阵
2	Table[1, {*m*}, {*n*}]	构造一个 *m*×*n* 的全 1 矩阵
3	Table[If[*i*≥*j*, 1, 0],{*i*, *m*},{*j*, *n*}]	构造一个 *m*×*n* 的单位下三角矩阵(非 0 元素为 1)
4	Table[If[*i*≤*j*, 1, 0],{*i*, *m*},{*j*, *n*}]	构造一个 *m*×*n* 的单位上三角矩阵(非 0 元素为 1)

例 5-4　用表 5-3 所示方法构造一些特殊矩阵，如图 5-4 所示。

```
ch0501.nb - Wolfram Mathematica 12.1
File Edit Insert Format Cell Graphics Evaluation Palettes Window Help

In[36]:= Clear["`*"]

In[37]:= (mt1 = Table[0, 3, 3]) // MatrixForm
Out[37]//MatrixForm=
0 0 0
0 0 0
0 0 0

In[40]:= (mt2 = Table[1, {4}, {5}]) // MatrixForm
Out[40]//MatrixForm=
1 1 1 1 1
1 1 1 1 1
1 1 1 1 1
1 1 1 1 1

In[42]:= (mt3 = Table[If[i ≥ j, 1, 0], {i, 3}, {j, 4}]) // MatrixForm
Out[42]//MatrixForm=
1 0 0 0
1 1 0 0
1 1 1 0

In[43]:= (mt4 = Table[If[i ≤ j, 1, 0], {i, 4}, {j, 4}]) // MatrixForm
Out[43]//MatrixForm=
1 1 1 1
0 1 1 1
0 0 1 1
0 0 0 1
```

图 5-4　一些特殊矩阵构造实例

在图 5-4 中，“In[36]”调用“Clear["`*"]”清除已创建的全局变量的值；“In[37]”生成一个 3×3 的全 0 矩阵，如“Out[37]”所示；“In[40]”生成一个 4×5 的全 1 矩阵，如“Out[40]”所示；“In[42]”生成一个 3×4 的单位下三角矩阵(非 0 元素设为 1)，如“Out[42]”所示；“In[43]”生成一个 4×4 的单位上三角矩阵(非 0 元素设为 1)，如“Out[43]”所示。

5.1.3　向量与矩阵判定

在 Mathematica 中，向量用单层列表表示，矩阵用二维嵌套列表表示，单个数值或符号称为标量。表 5-4 列举了常用的向量与矩阵判定函数。

表 5-4 向量和矩阵判定函数

序号	判别函数	说 明
1	NumberQ[表达式]	当“表达式”为数时返回 True，否则为 False
2	VectorQ[表达式]	当“表达式”为向量时返回 True，否则为 False
3	MatrixQ[表达式]	当“表达式”为矩阵时返回 True，否则为 False
4	Dimensions[列表]	给出向量或矩阵的维数
5	Length[列表]	给出列表的长度

例 5-5 向量或矩阵判定函数典型实例如图 5-5 所示。

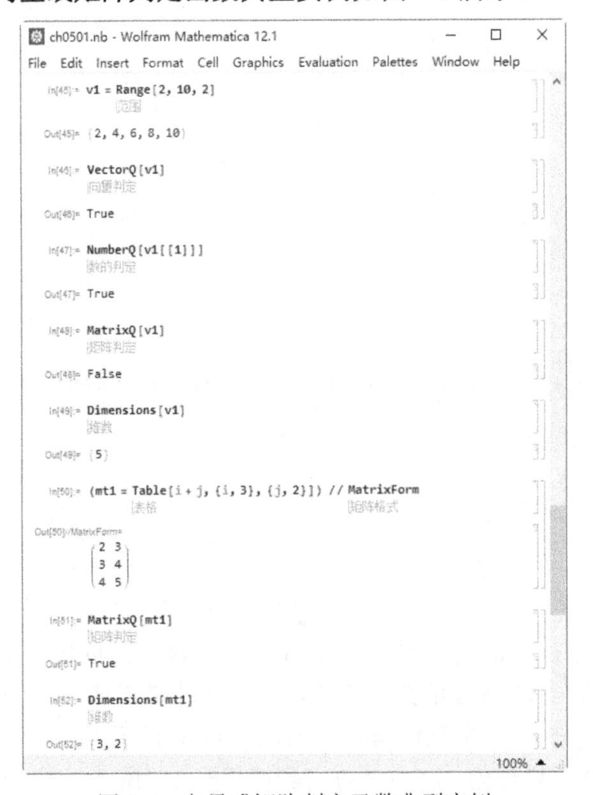

图 5-5 向量或矩阵判定函数典型实例

在图 5-5 中，“In[45]”用 Range 函数生成一个列表 v1，如“Out[45]”所示；“In[46]”使用 VectorQ 函数判定 v1 是否为向量，返回结果为 True，如“Out[46]”所示，表明 v1 为向量；“In[47]”判定 v1 的第一个元素是否为数，返回值 True，如“Out[47]”所示，表明 v1 的第一个元素为数值。“In[48]”使用 MatrixQ 函数判别 v1 是否为矩阵，返回结果为 False，如“Out[48]”所示，表明 v1 不是矩阵。在 Mathematica 中，向量和矩阵的概念区分严格。“In[49]”调用 Dimensions 函数得到向量 v1 的大小，如“Out[49]”所示。“In[50]”生成一个 3 行 2 列的矩阵 mt1，如“Out[50]”所示；“In[51]”使用 MatrixQ 判定 mt1 是否为矩阵，返回 True，如“Out[51]”所示；“In[52]”调用 Dimensions 函数返回 mt1 的维数，如“Out[52]”所示。

5.2　矩 阵 运 算

Mathematica 具有强大的矩阵运算能力，这里重点介绍常用的矩阵运算，包括矩阵的加法、减法、乘法、矩阵行列式、矩阵转置和矩阵求逆等。

5.2.1　标量运算

在 Mathematica 中，标量与向量和标量与矩阵的运算主要有加法和数乘运算等，这两种运算作用于列表中的每个元素。

例 5-6　标量运算典型实例如图 5-6 所示。

图 5-6　标量运算典型实例

在图 5-6 中，“In[54]”生成了一个 2 行 3 列的矩阵 mt1，如“Out[54]”所示。“In[55]”将 mt1 与 10 相加，此时，10 与 mt1 的每个元素分别相加，计算结果如“Out[55]”所示；“In[56]”将 10 与 mt1 相乘，即 10 与 mt1 的每个元素分别相乘，计算结果如“Out[56]”所示。同理，“In[57]”至“In[59]”反映了标量与向量的加法和数乘运算。

5.2.2 矩阵算术运算

两个向量(或矩阵)求和运算要求参与运算的两个向量(或矩阵)具有相同的大小(即行数和列数)。向量(或矩阵)的点积(或乘法)运算用“.”运算符或 Dot 运算函数，对于两个矩阵的乘法而言，要求第一个矩阵的列数等于第二个矩阵的行数。三维向量的叉乘用“×”运算符或 Cross 函数。此外，Outer 函数用于计算向量或矩阵的外积。

例 5-7　典型向量和矩阵运算实例如图 5-7 所示。

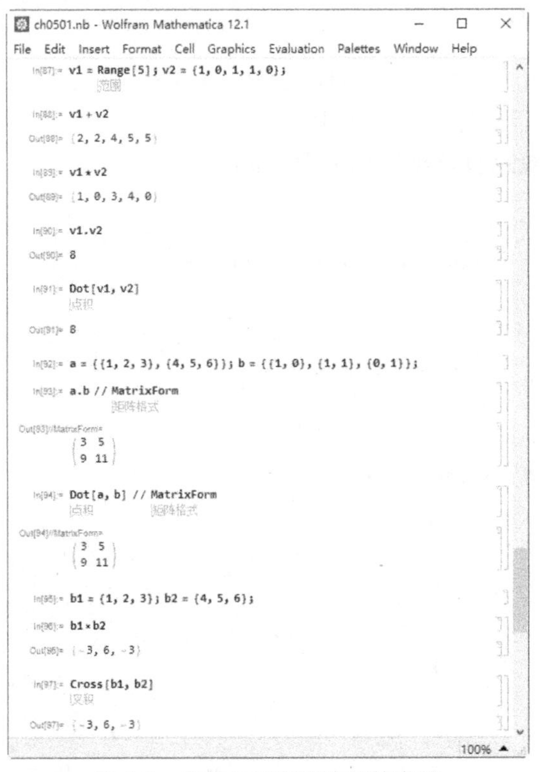

图 5-7　典型向量和矩阵运算实例

在图 5-7 中，“In[87]”输入两个向量 v1 和 v2；“In[88]”计算这两个向量的和，对应位置的元素相加，结果如“Out[88]”所示；“In[89]”计算向量 v1 和 v2 的乘积，对应位置的元素相乘，结果如“Out[89]”所示；“In[90]”

和"In[91]"均计算向量 v1 和 v2 的点积，得到结果 8，如"Out[90]"和"Out[91]"所示。"In[92]" 定义矩阵 a 和 b；"In[93]" 和 "In[94]" 均计算 a 和 b 的矩阵乘积(两个相同大小的矩阵的标量乘法使用 "*" 运算符)，结果如 "Out[93]"和"Out[94]"所示。"In[95]"定义了两个三维向量 b1 和 b2，"In[96]"和"In[97]"计算 b1 和 b2 的叉积，其结果如 "Out[96]" 和 "Out[97]" 所示，其中 "In[96]"中的 "×" 用 "Esc 键+cross+Esc 键" 输入。

5.2.3 典型矩阵运算

Mathematica 集成了大量的矩阵处理函数，表 5-5 列举了常用的矩阵运算函数。

表 5-5 常用矩阵运算函数

序号	矩阵函数	含　义
1	Transpose[矩阵]	矩阵转置
2	Det[矩阵]	矩阵的行列式
3	Minors[矩阵]	求方阵的子式
4	Tr[矩阵]	计算矩阵的迹
5	Inverse[矩阵]	求方阵的逆矩阵
6	MatrixPower[矩阵, *n*]	计算矩阵的 *n* 次方
7	MatrixExp[矩阵]	计算 Exp[矩阵]

例 5-8 常用矩阵运算函数典型实例如图 5-8 和图 5-9 所示。

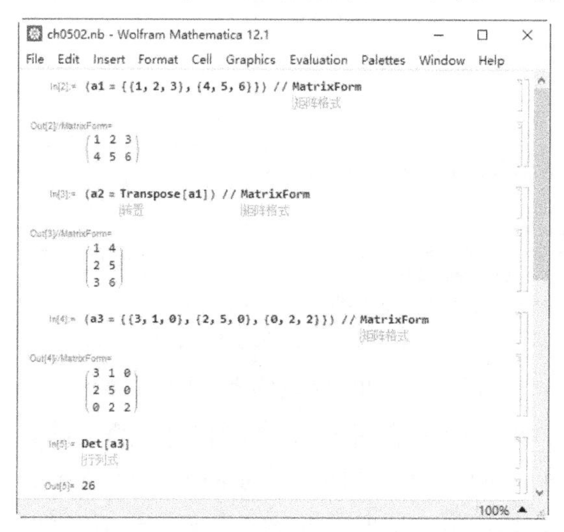

图 5-8 常用矩阵运算函数典型实例-I

在图 5-8 中，“In[2]” 输入一个 2 行 3 列的矩阵 a1，如 “Out[2]” 所示；“In[3]” 求矩阵 a1 的转置矩阵 a2，如 “Out[3]” 所示；“In[4]” 输入一个 3 行 3 列的方阵 a3，如 “Out[4]” 所示；“In[5]” 计算了矩阵 a3 的行列式的值，结果为 26，如 “Out[5]” 所示。

下面图 5-9 在图 5-8 的基础上，展示了另一些矩阵运算函数的用法实例。

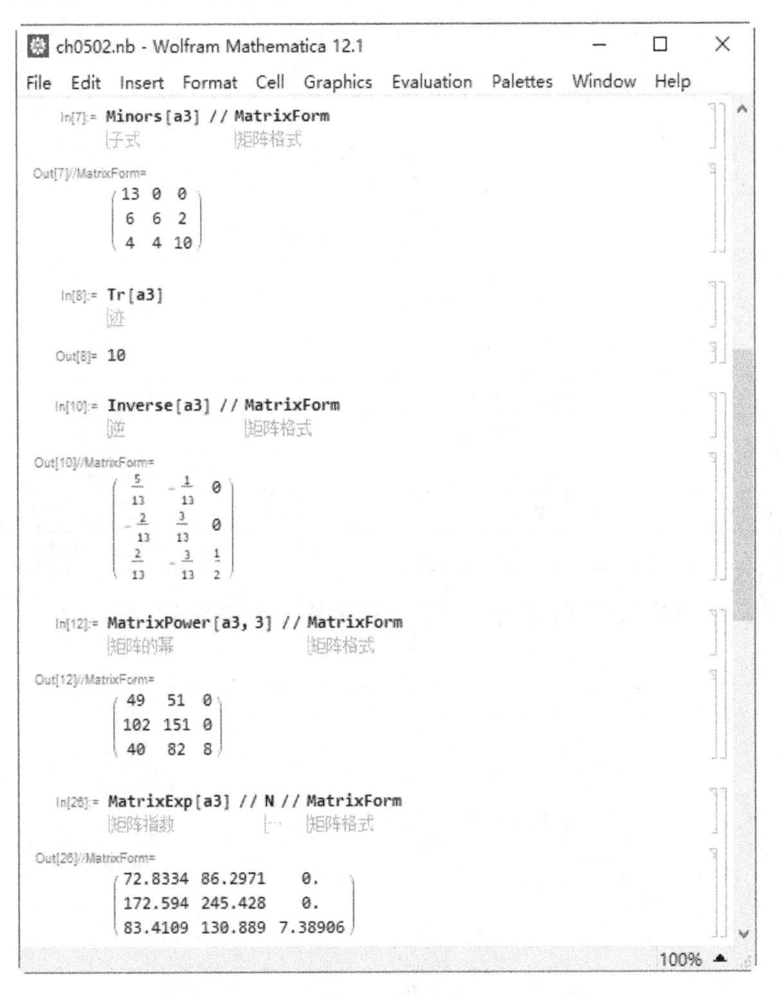

图 5-9　常用矩阵运算函数典型实例-II

在图 5-9 中，矩阵 a3 来自图 5-8。“In[7]” 求矩阵 a3 的子式构造的矩阵，如 “Out[7]” 所示，其(i,j)位置处的元素为 a3 中删除第 n−i+1 行和第 m−j+1 列后的矩阵的行列式的值，这里的 n 表示行数，m 表示列数。“In[8]” 计算矩阵 a3 的迹，计算结果如“Out[8]”所示；“In[10]”求 a3 的逆阵，结果如“Out[10]”所示；“In[12]”计算 a3 的 3 次幂，结果如“Out[12]”所示；“In[26]”计算 Exp[a3]，其结果如“Out[26]”所示。

在图 5-9 中，矩阵求逆函数 Inverse、矩阵的幂函数 MatrixPower 和矩阵指数函数 MatrixExp 只能对方阵进行运算。

5.3 矩阵操作

在 Mathematica 中，集成了一些矩阵调整函数，例如，可借助于 Join 函数合并多个矩阵，借助于 Partition 函数将向量格式化为矩阵。矩阵作为二维嵌套列表，其元素可以被替换或删除。本节将重点介绍矩阵的拼接和元素修改等操作。

5.3.1 矩阵合成

在 Mathematica 中，常用的矩阵合成函数如表 5-6 所示。

表 5-6　矩阵合成函数

序号	函数名	含　义
1	Join[list1, list2]	将向量 list1 和 list2 拼接成一个向量，新向量包含 list1 和 list2 中的元素。对于矩阵而言，将 list2 的行置于 list1 的下方构成新矩阵，即将 list1 和 list2 上下合并
2	Join[list1, list2, 2]	将矩阵 list2 的列置于矩阵 list1 的右边，即将 list1 和 list2 左右合并

例 5-9　典型矩阵合成函数应用实例如图 5-10 所示。

在图 5-10 中，“In[30]”和“In[31]”生成两个向量 a1 和 a2，分别如“Out[30]”和“Out[31]”所示；“In[32]”调用 Join 函数将向量 a1 和 a2 合并为一个向量，如“Out[32]”所示。“In[34]”和“In[35]”生成两个矩阵 b1 和 b2，分别如“Out[34]”和“Out[35]”所示；“In[36]”按列扩展将 b1 和 b2 合并为一个矩阵，如“Out[36]”所示；“In[37]”按行扩展将 b1 和 b2 合并为一个矩阵，如“Out[37]”所示。

```
ch0502.nb - Wolfram Mathematica 12.1
File Edit Insert Format Cell Graphics Evaluation Palettes Window Help

In[30]:= a1 = {1, 2, 3}
Out[30]= {1, 2, 3}

In[31]:= a2 = {4, 5, 6}
Out[31]= {4, 5, 6}

In[32]:= a3 = Join[a1, a2]
              连接
Out[32]= {1, 2, 3, 4, 5, 6}

In[34]:= b1 = {{1, 2, 3}, {4, 5, 6}}
Out[34]= {{1, 2, 3}, {4, 5, 6}}

In[35]:= b2 = {{7, 8, 9}, {10, 11, 12}}
Out[35]= {{7, 8, 9}, {10, 11, 12}}

In[36]:= (b3 = Join[b1, b2]) // MatrixForm
               连接           矩阵格式
Out[36]//MatrixForm=
  1  2  3
  4  5  6
  7  8  9
  10 11 12

In[37]:= (b4 = Join[b1, b2, 2]) // MatrixForm
               连接               矩阵格式
Out[37]//MatrixForm=
  1 2 3 7  8  9
  4 5 6 10 11 12

100%
```

图 5-10 Join 函数典型用法实例

5.3.2 矩阵元素操作

列表的元素操作符“[[ ]]”可以用于矩阵元素的操作，此外，Mathematica 还提供了矩阵元素操作函数，如表 5-7 所示。

表 5-7 常用矩阵元素操作函数

序号	函数名	含 义
1	Part[list, *n*]	获取向量 list 的第 *n* 个元素；若 list 为矩阵，则获取矩阵的第 *n* 行
2	Take[matrix, *n*]	获取矩阵前 *n* 行组成的子矩阵
3	Take[matrix, {*m*, *n*}]	获取矩阵第 *m* 行到 *n* 行构成的子矩阵

续表

序号	函数名	含　义
4	Take[matrix, m, n]	获取第 1 行到第 m 行及第 1 列到第 n 列的子矩阵
5	Drop[matrix, n]	获取删除前 n 行后的子矩阵
6	Drop[matrix, {n}]	获取删除第 n 行后的子矩阵
7	Drop[matrix, {m, n}]	获取删除第 m 行到第 n 行后的子矩阵
8	Drop[matrix, m, n]	获取删除第 1 行到第 m 行和第 1 列到第 n 列后的子矩阵
9	Delete[matrix, n]	删除矩阵的第 n 行
10	Delete[matrix, {{p_1},{p_2}, …}]	删除行 p_1、p_2、…
11	Diagonal[matrix]	获取矩阵对角线元素组成的向量

表 5-7 中的各个函数均有对应的元素操作符“[[ ]]”的实现方法。这里设 ***a*** 为一个 3×3 的矩阵，如下所示：

$$\boldsymbol{a}=\begin{bmatrix}1 & 2 & 3\\ 4 & 5 & 6\\ 7 & 8 & 9\end{bmatrix}$$

表 5-7 中的各个函数的操作举例如下，并给出了相应的元素操作符“[[ ]]”的实现方法：

(1) Part[***a***, 2] 得到矩阵 ***a*** 的第 2 行元素组成的列表，即{4, 5, 6}。

等价于：“***a***[[2]]”。

(2) Take[***a***, 2] 得到矩阵 ***a*** 的前 2 行的元素组成的列表，即{{1,2,3},{4,5,6}}。

等价于：“***a***[[1;;2]]”。

(3) Take[***a***, {2,3}] 得到矩阵 ***a*** 的第 2 行至第 3 行的元素组成的列表，即{{4,5,6},{7,8,9}}。

等价于：“a[[2;;3]]”。

(4) Take[***a***, 2, 2] 得到矩阵 ***a*** 的第 1 至 2 行和第 1 至 2 列的元素组成的列表，即{{1,2},{4,5}}。

等价于：“***a***[[1;;2,1;;2]]”。

(5) Drop[***a***, 2] 得到 ***a*** 删除前 2 行后的列表，即{{7,8,9}}。

等价于：“***b*** = ***a***; ***b***[[1;;2]]=Nothing; ***b***”。向矩阵中的某些位置元素赋值 Nothing，表示删除矩阵中的这些位置的元素。

(6) Drop[***a***, {2}] 得到 ***a*** 删除第 2 行后的列表，即{{1,2,3},{7,8,9}}。

等价于：“***b***=***a***; ***b***[[2]] = Nothing; ***b***”。

(7) Drop[***a***, {2,3}] 得到 ***a*** 删除第 2 行至第 3 行后的列表，即{{1,2,3}}。

等价于：“***b*** = ***a***; ***b***[[2;;3]] = Nothing; ***b***”。

(8) Drop[***a***, 2,2] 得到 ***a*** 删除第 1 至 2 行和第 1 至 2 列后的列表，即{{9}}。

等价于：“***b*** = ***a***[[3;;−1,3;;−1]]”。

(9) Delete[a, 2] 得到 ***a*** 删除第 2 行后的列表，即{{1,2,3},{7,8,9}}。

等价于：“***b*** = ***a***; b[[2]] = Nothing; ***b***”。

(10) Delete[***a***, {{1},{3}}] 得到 ***a*** 删除第 1 行和第 3 行后的列表，即{{4,5,6}}。

等价于：“***b*** = ***a***; ***b***[[{1,3}]] = Nothing; ***b***”。

下面介绍一下表 5-7 中的函数典型用法实例。

例 5-10　矩阵元素操作典型实例如图 5-11 所示。

图 5-11　矩阵元素操作典型实例

在图 5-11 中，“In[39]”生成一个 3 行 3 列的矩阵 a；“In[40]”读取矩阵 a 的第 2 行元素，如“Out[40]”所示；“In[41]”读取矩阵 a 的前 2 行元素，如“Out[41]”所示；“In[42]”删除矩阵 a 的第 2 行元素，如“Out[42]”所示；“In[43]”返回矩阵 a 的对角线元素，如“Out[43]”所示；“In[44]”删除矩阵 a 的第一行，结果如“Out[44]”所示。需要注意的是，所有的读取操作和删除操作均不改变原始矩阵的值，这里图 5-11 中矩阵 a 在操作前后保持不变。

5.4 解线性方程组

在 Mathematica 中，可借助于 LinearSolve 函数求解线性方程组的特解(Solve 函数可以求得通解)。LinearSolve 函数的典型语法为：

LinearSolve[*a*, *b*] 求线性方程组 $a\,x = b$ 的一个特解。

例 5-11 已知如下三个线性方程组，使用 LinearSolve 和 Solve 函数求解。

(1) $\begin{cases} 2x+y+z=7 \\ x-4y+3z=2 \\ 3x+2y+2z=13 \end{cases}$ (具有唯一解)；

(2) $\begin{cases} 2x+y+z=7 \\ x-4y+3z=2 \\ 3x-3y+4z=13 \end{cases}$ (无解)；

(3) $\begin{cases} 2x+y+z=7 \\ x-4y+3z=2 \\ 3x-3y+4z=9 \end{cases}$ (有无穷多解)。

Solve 函数求解的结果如图 5-12 所示。

在图 5-12 中，“In[56]”使用 Solve 函数求解方程组(1)，方程组中的各个方程用“&&”符号连接，结果如“Out[56]”所示，表明方程组(1)具有唯一解。“In[57]”生成方程组(1)的系数矩阵 a1 和常数向量 b1；“In[59]”使用方程组(1)的矩阵表示求解，结果如“Out[59]”所示，说明方程组(1)具有唯一解{1, 2, 3}。"In[60]" 生成方程组(2)的系数矩阵 a2 和常数向量 b2；"In[62]" 使用方程组(2)的矩阵形式求解该方程组，解集如 "Out[62]" 所示，说明方程组(2)无解。"In[69]" 生成方程组(3)的系数矩阵 a3 和常数向量 b3；"In[71]" 使用方程组(3)的矩阵形式求解该方程组，解集如 "Out[71]" 所示，方程组(3)有无穷多解，x 作为自由变量。

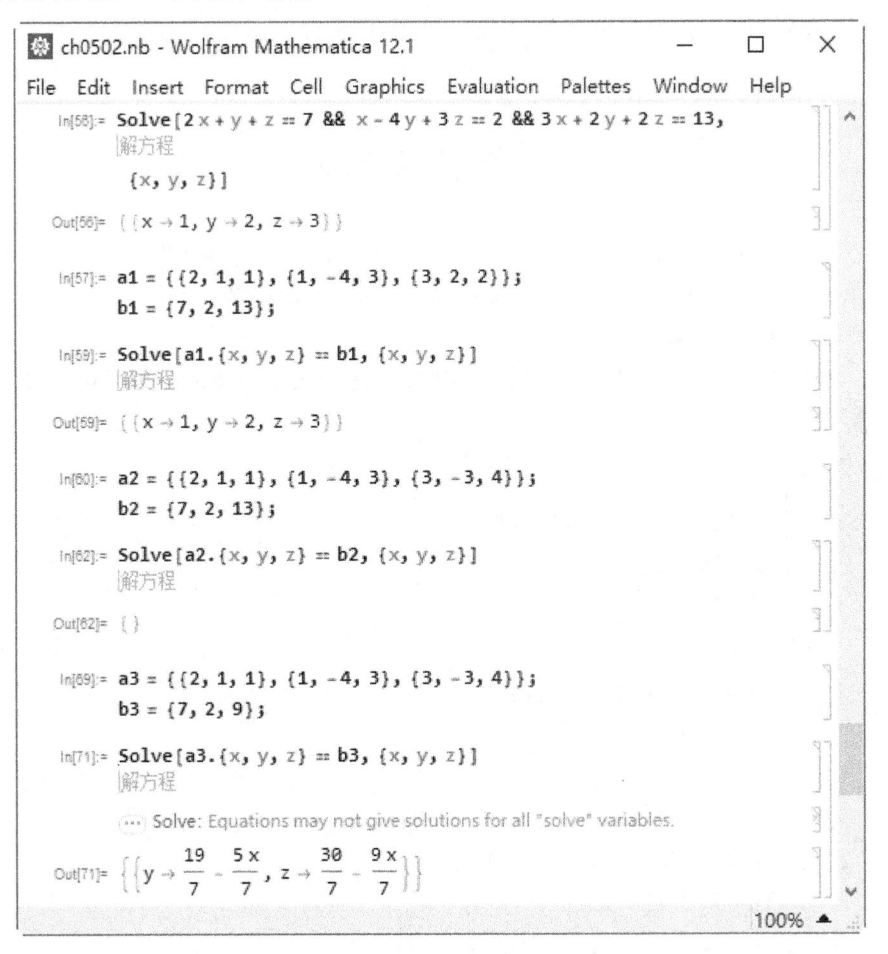

图 5-12 Solve 函数求解结果

使用 LinearSolve 函数求解方程组(1)至(3)的结果如图 5-13 所示。

在图 5-13 中，"In[72]"求解方程组(1)，得到唯一解{1, 2, 3}，如"Out[72]"所示；"In[73]" 求解方程组(2)，结果提示方程组(2)无解，如 "Out[73]" 所示。"In[75]" 求解方程组(3)，得到其一个特解，如 "Out[75]" 所示；"In[77]"

调用 NullSpace 求得矩阵 a3 的零空间的基，即方程组 a3.{x,y,z}=0 的基础解系的基向量，如“Out[77]”所示；然后，“In[78]”求得方程(3)的解集，如“Out[78]”所示，这里“First[x0]”返回 x0 的第一个元素。

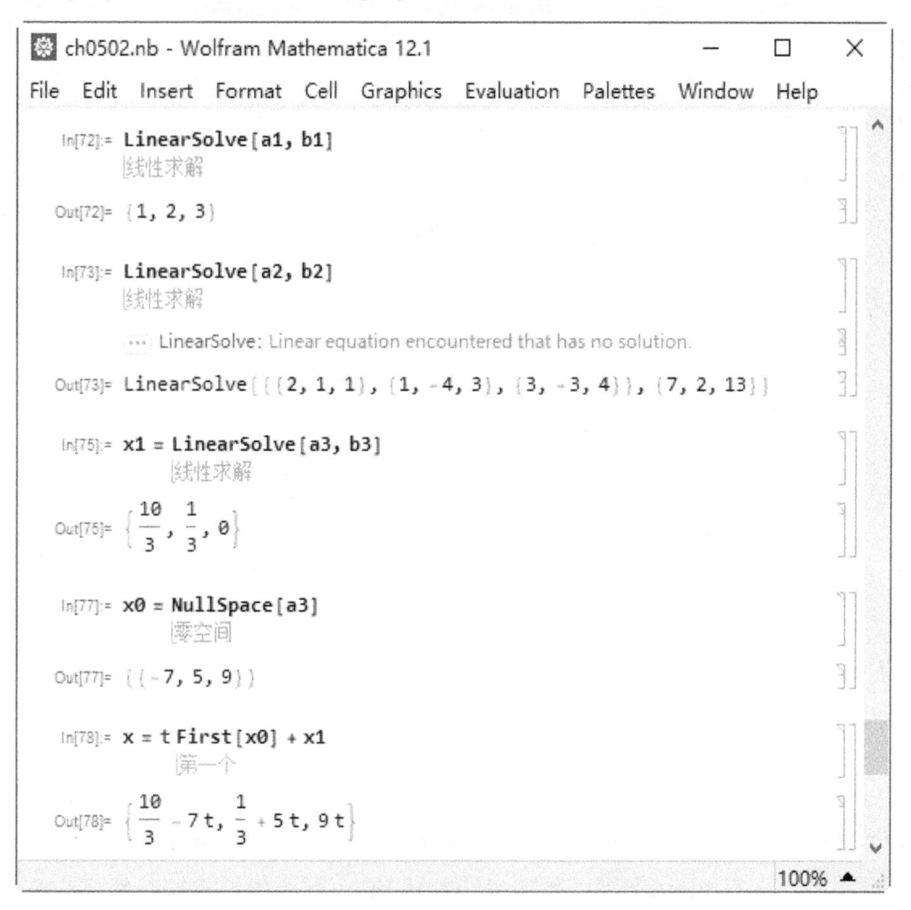

图 5-13　LinearSolve 函数求解结果

下面通过行初等变换将方程组的增广矩阵化为简化阶梯形形式，从而可以直观地求解方程组的解集。在 Mathematica 中，使用 RowReduce 函数化简矩阵，其典型语法为：

RowReduce[矩阵] 求“矩阵”的行约化形式。

通过 RowReduce 函数进行行约化求解方程组的方法称为 Gauss-Jordan 法，如图 5-14 所示。这种方法既适合于求解微型线性方程组，也适用于超大型线性方程组求解。

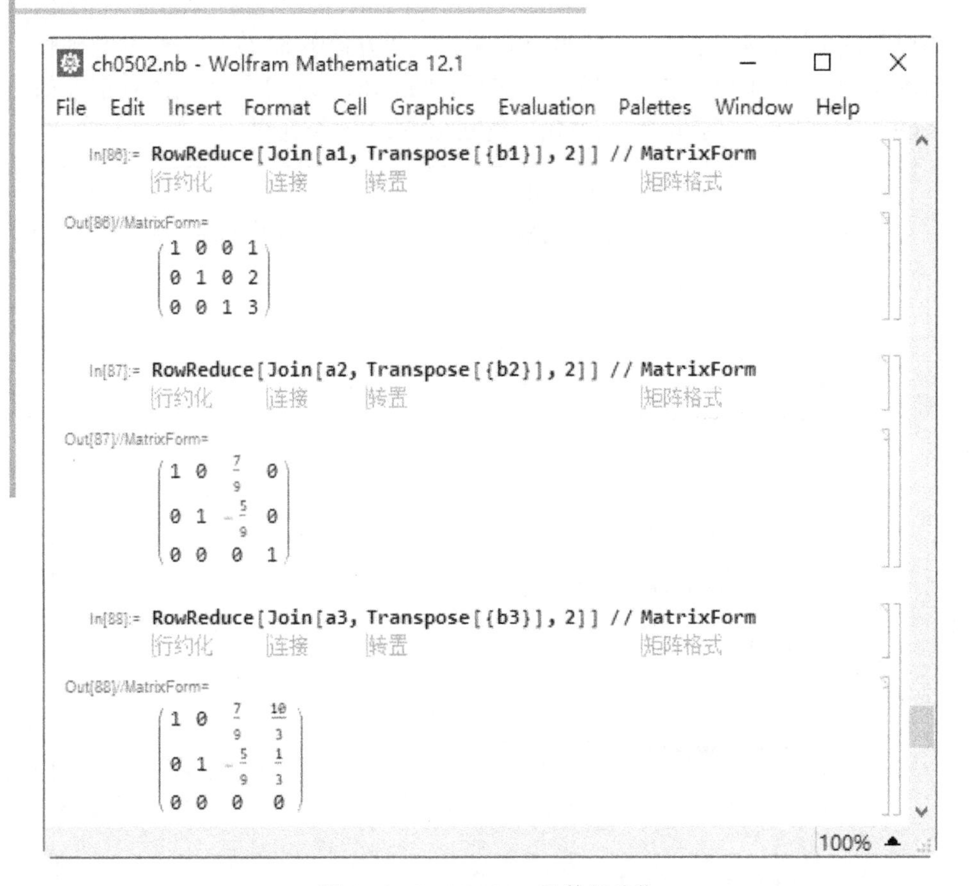

图 5-14 RowReduce 函数行约化

在图 5-14 中，矩阵 a1、a2 和 a3 以及向量 b1、b2 和 b3 来自图 5-12，分别为线性方程组(1)至(3)的系数矩阵和常数向量，这二者可组成线性方程组的增广矩阵。在“In[86]”中，先调用 Transpose 函数将{b1}转化为列矩阵，这里，{b1}为包含了 b1 的二层嵌套列表(即只有一行元素的矩阵)；然后，调用 Join 函数将 a1 和{b1}水平方向上合并为一个矩阵，即方程组(1)的增广矩阵；最后，调用 RowReduce 函数行约化方程组(1)的增广矩阵，如“Out[86]”所示，从“Out[86]”可知方程组(1)仅有唯一解，因为增广矩阵的行约化矩阵为满秩矩阵。同理，“In[87]”行约化了方程组(2)的增广矩阵，如“Out[87]”所示，从“Out[87]”中可得到“0=1”的悖论，故方程组(2)无解。“In[88]”行约化了方程组(3)的增广矩阵，如“Out[88]”所示，从“Out[88]”可知，矩阵的秩小于自变量的个数，即方程组(3)具有无穷多个解。

5.5　特征值与特征向量

若 $\boldsymbol{A}$ 为 n 阶方阵，如果对于数 λ，存在非零向量 $\boldsymbol{v}$ 使得 $\boldsymbol{Av}=\lambda\boldsymbol{v}$ 成立，则称 λ 为 $\boldsymbol{A}$ 的一个特征值，$\boldsymbol{v}$ 是 $\boldsymbol{A}$ 的对应于 λ 的特征向量。由 $\boldsymbol{Av}=\lambda\boldsymbol{v}$ 可得 $(\lambda\boldsymbol{E}-\boldsymbol{A})\boldsymbol{v}=0$，由于 $\boldsymbol{v}$ 不等于 0，故 Det[$\lambda\boldsymbol{E}-\boldsymbol{A}$] = 0，此式为 $\boldsymbol{A}$ 的特征方程，是 λ 的 n 次方程，在复数域内有 n 个根，Det[$\lambda\boldsymbol{E}-\boldsymbol{A}$]称为 $\boldsymbol{A}$ 的特征多项式，矩阵 $\lambda\boldsymbol{E}-\boldsymbol{A}$ 称为特征矩阵。

矩阵的特征值和特征向量是表征矩阵性态的首要属性。在 Mathematica 中，求解特征值与特征矩阵相关的函数如表 5-8 所示。

表 5-8　求解特征值或特征向量相关的内置函数

序号	函数名	含　义
1	CharacteristicPolynomial[矩阵, x]	返回“矩阵”关于变量 x 的特征多项式
2	Eigenvalues[矩阵]	返回“矩阵”的特征值列表
3	Eigenvectors[矩阵]	返回“矩阵”的特征向量列表
4	Eigensystem[矩阵]	返回“矩阵”的特征值与特征向量对应列表

例 5-12　以如下矩阵为例，求解其特征值与特征向量，如图 5-15 所示。

$$\boldsymbol{a}=\begin{bmatrix}1 & 2 & 1\\ -1 & 2 & 1\\ 0 & 4 & 2\end{bmatrix}$$

在图 5-15 中，“In[101]”输入 3 行 3 列的矩阵 a，如“Out[101]”所示；“In[102]”计算得到矩阵 a 的特征值，如“Out[102]”所示；“In[103]”计算得到矩阵 a 的特征向量，如“Out[103]”所示；“In[104]”计算得到矩阵 a 的特征值及其相对应的特征向量，如“Out[104]”所示，这里的特征值和特征向量是按位置对应的，在“Out[104]”中，特征向量组成了一个矩阵{{3, 1, 4}, {1, 0, 1}, {0, −1, 2}}，而特征值组成了向量{3, 2, 0}，每个特征值对应着特征向量矩阵的一行，按位置对应，即第一个特征值对应着第一个特征向量，第二个特征值对应着第二个特征向量，以此类推；如果某个特征值的特征向量为 0 向量，则在特征向量矩阵的相应行处为 0 向量。“In[105]”返回矩阵 a

的特征多项式，如“Out[105]”所示。

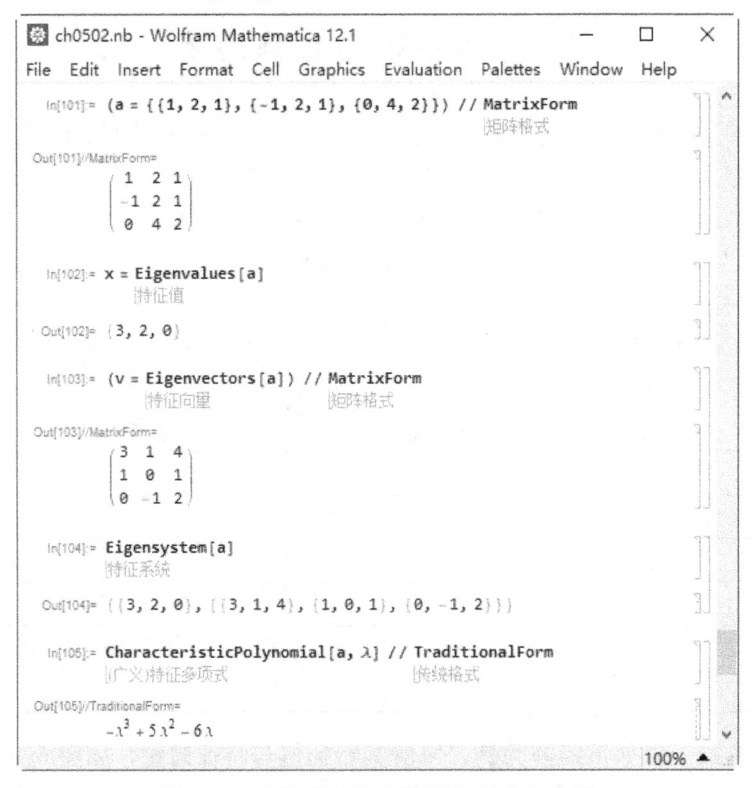

图 5-15 矩阵特征值与特征向量求解实例

5.6 矩阵对角化

对于 n 阶方阵 $\boldsymbol{A}$，如果存在一个可逆矩阵 $\boldsymbol{P}$，使得 $\boldsymbol{AP}=\boldsymbol{PD}$ 或 $\boldsymbol{A}=\boldsymbol{PDP}^{-1}$，其中 $\boldsymbol{D}$ 是对角矩阵，那么称矩阵 $\boldsymbol{A}$ 可对角化。当 n 阶矩阵 $\boldsymbol{A}$ 具有 n 个线性无关的特征向量时，则矩阵 $\boldsymbol{A}$ 是可对角化的。$\boldsymbol{P}$ 的列是由 $\boldsymbol{A}$ 的特征向量组成的矩阵，$\boldsymbol{D}$ 的主对角线上的元素由各个特征向量对应的特征值组成。

例 5-13　以如下矩阵 a 为例，将其对角化，如图 5-16 所示。

$$\boldsymbol{a}=\begin{bmatrix} 1 & -1 & -1 \\ -1 & 1 & -1 \\ -1 & -1 & 1 \end{bmatrix}$$

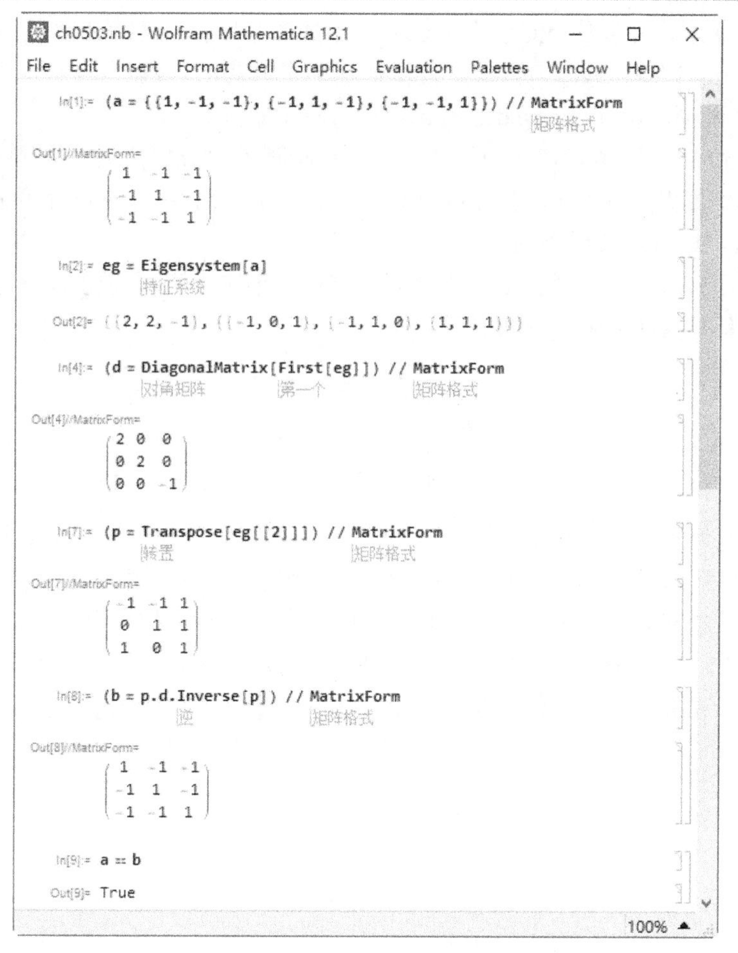

图 5-16　矩阵对角化实例

在图 5-16 中，“In[1]”输入一个 3 行 3 列的方阵 a，如“Out[1]”所示。“In[2]”调用 Eigensystem 函数计算矩阵 a 的特征值及其对应的特征向量，其结果 eg 如“Out[2]”所示，得到的三个特征值组成向量{2, 2, −1}，得到的三个特征向量组成矩阵{{−1, 0, 1},{−1, 1, 0},{1, 1, 1}}，每个特征向量占据矩阵的一行。特征值与特征向量按位置一一对应，这里特征值 2 有两个特征向量，因此，特征值 2 对应着特征向量{−1, 0, 1}，同时，特征值 2 还对应着特征向量{−1, 1, 0}，特征值−1 对应着特征向量{1, 1, 1}。

在“In[4]”中，“First[eg]”取得列表 eg 的第一个元素，即{2,2,−1}，然后，调用 DiagonalMatrix 函数以{2,2,−1}中的元素为对角线元素得到对角矩 d。

在列表 eg 中，其第二个元素为特征向量组成的矩阵，但是特征向量为该矩阵的行。“In[7]” 将 eg[[2]]转置，使得特征向量成为矩阵的列，从而得到可逆矩阵 p。此时，满足 a.p=p.d，而 d 矩阵为对角矩阵。

“In[8]” 和 “In[9]” 验证了矩阵 a 可对角化。“In[8]” 中，矩阵 b 为 p 乘以 d 再乘以 p 的逆阵，如 “Out[8]” 所示；“In[9]” 判定 a 是否等于 b，返回 True，如 “Out[9]” 所示。

由图 5-16 可知，矩阵 a 可对角化。然而，事实上工程问题中遇到的大部分方阵都不能对角化，例如矩阵

$$\boldsymbol{B}=\begin{bmatrix}5 & 4 & 3\\-1 & 0 & -3\\1 & -2 & 1\end{bmatrix}$$

其特征值为 4 和−2，其中，特征值−2 对应的特征向量为{−1, 1, 1}，特征值 4 对应的特征向量为{1, −1, 1}和{0, 0, 0}。三个特征向量是线性相关的，因此，矩阵 $\boldsymbol{B}$ 不能对角化。但是类似于矩阵 $\boldsymbol{B}$ 的这类矩阵与它的一个 Jordan 标准形矩阵相似，这个 Jordan 标准矩阵的主对角线元素仍然是原矩阵的全部特征值。

对于 n 阶方阵 $\boldsymbol{A}$，如果存在一个可逆矩阵 $\boldsymbol{Q}$，使得 $\boldsymbol{AQ}=\boldsymbol{QJ}$ 或 $\boldsymbol{A}=\boldsymbol{QJQ}^{-1}$，其中，

$$\boldsymbol{J}=\begin{pmatrix}\boldsymbol{J}_1 & 0 & 0 & \cdots & 0\\0 & \boldsymbol{J}_2 & 0 & \cdots & 0\\0 & 0 & \boldsymbol{J}_3 & \cdots & 0\\\vdots & \vdots & \vdots & & 0\\0 & 0 & 0 & 0 & \boldsymbol{J}_k\end{pmatrix}$$

这里，$\boldsymbol{J}_i$ 是 Jordan 块，每个 Jordan 块是一个方阵，其形式为

$$\begin{pmatrix}\lambda & 1 & 0 & \cdots & 0\\0 & \lambda & 1 & \cdots & 0\\0 & 0 & \lambda & \cdots & 0\\\vdots & \vdots & \vdots & & 1\\0 & 0 & 0 & 0 & \lambda\end{pmatrix}$$

每个 Jordan 块的主对角线元素相同，为矩阵 $\boldsymbol{A}$ 的一个特征值，主对角线上方的次对角线的元素均为 1，其余元素为 0。如果某个 Jordan 块只有一个元素，

则为矩阵 $\boldsymbol{A}$ 的某个特征值。因此，矩阵的对角化分解是 Jordan 标准形分解的一个特例。

注意，矩阵 $\boldsymbol{A}$ 的同一特征值可出现在不同的 Jordan 块中，对应同一特征值的不同块的数目等于属于那个特征值的独立特征向量的数目。如果不考虑 Jordan 块的排序，$\boldsymbol{J}$ 矩阵是唯一的。

在 Mathematica 中，使用函数 **JordanDecomposition[*A*]**计算矩阵 $\boldsymbol{A}$ 的 Jordan 标准型矩阵，该函数返回列表{q, j}，其中的 q 和 j 为方程 $\boldsymbol{A}=\boldsymbol{QJQ}^{-1}$ 中的矩阵 $\boldsymbol{Q}$ 和 $\boldsymbol{J}$。

例 5-14　计算矩阵的 Jordan 标准型实例如图 5-17 所示。

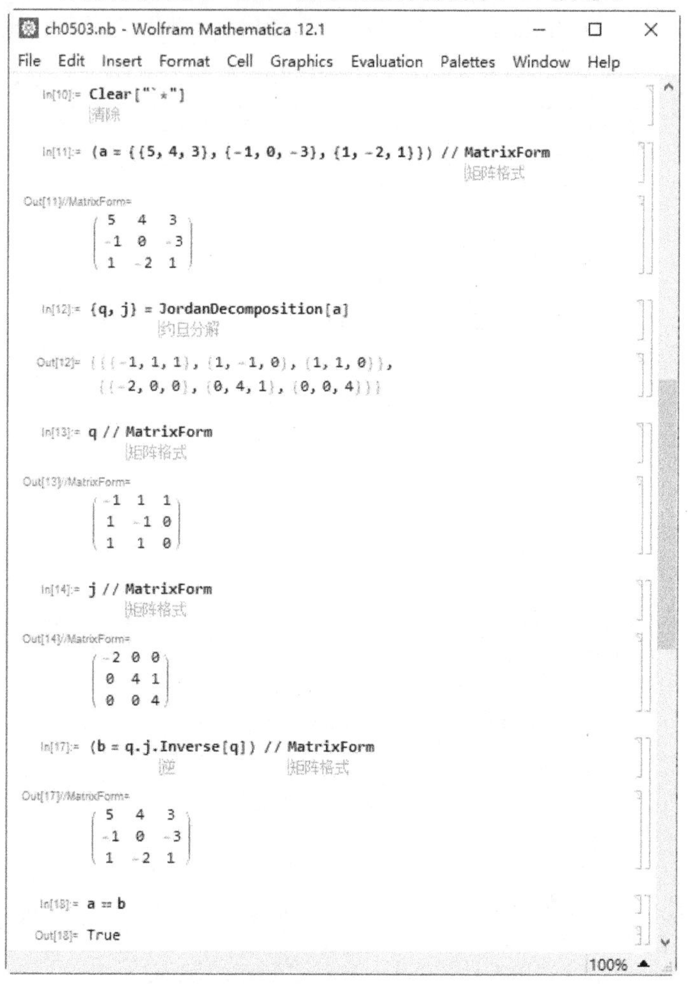

图 5-17　计算矩阵的 Jordan 标准型实例

在图 5-17 中，“In[10]”调用“Clear["`*"]”清除已创建的全局变量的值；“In[11]”输入矩阵 a，如“Out[11]”所示；“In[12]”调用函数 JordanDecomposition 分解矩阵 a 得到矩阵 q 和 j，如“Out[12]”所示，其中，q 是“Out[12]”的第一个元素，j 是“Out[12]”的第二个元素。“In[13]”用矩阵形式显示 q，如“Out[13]”所示；“In[14]”用矩阵形式显示 j，如“Out[14]”所示。“In[17]”和“In[18]”验证了 Jordan 分解的正确性，其中，“In[17]”计算了 q、j 和 q 的逆阵的积，保存在变量 b 中，如“Out[17]”所示；“In[18]”判断 a 是否等于 b，返回 True，如“Out[18]”所示，表明矩阵 a 的 Jordan 分解正确。

事实上，函数 JordanDecomposition 可以执行矩阵的对角化操作，如图 5-18 所示。

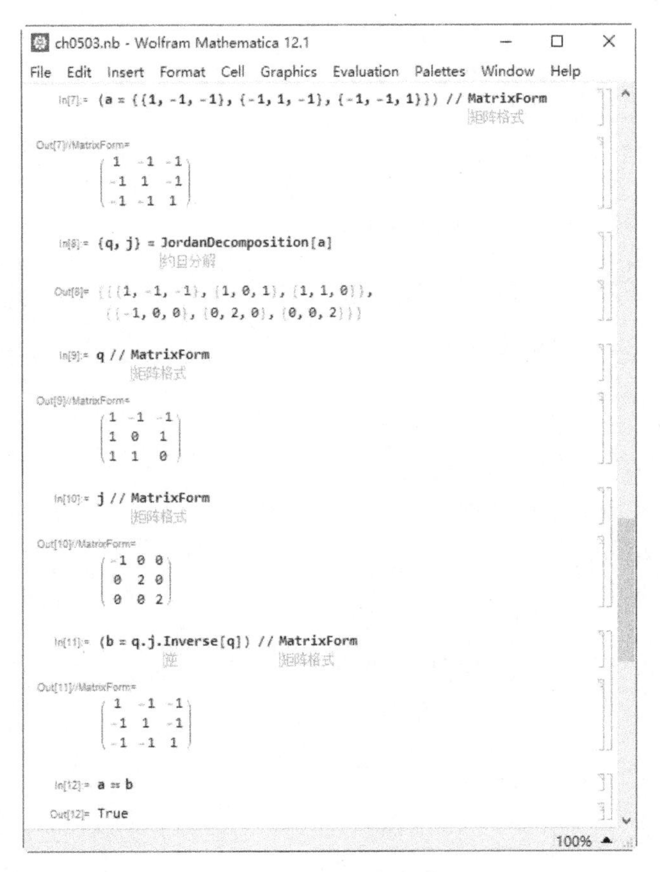

图 5-18　矩阵 a 的特征值与特征向量

对比图 5-16 可知，在图 5-18 中的矩阵 a 是可以对角化的(这里的 a 与图 5-16 中的 a 相同)。在图 5-18 中，“In[8]” 调用 JordanDecomposition 函数分解 a，得到 q 和 j，如“Out[8]”所示。这里的 q 矩阵为可逆矩阵，如“Out[9]”所示；而 j 矩阵为对角阵，如“Out[10]”所示。并且，由“In[11]”和“In[12]”可知，q、j 和 q 的逆阵的积为 a。对比图 5-16 可知，这里的 q 阵的每列均为特征向量，而 j 阵的主对角线元素为其对应的特征值，即函数 JordanDecomposition 实现了矩阵的对角化分解。

本章小结

本章介绍了 Mathematica 在线性代数中的应用，包括向量与矩阵的构造方法、标量与向量的运算、矩阵运算、矩阵变换、求解线性方程组和矩阵特征值与特征向量等方面的内容。针对每一种矩阵运算，Mathematica 提供了大量的内置函数，本章讨论了常用的一些函数，并给出了其典型用法实例。Mathematica 具有强大的符号运算能力，支持基于符号元素的矩阵运算，并可用于证明一些矩阵定理。线性代数和矩阵理论发展迅速，Mathematica 可以帮助学生快速体验和掌握新的理论方法，并可帮助学生在矩阵理论方面做出创新性研究。

习题

1. 构造 6 阶三对角矩阵，其主对角线上的元素由前六个质数构成，与主对角线相邻的元素都是 4，其余元素为 0。

2. 证明两个三维向量的叉积垂直于这两个向量。

3. 令 $\boldsymbol{x}$={1,2,3,4,5}，计算 $\boldsymbol{x}^{\mathrm{T}}\boldsymbol{x}$ 与 $\boldsymbol{x}\boldsymbol{x}^{\mathrm{T}}$。提示：用外积 Outer[Times, x, x] 计算 $\boldsymbol{x}^{\mathrm{T}}\boldsymbol{x}$。

4. 构造一个基于随机数的 5 阶上三角矩阵，证明这个矩阵的行列式等于其主对角线上元素的乘积。

5. 构造一个基于随机数的 5 阶方阵 $\boldsymbol{A}$，再构造一个基于随机数的 5 维向量 $\boldsymbol{b}$，利用 LinearSolve 函数求解线性方程组 $\boldsymbol{A}\boldsymbol{x}=\boldsymbol{b}$，并验证解的正确性。

6. 求解下述线性方程组：

$$\begin{cases} w+2x+3y+3z=9 \\ 3w+4x+4y+5z=16 \\ 2w+2x+y+2z=7 \\ 4w+6x+7y+8z=25 \end{cases}$$

7. 构造一个 5 阶方阵，其特征值依次为−2，−1，0，1，2，相应的特征向量分别为{1,1,0,0,0}，{0,1,1,0,0}，{0,0,1,1,0}，{0,0,0,1,1}和{1,0,0,0,1}。

第6章　Mathematica概率计算

本章介绍 Mathematica 在概率论方面的应用，主要包括概率密度函数、分布函数、随机变量数字特征、概率计算、参数估计、分布检验和回归分析等。概率论是重要的基础数学理论，广泛应用于工程科学和经济学中，也是量子计算的基础数学理论之一。Mathematica 集成了现有概率论与数理统计方面的全部算法实现函数，帮助读者快速掌握概率论的基础理论，并可为读者在实际工程中应用概率论奠定算法基础。

6.1　概率分布

概率是对随机事件发生可能性的量度。对于连续型随机变量，概率密度函数为描述随机变量在某个点附近取值的可能性的函数，随机变量的值落在某个区间内的概率为其概率密度函数在该区间上的积分。对于离散型随机变量，概率分布直接考察随机变量在离散点上的概率。

在 Mathematica 中，使用 PDF 函数(概率密度函数)表征随机变量的概率分布情况，PDF 函数的基本语法为：

(1) **PDF[概率分布, 随机变量 *x*]** 得到关于 x 的“概率分布”密度函数；

(2) **PDF[概率分布, {x_1, x_2, …}]** 得到联合“概率分布”密度函数。

这里以正态分布和泊松分布为例，介绍概率密度函数的形态。其中，正态分布的 PDF 函数如图 6-1 所示，泊松分布的 PDF 函数如图 6-2 所示。

在图 6-1 中，“In[1]”得到标准正态分布的概率密度函数，如“Out[1]”所示；然后，“In[2]”绘制了该函数的图形，如“Out[2]”所示。由图 6-1 可知，正态分布的概率密度函数是典型的钟形曲线，曲线关于 y 轴对称，向 x 轴的两侧快速衰减。正态分布又称高斯分布，是最重要的概率密度分布类型。

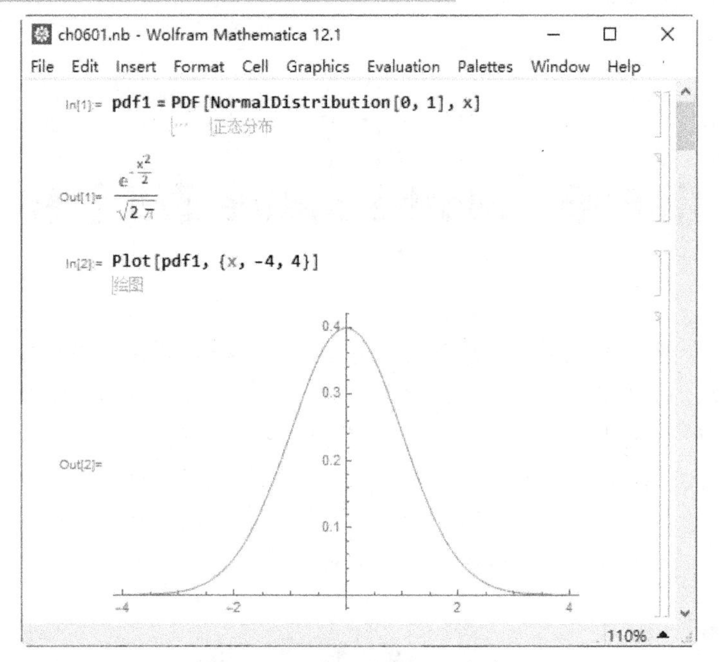

图 6-1　正态分布的 PDF 函数

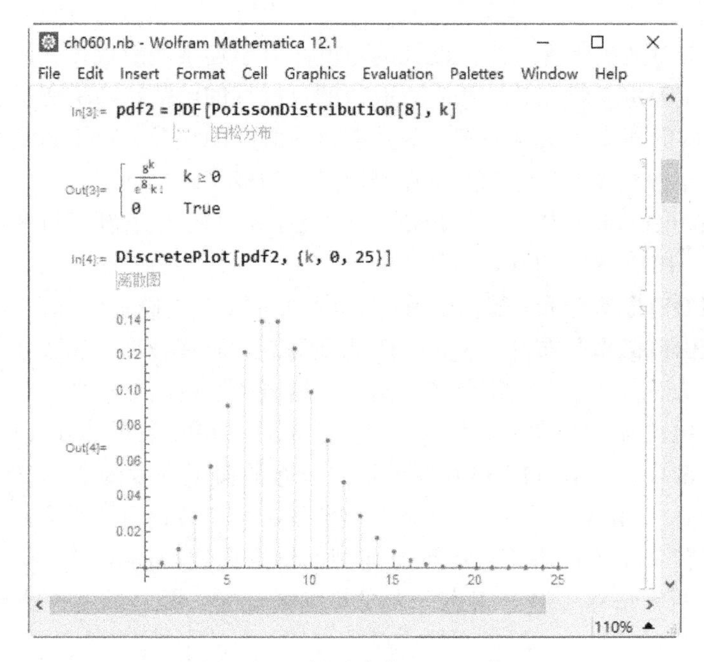

图 6-2　泊松分布的 PDF 函数

在图 6-2 中，“In[3]”得到了均值为 8 的泊松分布的概率密度函数，如“Out[3]”所示；然后，“In[4]”绘制了其函数图形，如“Out[4]”所示。从泊松分布的概率密度函数中可显式获得其随机变量的均值，泊松分布在排队论中有广泛的应用。

在 Mathematica 中，常用的概率分布函数及其基本语法如下：

(1) 正态分布(或称高斯分布)：

NormalDistribution[均值, 标准差] 产生一个指定“均值”和“标准差”的正态分布。

(2) 多元正态分布：

MultinormalDistribution[均值向量, 协方差矩阵] 产生一个指定“均值向量”和“协方差矩阵”的多元正态分布。

(3) 二元正态分布：

BinormalDistribution[{μ_1, μ_2}, {σ_1, σ_2}, ρ] 产生一个均值为$\{\mu_1, \mu_2\}$、协方差矩阵为$\{\{\sigma_1^2, \rho\sigma_1\sigma_2\}\{\rho\sigma_1\sigma_2, \sigma_2^2\}\}$的二元正态分布。

(4) 伯努利分布：

BernoulliDistribution[p] 产生伯努利分布，其中 $x = 1$ 的概率为 p，$x = 0$ 的概率为 $1 - p$。

(5) 二项分布：

BinomialDistribution[n, p] 生成二项分布，其中，实验总次数为 n，每次实验成功的概率为 p，失败的概率为 $1 - p$。

(6) 泊松分布：

PoissonDistribution[均值] 生成一个指定“均值”的泊松分布。

(7) 指数分布：

ExponentialDistribution[λ] 生成一个参数为 λ 的指数分布。

(8) 均匀分布：

UniformDistribution[{min, max}] 生成一个在区间[min, max]上随机均匀取值的连续均匀分布。

其中，指数分布(参数设为5)的概率密度函数和均匀分布(参数设为{0, 4})的概率密度函数如图 6-3 所示。

在图 6-3 中，“In[5]”计算了参数为 5 的指数分布的概率密度函数，如“Out[5]”所示；“In[8]”绘制了该指数分布的概率密度函数的图形，如“Out[8]”所示。“In[9]”计算了参数为{0, 4}的均匀分布的概率密度函数，如“Out[9]”所示；“In[10]”绘制了该均匀分布的概率密度函数的图形，如“Out[10]”所示。

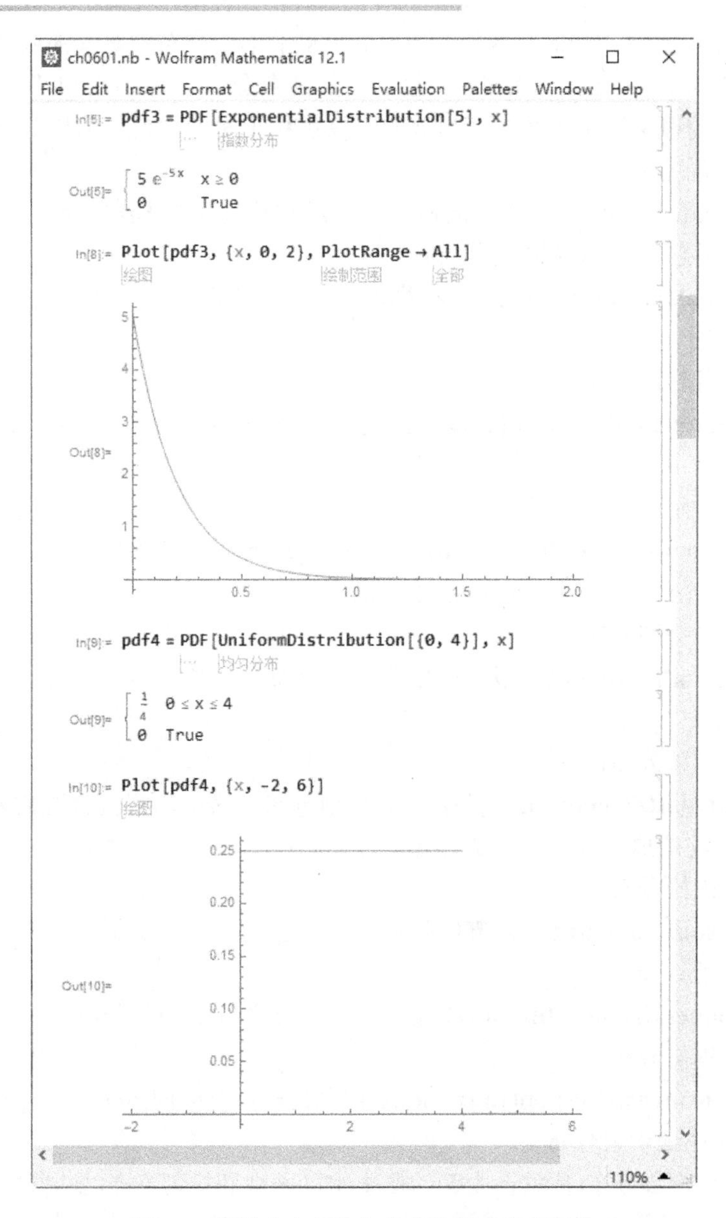

图 6-3 指数分布和均匀分布的概率密度函数

在 Mathematica 中，计算随机变量的概率分布函数使用 CDF 函数，其语法为：

CDF[概率分布，随机变量]

下面以指数分布和均匀分布为例，介绍 CDF 函数的典型用法。

指数分布(参数为 5)的概率分布函数如图 6-4 所示。

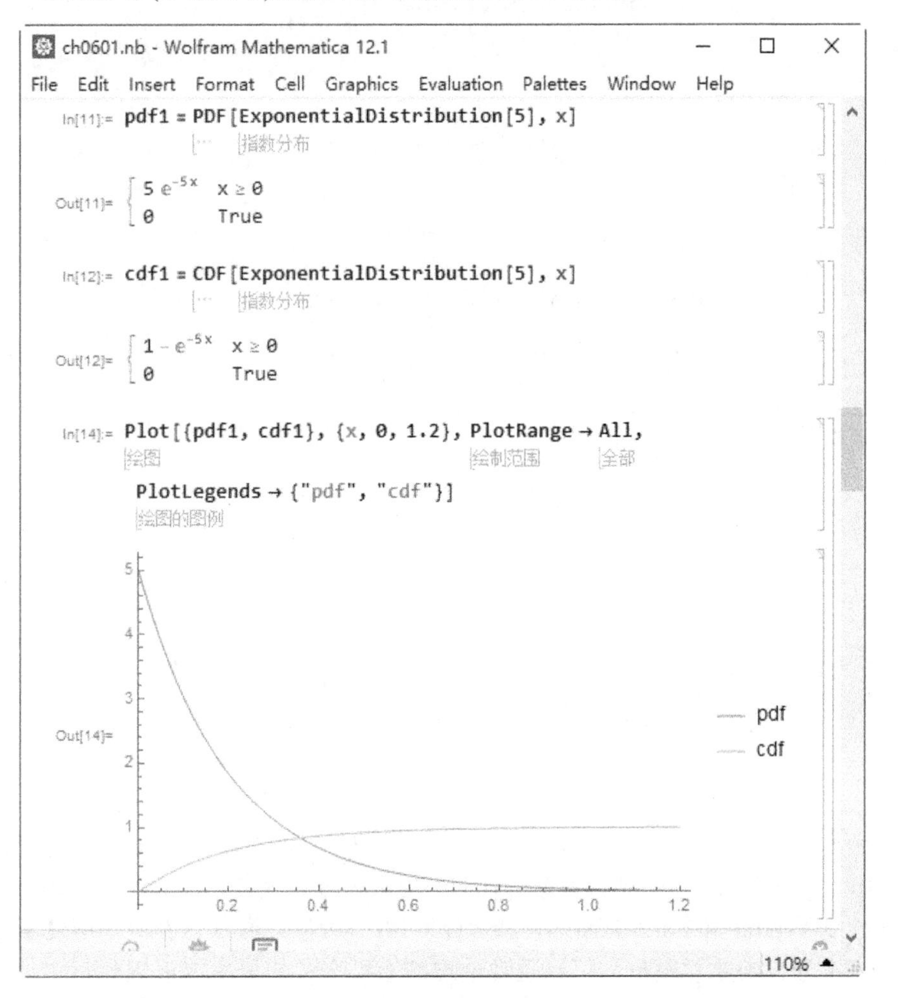

图 6-4 指数分布(参数为 5)的概率分布函数

在图 6-4 中，绘制了指数分布(参数为 5)的概率密度函数和概率分布函数。“In[11]”得到了参数为 5 的指数分布的概率密度函数 pdf1，“In[12]”得到了参数为 5 的指数分布的累积分布函数 cdf1；然后，“In[14]”中绘制了 pdf1 和 cdf1 的图形，如“Out[14]”所示。对于连续型随机变量，累积分布函数上的每个点 x 的值表示概率 $P(X \leqslant x)$，这里 X 表示随机变量。

均匀分布(参数为{0, 4})的概率分布函数如图 6-5 所示。

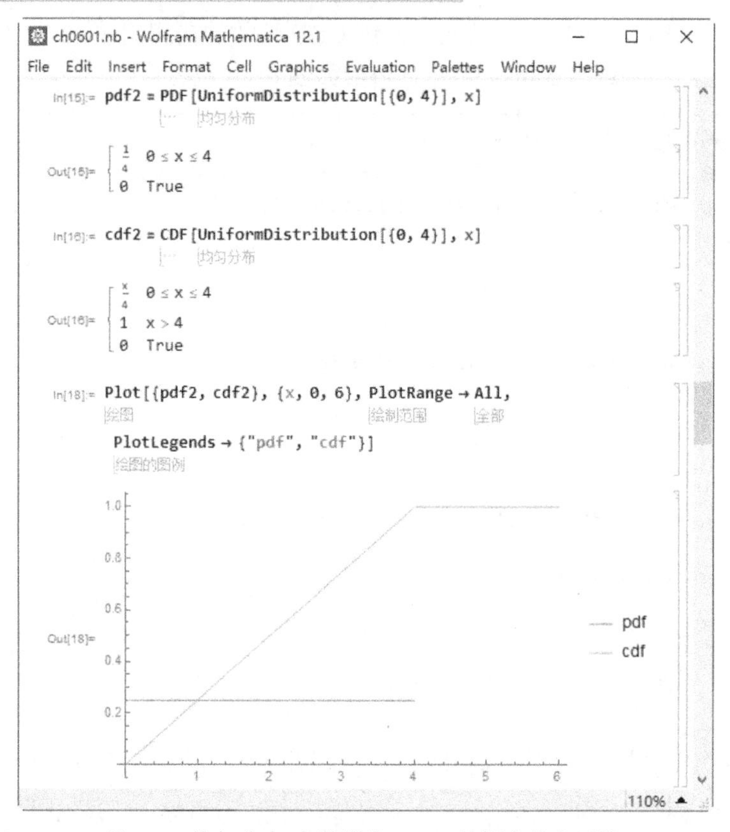

图 6-5 均匀分布(参数设为{0, 4})的概率分布函数

在图 6-5 中，绘制了均匀分布(参数设为{0, 4})的概率密度函数和概率分布函数。“In[15]”得到了均匀分布(参数为{0, 4})的概率密度函数 pdf2，“In[16]”得到了均匀分布(参数为{0, 4})的累积分布函数 cdf2；然后，“In[18]”中绘制了 pdf2 和 cdf2 的图形，如“Out[18]”所示。通过查看概率密度函数和概率分布函数的图形，可以直观地理解随机变量的概率取值规律。

6.2 随机变量数字特征

给定随机变量的概率分布，可计算服从该分布的随机变量数字特征，一些常用的随机变量数字特征包括：

(1) 均值。函数如下：

Mean[概率分布] 返回服从“概率分布”的随机变量的平均值。

(2) 方差。函数如下：

Variance[概率分布] 返回服从“概率分布”的随机变量的方差。

(3) 标准差。函数如下：

StandardDeviation[概率分布] 返回服从“概率分布”的随机变量的标准差。

上述计算随机变量的均值、方差和标准差的方法的典型实例如图 6-6 所示。

图 6-6　计算均值、方差与标准差的典型实例

在图 6-6 中，“In[22]”为均值为 5 的泊松分布；“In[23]”为参数为 5 的指数分布；“In[24]”和“In[25]”分别计算这两个分布的均值，其结果如“Out[24]”和“Out[25]”所示；“In[26]”和“In[27]”分别计算这两个分布的方差，其结果如“Out[26]”和“Out[27]”所示；“In[28]”和“In[29]”分别计算这两个分布的标准差，其结果如“Out[28]”和“Out[29]”所示。

除了均值、方差和标准差外，常用的随机变量特征量还有：

(1) 中位数。函数如下：

Median[概率分布] 返回服从“概率分布”的随机变量的中位数 m，满足 $P(X\leqslant m) = 1/2$。

(2) 期望值。函数如下：

Expectation[含随机变量 x 的表达式，x 服从的概率分布] 计算当 x 服从某一“概率分布”时，“含随机变量 x 的表达式”的期望值。如果“表达式”中含有多个随机变量，要求这些随机变量是相互独立的。

计算中位数与期望值的典型实例如图 6-7 所示。

图 6-7 计算中位数与期望值的典型实例

在图 6-7 中，“po”和“ex”分别为图 6-6 中均值为 5 的泊松分布和参数为 5 的指数分布。“In[30]”和“In[31]”分别计算 po 和 ex 的中位数，其结果如“Out[30]”和“Out[31]”所示；“In[38]”计算 x 服从均值为 5 的泊松分布时 x^2+1 的期望值，如“Out[38]”所示；“In[39]”计算 x 服从参数为 5 的指数分布时 x^2+1 的期望值，如“Out[39]”所示。在“In[38]”中，“≈”表示变量服从某个概率分布的符号，其输入方式为“Esc 键+dist+Esc 键”。“In[40]”计算在 0～10 上均匀分布的随机变量的中位数，其结果如“Out[40]”所示；“In[41]”计算

当 x 满足 0～10 上的均匀分布时 x^2+1 的期望值，其结果如“Out[41]”所示。

6.3 事件概率

已知随机变量的概率分布时，可计算随机事件在各种情况下可能发生的概率。在 Mathematica 软件中，使用函数 Probability，其典型语法为“**Probability[含随机变量 *x* 的谓词, *x* ≈ 概率分布]**”，当有多个随机变量时，要求各个随机变量相互独立。如果这些随机变量同分布，可记为{x_1, x_2, …} ≈ “概率分布”；如果这些随机变量分布不同，记为{x_1 ≈ 概率分布 1，x_2 ≈ 概率分布 2，…}。

计算事件概率的典型实例如图 6-8 所示。

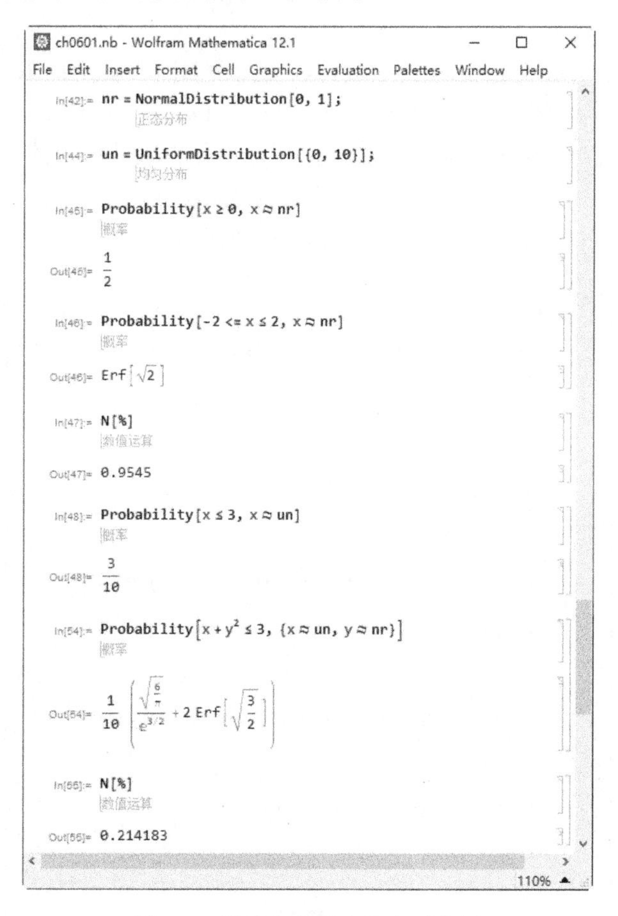

图 6-8 计算事件概率的典型实例

在图 6-8 中，“In[42]”和“In[44]”分别定义了标准正态分布和 0 至 10 上的均匀分布。“In[45]”计算当 x 服从标准正态分布时的概率 $P(x\geqslant0)$，其结果如“Out[45]”所示；“In[46]”计算 $P(-2\leqslant x\leqslant2)$，其结果如“Out[46]”所示，其中 Erf 为误差函数；“In[47]”计算“Out[46]”的近似值，如“Out[47]”所示。“In[48]”计算当随机变量 x 服从 0 至 10 上的均匀分布时的概率 $P(x\leqslant 3)$，如“Out[48]”所示。“In[54]”计算当随机变量 x 服从标准正态分布且 y 服从 0 至 10 上的均匀分布时的概率 $P(x+y^2\leqslant3)$，其结果如“Out[54]”所示；“In[55]”计算得到“Out[54]”的近似值，结果如“Out[55]”所示。

6.4 分布参数估计

在 Mathematica 中，给定一组数据，借助于 DistributionFitTest 函数检验这组数据是否服从某一概率分布，DistributionFitTest 函数的基本语法为：**DistributionFitTest[数据, 概率分布]**，测试数据是否服从指定的“概率分布”，返回一个 p 值，当 p 值大于 0.05 时，认为测试数据集服从指定的“概率分布”。

DistributionFitTest 函数的典型用法实例如图 6-9 所示。

图 6-9 DistributionFitTest 函数的典型用法实例

在图 6-9 中，“In[75]”使用 RandomVariate 函数生成一个长度为 100 的序列 dat1，序列元素取样自均值为 1 且标准差为 2 的正态分布 N(1,2)；“In[76]”调用函数 DistributionFitTest 检验 dat1 是否服从 N(1,2)，返回值为 0.553925>0.05，即可以认为 dat1 服从分布 N(1,2)；而“In[78]”的计算结果(如“Out[78]”所示)远小于 0.05，表明 dat1 不可能服从均匀分布。“In[83]”生成一个长度为 1000 的序列 dat2，序列元素取样自−2 至 2 的均匀分布，“In[84]”“In[85]”和“In[86]”验证 dat2 的分布，只有“Out[85]”的计算结果大于 0.05，故可以认为 dat2 服从−2 至 2 的均匀分布。

工程中获得的数据往往由经验可推知其概率分布类型，这时可以使用函数 EstimatedDistribution 估计分布的参数，该函数的典型语法为：**EstimatedDistribution[测试数据, 带未知参数的分布]**，其实例如图 6-10 所示。

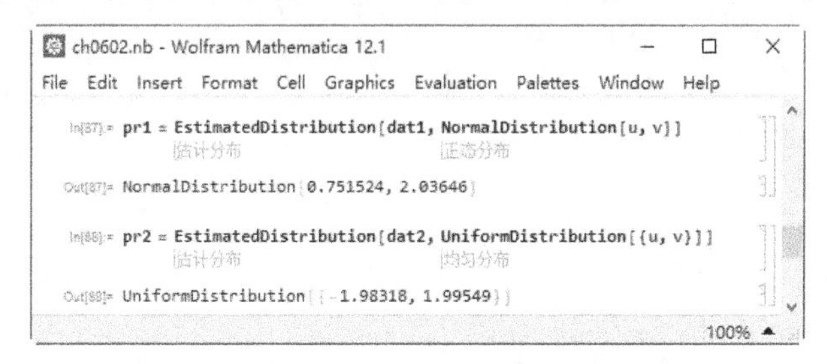

图 6-10　函数 EstimatedDistribution 典型实例

在图 6-10 中，dat1 和 dat2 为图 6-9 中的 dat1 和 dat2。“In[87]”估计 dat1 的正态分布的均值和标准差，其结果如“Out[87]”所示；“In[88]”估计 dat2 的均匀分布的左、右边界点的值，其结果如“Out[88]”所示。

6.5　线性回归分析

已知一组数据(二维嵌套列表的形式)，寻找这组数据中存在的线性关系，可以借助于线性回归分析方法实现。在 Mathematica 中，线性回归分析函数为 LinearModelFit，其基本语法为：**LinearModelFit[{{x_{11}, x_{12}, …, x_{1n}, y_1},{x_{21}, x_{22}, …, x_{2n}, y_2}, …}, {f_1, f_2, …, f_n}, {x_1, x_2, …, x_n}]**，表示建立回归模型 $y = a_0 + a_1f_1(x_1) + a_2f_2(x_2) + \cdots + a_nf_n(x_n)$。

对于一元线性回归而言，其典型实例如图 6-11 所示。

在图 6-11 中，“In[103]”引入一组数据 dat，“In[104]”做 $y=a_0+a_1x$ 线性回归分析，得到系数 a_0=2.84624，a_1= 0.93488，如“Out[104]”所示；“In[105]”

将回归分析结果转化为多项式的形式，得到 y = 2.84624 + 0.93488x，如"Out[105]"所示；"In[106]"绘制 dat 的散点图 g1，"In[107]"绘制回归线 g2，"In[108]"将 g1 和 g2 放在一起显示，如"Out[108]"所示。由"Out[108]"所示的图形可知，回归线的拟合程度较好。

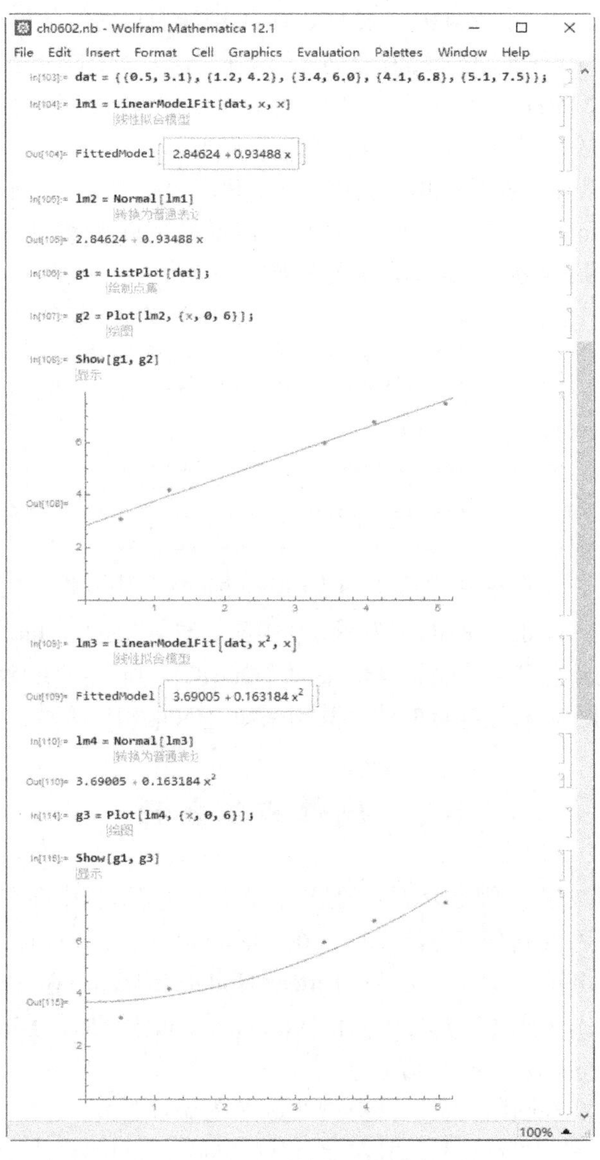

图 6-11 一元线性回归实例

然后，“In[109]” 做 $y = a_0 + a_1x^2$ 回归分析，得到系数 $a_0 = 3.69005$，$a_1 = 0.163184$，如 “Out[109]” 所示；“In[110]” 将回归函数转化为多项式的形式，得到 $y = 3.69005 + 0.163184\,x^2$，如 “Out[110]” 所示；“In[114]” 绘制回归线 g3，“In[115]” 将回归线 g3 与图形 g1 绘制在一起显示，如 “Out[115]” 所示。由 “Out[115]” 可直观地看出，回归线的拟合程度较好。

对于多元线性回归而言，其典型实例如图 6-12 所示。

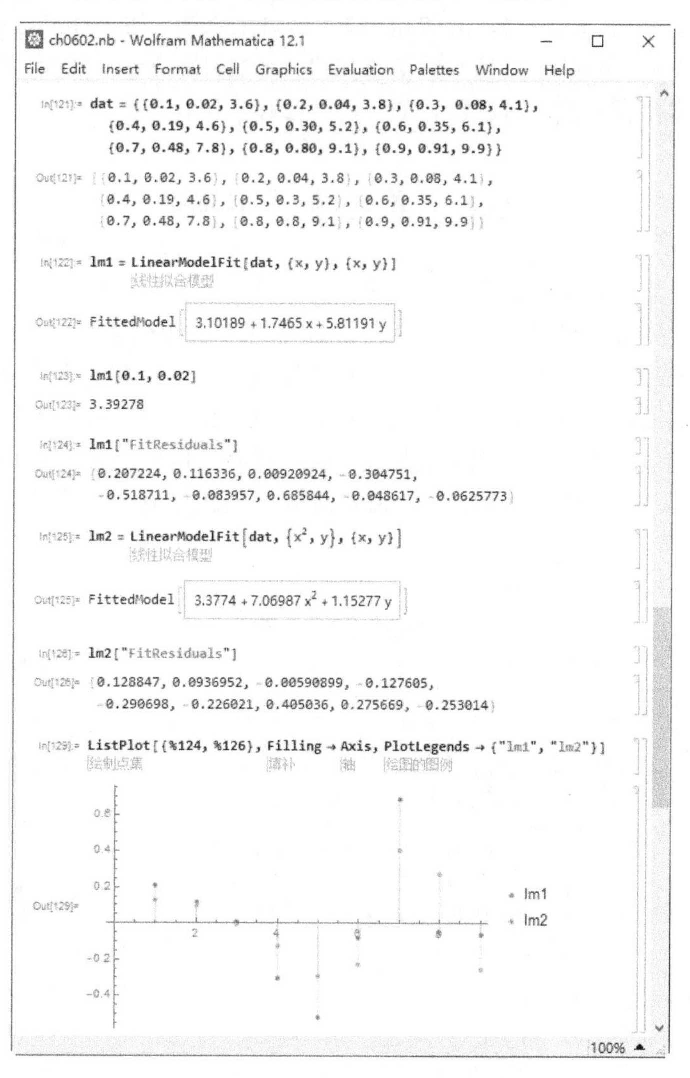

图 6-12　多元线性回归实例

在图 6-12 中，“In[121]”输入一组数据 dat，如“Out[121]”所示；“In[122]”做 $y=a_0+a_1x+a_2y$ 线性回归分析，得到回归系数 a_0=3.10189，a_1=1.7465，a_1=5.81191，如“Out[122]”所示；“In[123]”计算在点(0.1,0.02)处的回归线的值，其结果如“Out[123]”所示。

“In[124]”获得回归残差值，即真实数据与回归线相应点处的值的差值，其结果如“Out[124]”所示。“In[125]”做 $y=a_0+a_1x^2+a_2y$ 线性回归分析，得到回归系数为 a_0=3.3774，a_1=7.06987，a_1=1.15277，如“Out[125]”所示；“In[126]”获得回归残差值，其结果如“Out[216]”所示；然后，“In[129]”绘制了两次拟合的残差对比图，如“Out[129]”所示。

6.6 蒙特卡罗实验

蒙特卡罗实验基于概率统计理论，使用计算机模拟生成各种概率分布的伪随机数作为数学模型的输入，从而求得模型的近似解或统计量。随着计算机技术的发展，蒙特卡罗实验已成为现代测试技术中重要的实验手段。

最早的蒙特卡罗实验是计算圆周率 π 的概率论方法，设一个边长为 2 的正方形和它的内切单位圆面积之比为 π/4，若随机地向该正方形内投入大量的“针”(设共 n 个)，则位于单位圆内部的针的数量 m 与总的针数量 n 之比 m/n 应为 π/4。

用 Mathematica 实现圆周率 π 的计算方法如图 6-13 所示。其中，函数 RandomVariate 的语法为：**RandomVariate[概率分布, *n*]**，用于产生 n 个满足指定“概率分布”的随机变量；函数 Norm 的语法为：**Norm[向量]**，给出指定“向量”的模；If 函数的用法请参考 7.2.1 小节。

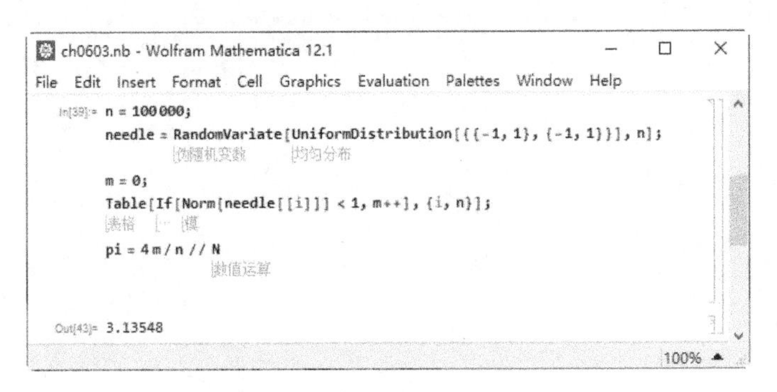

图 6-13 计算圆周率 π

在图6-13中，输入n的值 为100000；然后，调用RandomVariate函数生成满足二元均匀分布的n个点，这里的UniformDistribution[{{-1,1},{-1,1}}]为区域{{-1,1}, {-1, 1}}内的二元均匀分布。接着，令m为0；借助于Table函数，局部变量i的范围为1至n，当点needle[[i]]的长度(模)小于1时，认为该点落在单位圆内部，则m自增1，从而m为落入单位圆内部的点的数量。最后，圆周率π的值pi = 4m/n，计算结果如“Out[43]”所示，为3.13548。

通过上述实例可知，蒙特卡罗实验的特点在于需要大量的伪随机数。上述计算圆周率π的实例中，生成了100000个点，即100000对伪随机数，但是计算结果与理论值(3.14159)间的误差仍然比较大。

下面考虑一种“公平”的赌输赢问题：

设庄家有币 $a = 100000$，玩家有币 $b = 1000$，通过掷骰子赌输赢。骰子有6个面，依次刻有1至6个点。每次掷骰子将得到1至6间的数字点数。设玩家总是赌大，即点数为4、5或6时，玩家赢；庄家总是赌小，即点数为1、2或3时，庄家赢。假设比赛是公平的，即每次掷骰子得到的点数不受人为控制。设每局赌注均为 m=10个币，即赢了得10个币，输了失10个币。设一共赌 n=500局。

在Mathematic中模拟上述“公平”的赌输赢问题，如图6-14所示，dealer表示庄家，player表示玩家，由结果可见，玩家是必输的。

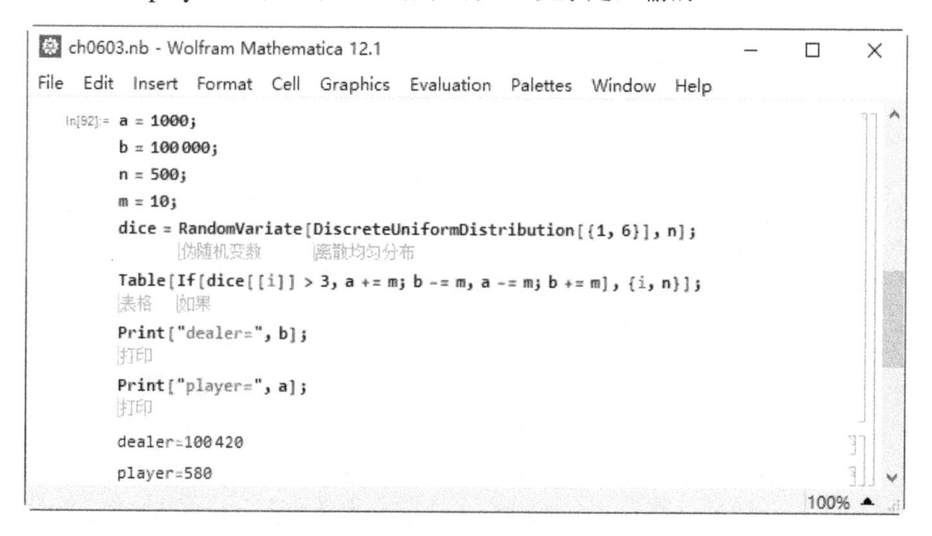

图6-14 赌输赢问题

在图6-14中，a=1000表示玩家的持币数量，b=100000表示庄家的持币数量，n=500 表示赌局的次数；m=10 表示每局输赢的币数；dice 保存随机生成的 n 个 1～6 间的随机整数。这里的 DiscreteUniformDistribution[{min, max}]表示生成整数 min 至整数 max 间的随机整数。在 Table 函数中，统计 dice 列表中各个元素是否大于 3，大于 3 时，玩家得 10 个币，庄家少 10 个币；否则，玩家少 10 个币，庄家得 10 个币。最后，打印庄家 dealer 的币数和玩家 player 的币数。

重复 6-14 所示的实验，发现即使公平情况下的赌输赢，玩家也是必输的。

在公钥密码 RSA 中，大素数是安全的首要保证。实际上，寻找大的素数是非常困难的事情，常用 Miller-Rabin 概率方法测试一个数是否可能为素数，该方法基于如下的定理(摘自 C. Paar 和 J. Pelzl 的《深入浅出密码学》)：

定理　给定一个数 p，将其分解为

$$p - 1 = 2^u r \tag{6.1}$$

其中，r 为奇数。若能找到一个整数 $a \in \{2, 3, \cdots, p-2\}$，使得

$$a^r \neq 1 \bmod p，且 a^{r2^j} \neq p - 1 \bmod p \tag{6.2}$$

对所有的 $j = \{0, 1, 2, \cdots, u-1\}$都成立，则 p 为一个合数；否则，p 可能为素数。

Mathematica 中集成了 PrimeQ 函数，用于判定一个数是否为素数，如图 6-15 所示。

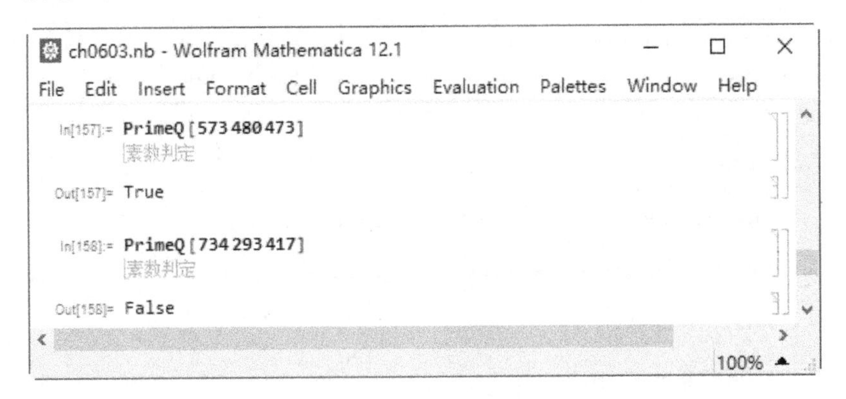

图 6-15　素数判定函数

由图 6-15 可知，734 293 417 为一个合数(如“In[158]”和“Out[158]”所示)，而 573 480 473 为一个素数(如“In[157]”和“Out[157]”所示)。下面使用 Miller-Rabin 方法测试这两个数的素性，如图 6-16 和图 6-17 所示。

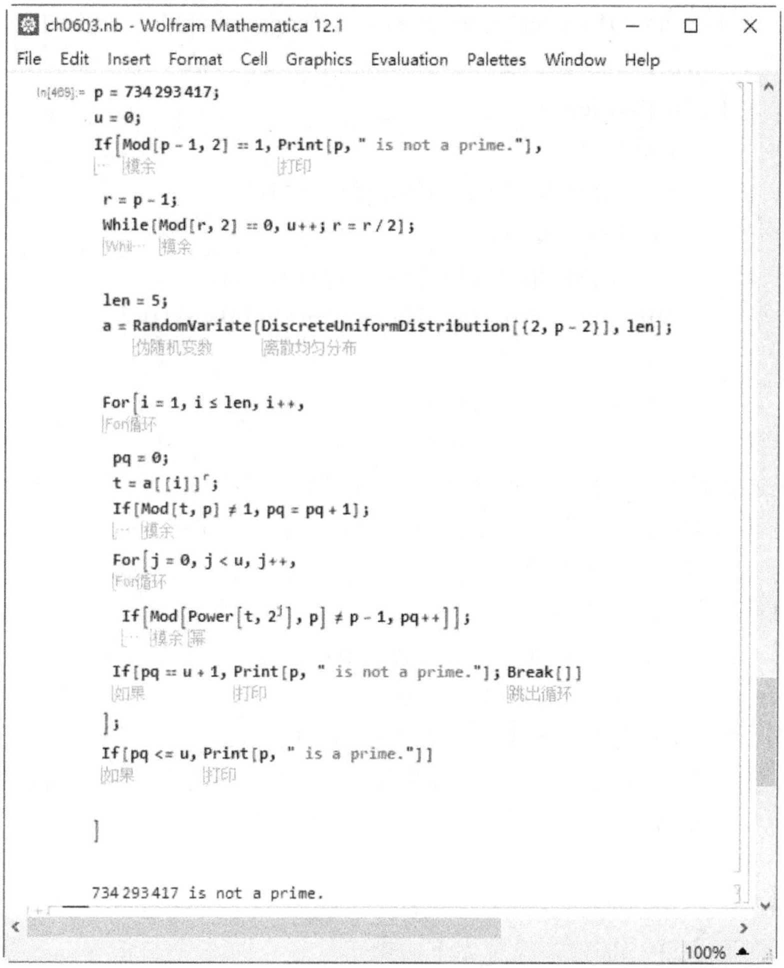

```
ch0603.nb - Wolfram Mathematica 12.1
File  Edit  Insert  Format  Cell  Graphics  Evaluation  Palettes  Window  Help

In[469]:= p = 734293417;
          u = 0;
          If[Mod[p - 1, 2] == 1, Print[p, " is not a prime."],
            r = p - 1;
            While[Mod[r, 2] == 0, u++; r = r / 2];

            len = 5;
            a = RandomVariate[DiscreteUniformDistribution[{2, p - 2}], len];

            For[i = 1, i ≤ len, i++,
             pq = 0;
             t = a[[i]]^r;
             If[Mod[t, p] ≠ 1, pq = pq + 1];
             For[j = 0, j < u, j++,
              If[Mod[Power[t, 2^j], p] ≠ p - 1, pq++]];
             If[pq == u + 1, Print[p, " is not a prime."]; Break[]]
            ];
            If[pq <= u, Print[p, " is a prime."]]

          ]

          734293417 is not a prime.
                                                              100%
```

图 6-16　大数 734 293 417 的素性判定

图 6-16 中的代码如下所示：

```
1    p=573480473;
2    u=0;
3    If[Mod[p-1,2]==1,Print[p," is not a prime."],
4        r=p-1;
5        While[Mod[r,2]==0,u++;r=r/2];
6
7        len=5;
```

```
8        a=RandomVariate[DiscreteUniformDistribution[{2,p-2}],len];
9
10       For[i=1,i<=len,i++,
11           pq=0;
12           t=a[[i]]^r; If[Mod[t,p]!=1,pq=pq+1];
13           For[j=0,j<u,j++,
14               If[Mod[Power[t,2^j],p]!=p-1,pq++]];
15           If[pq==u+1,Print[p, " is not a prime."];Break[]]
16         ];
17       If[pq<=u,Print[p, " is a prime."]]
18    ]
```

上述代码中，第 1 行将 p 设为大数 734 293 417；第 2 行给变量 u 赋值 0。第 3 行至第 18 行为一条 If 语句。第 3 行判断 p−1 除以 2 的余数是否为 1，如果为 1，表明 p−1 为奇数，即 p 为偶数，所以，输出 p 不是一个素数；否则，执行第 4 行至第 17 行。

第 4 行中令 r 等于 p−1；第 5 行循环执行 r=r/2，直到 r 为奇数。这里计算得到的 r 和 u 即为式(6.1)中的 r 和 u。

第 7 行令 len 为 5，len 表示随机从{2, 3, …, p−2}中取到的 a 的个数，len 称为安全参数，len 的值越大，计算量越大，判定结果越接近真实情况。第 8 行调用 RandomVariate 函数生成 2 至 p−2 间均匀分布的整数序列，序列长度为 len，即序列包含 len 个整数。

第 10 行至第 16 行为 For 循环语句。变量 i 从 1 循环递增至 len，每次循环中针对一个 a[[i]]的值，执行如下的操作：

(1) 第 11 行 pq 赋为 0；

(2) 第 12 行计算 t，t 等于 a[[i]]的 r 次幂，并判断 t 除以 p 的余数是否为 1，如果不为 1，则 pq 自增 1；

(3) 第 13 行至第 14 行为一个 For 循环语句，执行式(6.2)的算法。第 13 行循环变量 j 从 0 递增到 u − 1；针对每一个 j，第 14 行判断 t 的 2^j 次幂除以 p 的余数是否为 p−1，如果不为 p − 1，则 pq 自增 1。

(4) 第 15 行，判断 pq 的值是否为 u+1，如果 pq 等于 u+1，则打印 p 不是素数，并调用 Break 函数终止程序。

第 17 行，判断 pq 的值是否小于等于 u，如果 pq 小于等于 u，则打印 p 是一个素数。

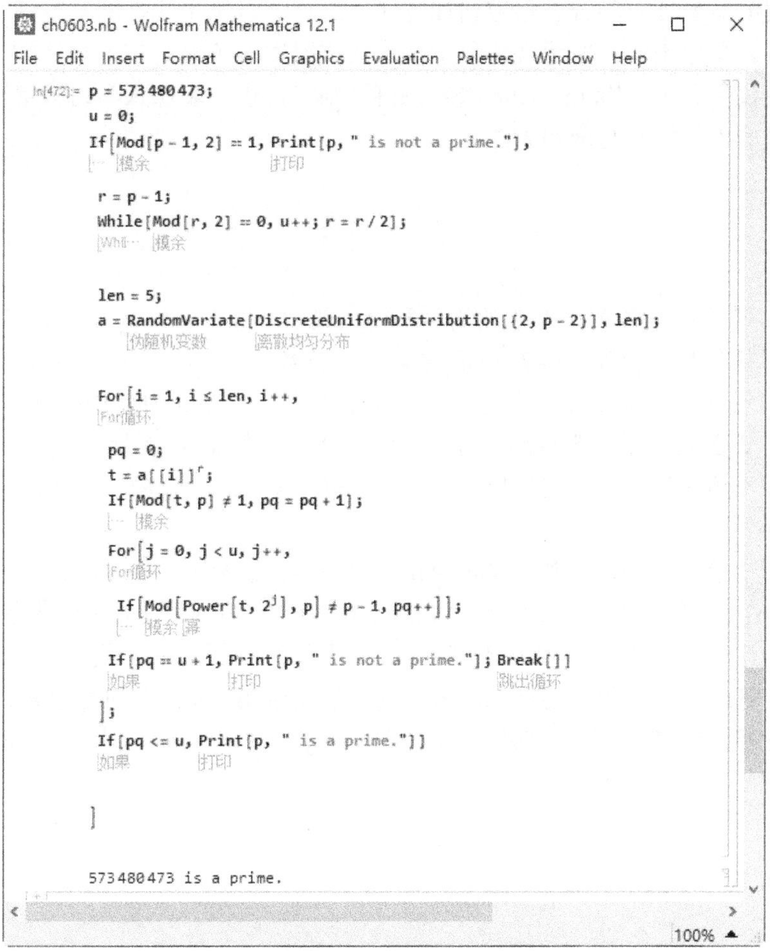

```
ch0603.nb - Wolfram Mathematica 12.1
File Edit Insert Format Cell Graphics Evaluation Palettes Window Help
In[472]:= p = 573480473;
      u = 0;
      If[Mod[p - 1, 2] == 1, Print[p, " is not a prime."],
       r = p - 1;
       While[Mod[r, 2] == 0, u++; r = r / 2];

       len = 5;
       a = RandomVariate[DiscreteUniformDistribution[{2, p - 2}], len];

       For[i = 1, i ≤ len, i++,
        pq = 0;
        t = a[[i]]^r;
        If[Mod[t, p] ≠ 1, pq = pq + 1];
        For[j = 0, j < u, j++,
         If[Mod[Power[t, 2^j], p] ≠ p - 1, pq++]];
        If[pq == u + 1, Print[p, " is not a prime."]; Break[]]
       ];
       If[pq <= u, Print[p, " is a prime."]]

      ]

      573480473 is a prime.
```

图 6-17 大数 573 480 473 的素性判定

在图 6-17 中，p 输入大数 573 480 473，执行程序可得到结果“573 480 473 is a prime.”，表示 573 480 473 为一个素数。

本 章 小 结

本章介绍了常用的概率密度函数及其分布函数；然后，基于概率密度函数阐述了随机变量常用数字特征的计算方法，主要包括均值、方差、标准差、期望和中位数等；接着，分析了随机事件的概率计算方法；之后，讨论了测试数据的概率分布和分布参数估计方法；最后，讨论了线性回归方法及其典型实例。概率论已经成为现代科学技术的重要数学工具，在本章的学习基础上，建议借助于“Mathematica 参考资料中心”，进一步深入学习概率论相关的函数的工作原理与应用方法。

习　　题

1. 计算正态分布 $N(1, 2)$的均值和中位数。

2. 计算均匀分布 $U(-2, 12)$的方差和中位数。

3. 设随机变量 x 服从均匀分布 $U(-2,12)$，计算 $2x+1$ 的期望值和方差。

4. 设随机变量 x 服从均匀分布 $U(-2,12)$，计算 x^2+1 的期望值。

5. 设随机变量 x 服从标准正态分布 $N(0,1)$，计算 $P(-1\leqslant x\leqslant 1)$和 $P(x\geqslant 1/2)$。

6. 在图 6-6 中实现 Miller-Rabin 算法的代码中，第 12 行中的代码“t=a[[i]]^r”和第 14 行中的代码“Power[t,2^j]”，由于 r 和 t 是非常大的整数，它们的计算速度非常慢(甚至不可行)，请用“平方-乘算法”实现第 12 行的指数计算代码，并用“逐次求平方”的方法实现第 14 行中的幂运算。(注：“平方-乘算法”请参考文献[7]第 7 章)

第 7 章　Mathematica 程序设计

Mathematica软件平台上用于科学计算的指令和语句统称为Wolfram语言，Wolfram 语言属于高级计算机语言，也是全球顶级的科学计算语言，是物理学等自然科学研究和数学与密码学等信息科学研究的利器。本章将详细介绍使用 Wolfram 语言进行程序设计的方法，主要内容包括函数定义与应用方法、常用程序设计控制语句、模块定义与调用方法和一些程序设计实例。

7.1　函　　数

Wolfram 语言中的函数包括内置函数、包函数和自定义函数三种，其中，内置函数名以大写字母开头，可以直接调用；包函数是指存储在 Wolfram 资源库中的线上函数，使用时需动态地装入函数所在的包文件；自定义函数为用户编写的函数，可用于扩展内置函数的功能。

Wolfram 语言中，函数的调用方法非常灵活，设函数名为 *f*，其参数为 *x*，则基本的调用方法为 *f* [*x*]，即使用中括号将参数括在其中；另一种更简洁的方法为 *f*@*x* 或 *x*//*f*，均等价于 *f* [*x*]。如果多个函数 *f*、*g* 和 *h* 嵌套调用，基本用法为 *f* [*g*[*h*[*x*]]]，也可使用 *f* @*g*@*h*@x 或 *x*//*h*//*g*//*f*。函数调用的另一种常见符号为“/@”，例如，*f* /@*x*，表示函数 *f* 作用于列表 *x* 的每一个元素，因此，*f* /@{1,2,3}等价于{*f* [1], *f* [2], *f* [3]}。

7.1.1　内置函数

Wolfram 语言内置了常用科学计算的相关函数。这里以伪随机数相关的函数为例，介绍内置函数的用法。伪随机数相关的常用函数及其基本用法如表 7-1 所示。

表 7-1 伪随机数相关的常用函数及其基本用法

序号	函数名	基 本 用 法
1	RandomInteger	(1) RandomInteger[]伪随机地产生 0 或 1。 (2) RandomInteger[m]产生一个 0 至 m 间的伪随机整数(含 0 和 m)；参数 m 可以为列表形式{m}。 (3) RandomInteger[{min,max}]产生一个 min 至 max 间的伪随机整数(含 min 和 max)。 (4) RandomInteger[{min,max}, k]产生 k 个 min 至 max 间的伪随机整数(含 min 和 max)，以列表的形式存储；参数 k 可以为列表形式{k}。 (5) RandomInteger[{min,max},{k,p}]产生 $k\times p$ 个 min 至 max 间的伪随机整数(含 min 和 max)，以列表的行式存储，包含 k 个子列表，每个子列表具有 p 个伪随机整数
2	RandomReal	(1) RandomReal[]生成一个 0 至 1 间的伪随机实数。 (2) RandomReal[m]生成一个 0 至 m 间的伪随机实数；参数 m 可以为列表形式{m}。 (3) RandomReal[{min,max}]生成一个 min 至 max 间的伪随机实数。 (4) RandomReal[{min,max},k]生成 k 个 min 至 max 间的伪随机实数，以列表的形式存储；参数 k 可以为列表形式{k}。 (5) RandomReal[{min,max},{k,p}]产生 $k\times p$ 个 min 至 max 间的伪随机实数，以列表的行式存储，包含 k 个子列表，每个子列表具有 p 个伪随机实数
3	RandomComplex	(1) RandomComplex[]生成一个伪随机复数，其实部和虚部均为 0 至 1 间的伪随机实数。 (2) RandomComplex[$a + b$ I]生成一个伪随机复数，其实数为 0 至 a 间的伪随机实数，其虚部为 0 至 b 间的伪随机实数；参数 $a + b$ I 可以为列表形式{a + b I}。 (3) RandomComplex[{$a + b$ I, $c + d$ I}]生成一个伪随机复数，其实部为 a 至 c 间的伪随机实数，其虚部为 b 至 d 间的伪随机实数。 (4) RandomComplex[{$a + b$ I, $c + d$ I}, k]生成 k 个伪随机复数，以列表的形式存储，其实部均为 a 至 c 间的伪随机实数，其虚部均为 b 至 d 间的伪随机实数；参数 k 可以为列表形式{k}。 (5) RandomComplex[{$a + b$ I, $c + d$ I}, {k,p}]生成 $k\times p$ 个伪随机复数，以列表的行式存储，包含 k 个子列表，每个子列表具有 p 个伪随机复数，每个复数的实部为 a 至 c 间的伪随机实数，每个复数的虚部为 b 至 d 间的伪随机实数

续表一

序号	函数名	基本用法
4	RandomPrime	(1) RandomPrime[m]随机生成2至m间的一个素数。 (2) RandomPrime[{min,max}]随机生成min至max间的一个素数。 (3) RandomPrime[{min,max},k]随机生成k个min至max间的素数；参数k可以为列表形式{k}。 (4) RandomPrime[{min,max},{k,p}]随机生成$k\times p$个min至max间的素数，以列表的行式存储，包含k个子列表，每个子列表具有p个素数
5	RandomChoice	(1) RandomChoice[{e_1,e_2,…,e_m}]从列表{e_1,e_2,…,e_m}中随机选择一个元素。 (2) RandomChoice[{e_1,e_2,…,e_m}, k] 从列表{e_1,e_2,…,e_m}中随机选择k个元素(可重复选择)，以列表的行式存储；参数k可以为列表形式{k}。 (3) RandomChoice[{e_1,e_2,…,e_m}, {k,p}]从列表{e_1,e_2,…,e_m }中随机选择$k\times p$个元素(可重复选择)，以列表的行式存储，包含k个子列表，每个子列表具有p个素数。 (4) RandomChoice[{w_1,w_2, … ,w_m} → {e_1,e_2, … ,e_m}, k]从列表{e_1,e_2,…,e_m}中以概率{w_1,w_2,…,w_m}随机选择k个元素(可重复选择)，以列表的行式存储，其中第i个元素e_i被选择的概率为w_i，满足w_1+w_2+…+w_m=1；如果某个w_j为0，则相应的第j个元素e_j将不被选择。参数k可以为列表形式{k}。 (5) RandomChoice[{w_1,w_2,…,w_m}→{e_1,e_2,…,e_m}, {k,p}]从列表{e_1,e_2,…,e_m}中以概率{w_1,w_2,…,w_m}随机选择$k\times p$个元素(可重复选择)，以列表的行式存储，包含k个子列表，每个子列表具有p个元素，其中第i个元素e_i被选择的概率为w_i，满足w_1+w_2+…+w_m=1；如果某个w_j为0，则相应的第j个元素e_j将不被选择
6	RandomSample	(1) RandomSample[{e_1,e_2,…,e_m}]生成列表{e_1,e_2,…,e_m}的一个伪随机序列，以列表的行式存储。 (2) RandomSample[{e_1,e_2,…,e_m}, k]从列表{e_1,e_2,…,e_m}中随机选择k个元素(非重复采样)，k≤m。 (3) RandomSample[{w_1,w_2,…,w_m}→{e_1,e_2,…,e_m},k]从列表{e_1, e_2,…, e_m}中以概率{w_1,w_2,…,w_m}随机选择k个元素(非重复采样)，k≤概率值不为0的权重w_i的个数，且k≤m

续表二

序号	函数名	基 本 用 法
7	RandomVariate	(1) RandomVariate[dist]生成概率分布为 dist 的一个伪随机变量。 (2) RandomVariate[dist, k] 生成概率分布为 dist 的 k 个伪随机变量，以列表的形式存储；参数 k 可以为{k}。 (3) RandomVariate[dist, {k,p}]生成概率分布为 dist 的 $k\times p$ 个伪随机变量，以列表的形式存储，包含 k 个子列表，每个子列表具有 p 个元素
8	SeedRandom	设定伪随机数发生器的种子

表 7-1 中列举的伪随机数相关的常用函数均为内置函数，可以在“Notebook”中直接使用。下面举例介绍表 7-1 中的各个函数的具体用法。

例 7.1　伪随机数函数应用举例

(1) 生成长度为 10 的 0 或 1 伪随机序列，并统计其中 1 的个数，见表 7-2 序号 1。

(2) 生成长度为 12 元素取值在 10 至 99 间的伪随机整数序列，见表 7-2 序号 2。

(3) 生成 3 × 4 的伪随机实数矩阵，每个元素的取值在 1 和 2 之间，见表 7-2 序号 3。

(4) 生成位于直角坐标系中顶点为(0,0)、(1,0)、(0,3)和(1,3)的矩形内的伪随机复数序列，序列长度为 20，见表 7-2 序号 4。

(5) 随机生成一个小于 100 的素数，见表 7-2 序号 5。

(6) 从 1 至 100 中随机选择 10 个数(有重复采样)，见表 7-2 序号 6。

(7) 从 1 至 100 中随机选择 10 个数(不重复采样)，见表 7-2 序号 7。

(8) 生成服从正态分布的 10 个伪随机数序列，见表 7-2 序号 8。

(9) 给定伪随机数种子为 20200705，生成长度为 10 的伪随机整数序列，每个元素在 10 至 99 间取值，然后，从小到大进行排序，见表 7-2 序号 9。

表 7-2 中序号 1 至 8 的执行结果与时间有关，读者每次执行时得到的结果是不同的，所以，这里不给出这些语句的执行结果。但是表 7-2 中序号 9 的执行结果是不随时间变化的，执行后，变量 a 的结果一定为列表{81, 67, 94, 51, 22, 95, 65, 17, 92, 41}，而排序后的结果为{17, 22, 41, 51, 65, 67, 81, 92, 94, 95}。

表 7-2　伪随机数函数典型应用实例

序号	语　句	含　义
1	a=Table[RandomInteger[],10]	生成长度为 10 的 0 或 1 伪随机序列，赋给变量 a
	Total[a]	计算列表 a 中所有元素的和，即为其中 1 的个数
2	RandomInteger[{10,99},12]	生成长度为 12、元素取值在 10 至 99 间的伪随机整数序列
3	RandomReal[{1,2},{3,4}]	生成 3×4 的伪随机实数矩阵，每个元素的取值在 1 和 2 之间
	RandomReal[{1,2},{3,4}]//MatrixForm	以矩阵形式表示
4	range={0,1+3I}	生成 range 内的两个复数所表示的矩形中的 20 个伪随机复数列表
	RandomComplex[range,20]	
5	RandomPrime[100]	随机生成一个小于 100 的素数
6	list=Range[100]	生成 1 至 100 的列表 list
	RandomChoice[list,10]	在 list 中有重复地随机选择 10 个数
7	list=Range[100]	生成 1 至 100 的列表 list
	RandomSample[list,10]	在 list 中无重复地随机选择 10 个数
8	RandomVariate[NormalDistribution[],10]	生成服从正态分布的 10 个伪随机数
9	SeedRandom[20200705]	设置 20200705 为伪随机数种子
	a=RandomInteger[{10,99},10]	生成 10 至 99 间的 10 个伪随机整数
	Sort[a]	对列表 a 进行升序排序

7.1.2　包函数

Mathematica 不但是全球最先进的科学计算软件之一，而且也是全球最先进的科学数据库之一，供科研人员参考和使用。Mathematica 线上资源特别丰富，其中包含了大量的软件包，每个软件包以文件的形式存储在服务器上。这些软件包中的函数称为包函数，这里以有限域算术包为例介绍包函数的用法。在线上资源库中，有限域算术包的名称为 FiniteFields，在计算机联网的情况下，可在 Notebook 中调入有限域算术包，即输入

<<FiniteFields` 或 Needs["FiniteFields`"]

然后，可以使用有限域算术包中的全部函数。这里重点介绍创建有限域对象

的函数，如表 7-3 所示。

表 7-3 有限域常用函数

序号	函数名	基 本 用 法
1	GF[*p*][{*k*}]	整数 *k* 对应的模 *p* 有限域数值，*p* 为素数
2	GF[*p*,clist][vlist]	clist 为不可约多项式(升幂)的系数列表，vlist 为多项式(升幂表示)的系数列表，*p* 为素数。这里，返回 vlist 的 GF 域表示的数值

这里以 GF(257)和 GF(2^8)域为例，介绍其上的加法、减法、乘法和除法操作。

例 7.2 GF(257)域的算术运算。

在 GF(257)域上，实现两个数 *a* 和 *b* 的算术运算，这里计算三组数：(1) *a*=54，*b*=128；(2) *a*=10，*b*=200；(3) *a*=180，*b*=79。计算结果如表 7-4 所示。在执行表 7-4 中的语句前，需要先执行语句 Needs["FiniteFields`"]，以装入有限域软件包。

表 7-4 GF(257)域典型算术运算实例

序号	语 句	计 算 结 果
1	gf=GF[257]	变量 gf 为 GF[257]，返回 GF[257,{0,1}]
	a={54}	变量 *a* 为列表{54}
	b={128}	变量 *b* 为列表{128}
	gf[*a*]+gf[*b*]	$\{182\}_{257}$
	gf[*a*]-gf[*b*]	$\{183\}_{257}$
	gf[*a*]*gf[*b*]	$\{230\}_{257}$
	gf[*a*]/gf[*b*]	$\{149\}_{257}$
2	gf=GF[257]	变量 gf 为 GF[257]，返回 GF[257,{0,1}]
	a={10}	变量 *a* 为列表{10}
	b={200}	变量 *b* 为列表{200}
	gf[*a*]+gf[*b*]	$\{210\}_{257}$
	gf[*a*]-gf[*b*]	$\{67\}_{257}$
	gf[*a*]*gf[*b*]	$\{201\}_{257}$
	gf[*a*]/gf[*b*]	$\{90\}_{257}$

续表

序号	语　句	计 算 结 果
3	gf=GF[257]	变量 gf 为 GF[257]，返回 GF[257,{0,1}]
	a={180}	变量 *a* 为列表{180}
	b={79}	变量 *b* 为列表{79}
	gf[*a*]+gf[*b*]	$\{2\}_{257}$
	gf[*a*]-gf[*b*]	$\{101\}_{257}$
	gf[*a*]*gf[*b*]	$\{85\}_{257}$
	gf[*a*]/gf[*b*]	$\{230\}_{257}$

在表 7-4 中，计算结果中带有角标，表示域算术的模值，可从结果中取出列表或数值，例如：*a*={180}且 *b*={79}，令 *c*= gf[*a*]/gf[*b*]，则 c[[1]]返回结果中的列表{230}，而 c[[1,1]]返回结果中的数值，即 230。

例 7.3　GF(2^8)域的算术运算

在 GF(2^8)域上，设定不可约多项式为 $g(x)=x^8+x^4+x^3+x+1$，实现两个数 *a* 和 *b* 的算术运算，这里计算三组数：(1) *a*=54，*b*=128；(2) *a*=10，*b*=200；(3) *a*=180，*b*=79。计算结果如表 7-5 所示。在执行表 7-5 中的语句前，需要先执行语句 Needs["FiniteFields`"]装入有限域软件包。

表 7-5　GF(2^8)域典型算术运算实例

序号	语　句	计 算 结 果
1	gf=GF[2,Reverse[{1,0,0,0,1,1,0,1,1}]]	返回 GF[2,{1,1,0,1,1,0,0,0,1}]
	a=Reverse[IntegerDigits[54,2,8]]	{0,1,1,0,1,1,0,0}
	b=Reverse[IntegerDigits[128,2,8]]	{0,0,0,0,0,0,0,1}
	*c*1=gf[*a*]+gf[*b*]	$\{0,1,1,0,1,1,0,1\}_2$
	FromDigits[Reverse[*c*1[[1]]],2]	182
	*c*2=gf[*a*]-gf[*b*]	$\{0,1,1,0,1,1,0,1\}_2$
	FromDigits[Reverse[*c*2[[1]]],2]	182
	*c*3=gf[*a*]*gf[*b*]	$\{0,1,1,1,1,0,1,0\}_2$
	FromDigits[Reverse[*c*3[[1]]],2]	94
	*c*4=gf[*a*]/gf[*b*]	$\{0,0,1,0,0,0,0,0\}_2$
	FromDigits[Reverse[*c*4[[1]]],2]	4

续表

序号	语　　句	计 算 结 果
2	gf=GF[2,Reverse[{1,0,0,0,1,1,0,1,1}]]	返回 GF[2,{1,1,0,1,1,0,0,0,1}]
	a=Reverse[IntegerDigits[10,2,8]]	{0,1,0,1,0,0,0,0}
	b=Reverse[IntegerDigits[200,2,8]]	{0,0,0,1,0,0,1,1}
	c1=gf[a]+gf[b]	$\{0,1,0,0,0,0,1,1\}_2$
	FromDigits[Reverse[c1[[1]]],2]	194
	c2=gf[a]-gf[b]	$\{0,1,0,0,0,0,1,1\}_2$
	FromDigits[Reverse[c2[[1]]],2]	194
	c3=gf[a]*gf[b]	$\{1,0,0,0,1,0,0,1\}_2$
	FromDigits[Reverse[c3[[1]]],2]	145
	c4=gf[a]/gf[b]	$\{0,1,1,0,1,1,1,0\}_2$
	FromDigits[Reverse[c4[[1]]],2]	118
3	gf=GF[2,Reverse[{1,0,0,0,1,1,0,1,1}]]	返回 GF[2,{1,1,0,1,1,0,0,0,1}]
	a=Reverse[IntegerDigits[180,2,8]]	{0,0,1,0,1,1,0,1}
	b=Reverse[IntegerDigits[79,2,8]]	{1,1,1,1,0,0,1,0}
	c1=gf[a]+gf[b]	$\{1,1,0,1,1,1,1,1\}_2$
	FromDigits[Reverse[c1[[1]]],2]	251
	c2=gf[a]-gf[b]	$\{1,1,0,1,1,1,1,1\}_2$
	FromDigits[Reverse[c2[[1]]],2]	251
	c3=gf[a]*gf[b]	$\{0,0,1,0,1,0,0,0\}_2$
	FromDigits[Reverse[c3[[1]]],2]	20
	c4=gf[a]/gf[b]	$\{1,1,0,0,0,1,1,0\}_2$
	FromDigits[Reverse[c4[[1]]],2]	99

由表 7-5 可知，在 GF(2^8)域中两个数的加法和减法的运算结果相同，这是因为在 GF(2^8)域中，加法和减法运算都等价于异或运算。例如，$a = 180$，$b = 79$，则异或运算的结果为 BitXor[180,79] = 251，这个结果既等于 $a + b$ 和 $b + a$，也等于 $a - b$，还等于 $b - a$。

7.1.3 自定义函数

函数是 Mathematica 程序设计的基本要素。在 Mathematica 中，程序由函数组成，而函数一般以模块的形式供用户调用。模块将在 7.3 节中介绍，这里重点介绍自定义函数及其用法。

由于 Mathematica 系统内置函数和包函数均以大写字母开头，因此，自定义函数尽可能以小写字母开头。自定义函数的格式为：**函数名[参数 1_,参数 2_,…,参数 *n*_]=表达式**。需要注意的是，在参数表中，每个参数后有一个下划线“_”，而表达式中的参数没有下划线。这里的参数以符号或变量的形式出现，其对应的实参可以为数值、列表或函数名。下面举例介绍自定义函数的用法。

例 7.4　自定义函数典型实例。

1．Fibonacci 数

定义一个生成 Fibonacci 数的函数，如表 7-6 所示。

表 7-6　生成 Fibonacci 数列的自定义函数

序号	语　　句	含义或计算结果
1	Clear["`*"]	清除变量的赋值
2	fib[0]=0 fib[1]=1 fib[*n*_]:=fib[*n*]=fib[*n*−1]+fib[*n*−2]	定义函数 fib，当参数为 0 和 1 时，fib 的函数值分别为 0 和 1，当参数为 *n* 时，fib 的函数值为 *n*−1 和 *n*−2 时的函数值的和
3	fib[10]	返回 55
4	ListPlot[Array[fib,10]]	绘制第 1 至 10 个 Fibonacci 数的点列图
5	ListPlot[Table[fib[*n*],{*n*,10}]]	绘制第 1 至 10 个 Fibonacci 数的点列图

Mathematica 内置了 Fibonacci 函数用于计算 Fibonacci 数，在 Notebook 中输入 Fibonacci[10]，可验证编写的 fib 函数的正确性。

表 7-6 中序号 4 和 5 均为绘制 Fibonacci 数列的第 1 至 10 个值，如图 7-1 所示。

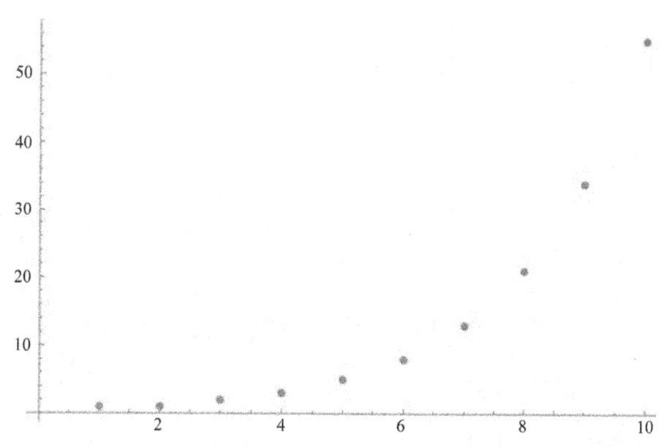

图 7-1　Fibonacci 数列的第 1 至 10 个值的点列图

2．分段函数

使用自定义函数方法绘制如下分段函数：

$$y=f(x)=\begin{cases}x+1, x>1\\4-2x^2, -1\leqslant x\leqslant 1\\1-x, x<-1\end{cases}\tag{7.1}$$

自定义函数及其计算结果如表 7-7 所示。

表 7-7　分段函数实现方法典型实例

序号	语句	含义或计算结果
1	f[x_]:=x+1/;x>1 f[x_]:=4−2x^2/;−1<=x<=1 f[x_]:=1−x/;x<−1	自定义函数 f
2	Plot[f[x],{x,−3,3}]	绘制自定义函数 f

表 7-7 中序号 2 绘制了变量 x 在−3 至 3 间的函数图形，如图 7-2 所示。

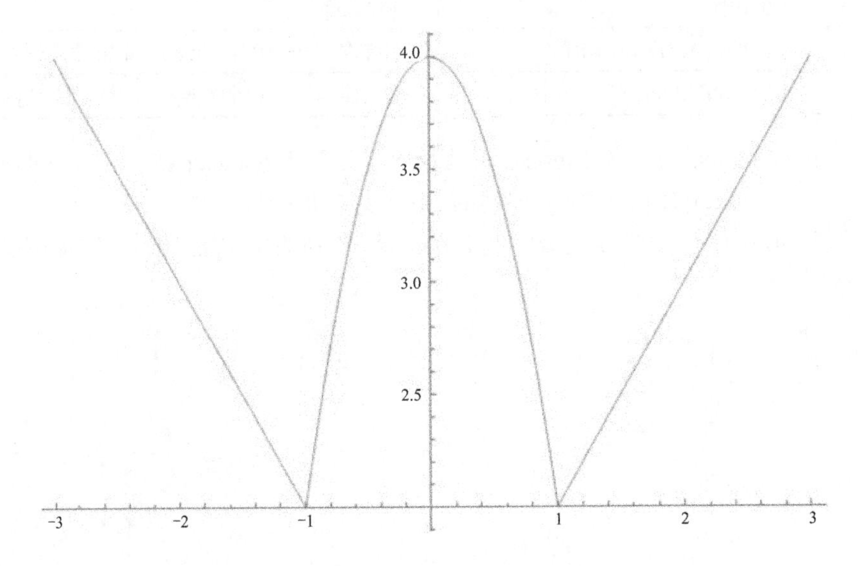

图 7-2　式(7.1)所示分线函数的图形

3．列表作为参数的函数

计算一个列表的均值和标准差，如表 7-8 中序号 1 至 5 所示。

表 7-8　自定义函数计算列表的均值和标准差

序号	语　　句	含义或计算结果
1	mean[v_]:=Total[v]/Length[v]	计算均值的自定义函数 mean
2	std[v_]:=Sqrt[Total[(v-mean[v])^2]/(Length[v]-1)]	计算标准差的自定义函数 std
3	a=Range[10]	{1,2,3,4,5,6,7,8,9,10}
4	mean[a]	$\frac{11}{2}$
5	std[a]	$\sqrt{\frac{55}{6}}$
6	f[fun_,v_]:=fun[v]	函数名 fun 作为参数的自定义函数 *f*
7	f[mean,a]	$\frac{11}{2}$
8	f[std,a]	$\sqrt{\frac{55}{6}}$

Mathematica 内置函数 Mean 和 StandardDeviation 分别用于计算列表的均值和标准差，可以验证自定义函数 mean 和 std 的正确性。在自定义函数 std 中，还使用了自定义均值函数 mean。

4．函数名作为参数的函数

表 7-8 中序号 6 至 8 为函数名作为参数的自定义函数实例，序号 6 定义了函数 *f*，其中的 fun 为函数参数，序号 7 实现的功能相当于序号 4 实现的功能，即计算列表 *a* 的均值；序号 8 实现的功能相当于序号 5 实现的功能，即计算列表 *a* 的标准差。

在定义函数时，使用了“:=”，而不是“=”。这两者在 Mathematica 中分别表示“调用时赋值”和“立即赋值”。在定义函数时使用了“=”，表示等号右边的表达式会立即赋给函数名；如果在定义函数时使用了“:=”，表示调用该函数时等号右边的表达式才赋值给函数名。基于分段函数的自定义函数必须使用“:=”，使用了模块的自定义函数必须使用“:=”。

7.2　控制语句

程序语句的执行只有三种方式，即顺序、分支和循环。在 Mathematica

的 Notebook 中输入的计算语句按照顺序执行的方式执行。这里重点介绍分支和循环控制语句。

7.2.1 分支控制

Wolfram 语言支持的分支控制语句有 If、Switch、Which 和条件控制符(“/;”)。各个分支控制语句的基本语法如下：

(1) If[条件，语句组 1，语句组 2，语句组 3]。

如果条件为逻辑真，则执行语句组 1；如果条件为逻辑假，则执行语句组 2；如果条件在逻辑上非真非假，则执行语句组 3。每个语句组可以包含多个语句，语句间用分号“;”分隔。If 语句的其他形式简化形式有：

① If[条件，语句组 1] 当条件为逻辑真时，执行语句组 1；否则，无操作。

② If[条件，，语句组 2] 当条件为逻辑假时，执行语句组 2；否则，无操作。注意，这里中间的逗号不可缺少。

③ If[条件，语句组 1，语句组 2] 当条件为逻辑真时，执行语句组 1；当条件为逻辑假时，执行语句组 2。

(2) Switch[表达式，情况 1，语句组 1，情况 2，语句组 2，…]。

如果表达式为情况 1，则执行语句组 1；如果表达式为情况 2，则执行语句组 2。每个语句组可以有多个语句，使用分号“;”分隔。

(3) Which[逻辑表达式 1，值 1，逻辑表达式 2，值 2，…]。

Which 语句依次计算各个逻辑表达式的值，返回第一个为真的逻辑表达式 i 所对应的值 i。

(4) 条件控制符(“/;”)后面接一个逻辑表达式 test。

当逻辑表达式 test 为真时，条件控制起作用。

现在，使用分支控制语句实现下述分段函数：

$$y=f(x)=\begin{cases}1, x>1\\ x,-1\leqslant x\leqslant 1\\ -1, x<-1\end{cases} \tag{7.2}$$

实现的语句如表 7-9 所示。

表 7-9 序号 5 绘制的图形如图 7-3 所示。

表 7-9 分支控制语句典型示例

序号	语　　句	含　　义
1	f1[x_]:=If[x>1,1,If[−1<=x<=1,x,−1]]	使用 If 语句实现式(7.2)
2	f2[x_]:=Switch[x>1,True,1,False, Switch[x<−1,True,−1,False,x]]	使用 Switch 语句实现式(7.2)
3	f3[x_]:=Which[x>1,1,−1<=x<=1,x,x<−1,−1]	使用 Which 语句实现式(7.2)
4	f4[x_]:=1/;x>1 f4[x_]:=x/;−1<=x<=1 f4[x_]:=-1/;x<−1	使用条件控制符实现式(7.2)
5	Plot[f1[x],{x,−2,2}] Plot[f2[x],{x,−2,2}] Plot[f3[x],{x,−2,2}] Plot[f4[x],{x,−2,2}]	这四个语句实现相同的功能，均为绘制式(7.2)的图形

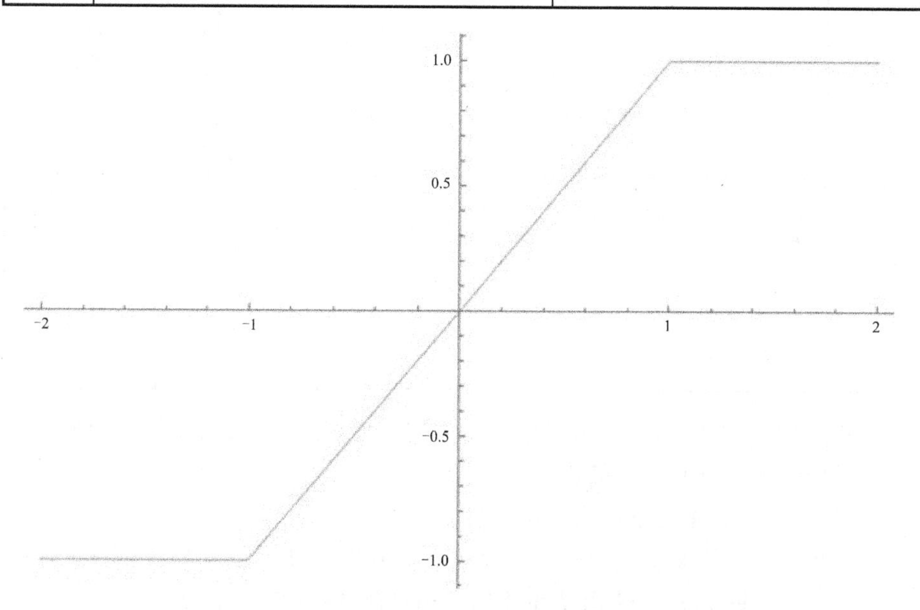

图 7-3 分段函数式(7.2)的图形

7.2.2 循环控制

Mathematica 提供了三种循环控制语句，即 Do 语句、While 语句和 For 语句。这三种语句的语法如表 7-10 所示。

表 7-10 循环控制语句典型语法

序号	语 句	含 义
1	Do[语句组, k]	循环执行“语句组”k 次，k 可写做{k}
	Do[语句组, {k, max}]	k 从 1 按步进 1 增至 max，循环执行“语句组”max 次
	Do[语句组, {k, min, max}]	k 从 min 按步进 1 增至 max，循环执行“语句组”max−min+1 次
	Do[语句组, {k, min, max, step}]	k 从 min 按步进 step 增至 max，循环执行“语句组”(max− min)/step+1 次
	Do[语句组，{k_1, $\min_1$, $\max_1$}, {k_2, $\min_2$, $\max_2$},…,{k_n, $\min_n$, $\max_n$}]	循环执行“语句组”，k_1 从 $\min_1$ 按步进 1 增至 $\max_1$；k_2 从 $\min_2$ 按步进 1 增至 $\max_2$；以此类推
	Do[语句组，{k_1, $\min_1$, $\max_1$, $step_1$}, …, {k_n, $\min_n$, $\max_n$}]	循环执行“语句组”，k_1 从 $\min_1$ 按步进 $step_1$ 增至 $\max_1$；对于每个 k_1，k_2 从 $\min_2$ 按步进 $step_2$ 增至 $\max_2$；以此类推
2	While[条件，语句组]	循环执行“语句组”直到“条件”为假
3	For[初始化条件，条件判断，条件增量，语句组]	先执行“初始化条件”，然后，当“条件判断”为真时，循环执行“语句组”和“条件增量”

表 7-10 中的语句组是指用分号“;”分隔的任意多条语句。下面通过两个实例介绍循环控制语句的用法。

例 7.5 计算 1+2+3+…+100 的值。

借助于循环控制语句可计算 1+2+3+…+100 的值，如表 7-11 所示。

表 7-11 使用循环控制语句计算 1+2+3+…+100

序号	语 句	计算结果
1	sum=0;Do[sum+=k,{k,100}];sum	5050
2	k=0;sum=0;While[k<=100,sum+=k;k++];sum	5050
3	sum=0;For[k=1,k<=100,k++,sum+=k];sum	5050
	For[sum=0;k=1,k<=100,k++,sum+=k];sum	5050

注意：在 For 循环体内，逗号和分号的作用与其在 C 语言的 For 语句中的作用刚好相反。

例 7.6　使用蒙特卡罗算法计算圆周率的值。

作一个单位圆和它的外接正四边形，现在向其中随机撒入沙粒，并记录每个沙粒是否落入单位圆内部。设总的沙粒个数为 n，其中落入单位圆的沙粒个数为 m，假设每个沙粒落入正四边形中任意位置的概率是相同的，则单位圆的面积与其外接正四边形的面积之比为 m/n，从而圆周率的值为 $4m/n$，如图 7-4 所示。

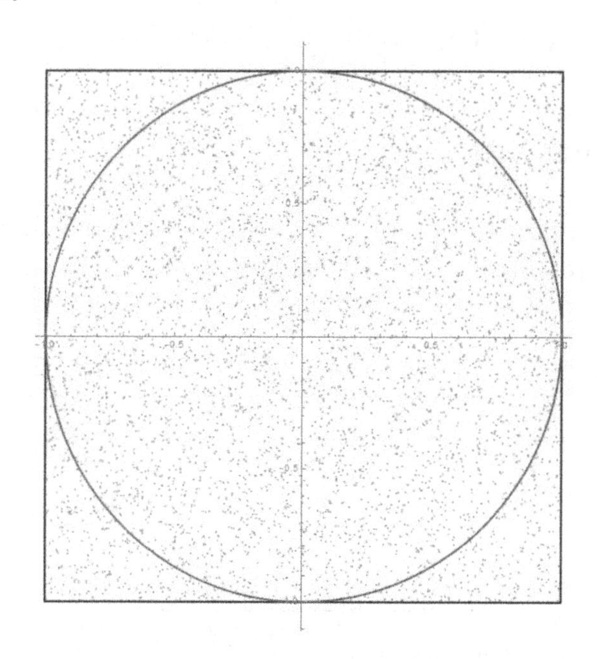

图 7-4　蒙特卡罗方法求圆周率的示意图

现在使用蒙特卡罗算法计算圆周率的值，程序代码如下：

(1) 用 While 循环语句实现，代码如下：

```
n=50000;
m=0;
k=0;
While[k<=n,p=RandomReal[{-1,1},2];If[Norm[p]<1,m++];k++];
N[4m/n,5]
```

运行结果为 3.1419。注意：由于使用了 RandomReal 函数，每次执行结果会有细微差别。这里，n 的取值越大，计算结果越逼近真实的圆周率。

(2) 用 For 循环语句实现，代码如下：

```
n=50000;
For[k=1;m=0,k<=n,k++,p=RandomReal[{-1,1},2];If[Norm[p]<1,m++]];
N[4m/n,5]
```

(3) 用 Do 循环语句实现，代码如下：

```
n=50000;
m=0;
Do[p=RandomReal[{-1,1},2];If[Norm[p]<1,m++],n];
N[4m/n,5]
```

7.2.3 高级循环控制

Wolfram 语言是一种高级程序设计语言，具有高级循环控制语句，如 Table、Array、Nest 和 NestList 等。在大多数情况下，While、Do 和 For 循环常被这些高级循环控制语句替代。这些高级循环控制语句的语法如表 7-12 所示。

表 7-12 高级循环控制语句的典型语法

序号	语　句	含　义
1	Table[语句组, k]	计算“语句组” k 次，并将 k 次计算结果以列表的形式存储，k 可写作{k}
	Table[语句组, {k, max}]	k 从 1 按步进 1 增至 max，循环执行“语句组”，并将计算结果以列表的形式存储
	Table[语句组, {k, min, max}]	k 从 min 按步进 1 增至 max，循环执行“语句组”，并将计算结果以列表的形式存储
	Table[语句组, {k, min, max, step}]	k 从 min 按步进 step 增至 max，循环执行“语句组”，并将计算结果以列表的形式存储
	Table[语句组, {k, {k_1, k_2, …, k_n}}]	k 依次取列表{k_1, k_2, …, k_n}中的值，循环执行“语句组”，并将计算结果以列表的形式存储
	Table[语句组, {k_1, $\min_1$, $\max_1$}, {k_2, $\min_2$, $\max_2$},…]	k_1 从 $\min_1$ 按步进 1 增至 $\max_1$，对每个 k_1，k_2 从 $\min_2$ 按步进 1 增至 $\max_2$，以此类推；循环执行“语句组”，并将计算结果以嵌套列表的形式存储

续表

序号	语　句	含　义
2	Array[*f*, *k*]	生成列表{*f* [1],*f* [2],…,*f* [*k*]}，*k* 可写作{*k*}
	Array[*f*, *k*, *r*]	生成列表{*f* [*r*], *f* [*r*+1],…, *f* [*r*+*k*−1]}, *k* 可写作{*k*}, *r* 可写作{*r*}
	Array[*f*, *k*, {*a*,*b*}]	生成列表{*f* [*a*], *f* [*a*+(*b*−*a*)/(*k*−1)],…, *f* [*b*]}, *k* 可写作{*k*}
	Array[*f*, {k_1, k_2, …}]	生成 $k_1 \times k_2 \times \cdots$ 的嵌套列表，元素为 *f* [i_1,i_2,…], i_1 从 1 按步进 1 增至 k_1，对每个 i_1，i_2 从 1 按步进 1 增至 k_2，以此类推。
	Array[*f*, {k_1,k_2,…}, {r_1, r_2,…}]	生成 $k_1 \times k_2 \times \cdots$ 的嵌套列表，元素为 *f* [i_1,i_2,…], i_1 从 r_1 按步进 1 增至 r_1+k_1-1，对每个 i_1，i_2 从 r_2 按步进 1 增至 r_2+k_2-1，以此类推。
	Array[*f*, {k_1, k_2, …}, {{a_1,b_1}, {a_2,b_2}, …}]	生成 $k_1 \times k_2 \times \cdots$ 的嵌套列表，元素为 *f*[i_1,i_2,…], i_1 从 a_1 按步进$(b_1-a_1)/(k_1-1)$增至 b_1，对每个 i_1，i_2 从 a_2 按步进$(b_2-a_2)/(k_2-1)$增至 b_2，以此类推。
	Array[*f*, 维数, 起点, *h*]	“维数”和“起点”的定义方法同其他 Array 的语法，这里的“*h*”将替换生成的列表的头部
3	NestList[*f*, 表达式, *n*]	函数 *f* 作用在“表达式”上 0 至 *n* 次，结果以列表的形式存储
4	Nest[*f*, 表达式, *n*]	返回 NestList[f, 表达式, *n*]的最后的值

现在使用表 7-12 中的高级循环控制语句实现例 7.5 和例 7.6 同样的计算。

例 7.7　计算 1+2+3+…+100 的值。

借助于高级循环控制语句计算 1+2+…+100 的值，如表 7-13 所示。

表 7-13　用高级循环控制语句计算 1+2+…+100

序号	语　句	计 算 结 果
1	sum=0;Table[sum+=k,{k,100}];sum	5050
2	f[x_]:=x;Array[f,100,1,Plus]	5050
3	Total[NestList[1+#&,1,99]]	5050
4	Sum[k,{k,1,100}]	5050

在表 7-13 中序号 3 使用了纯函数，纯函数将在 7.3 节介绍；序号 4 使用了 Sum 函数计算 1+2+…+100 的值。可见，在 Mathematica 中总可以借助于高级循环控制语句实现循环操作。

例 7.8　借助于蒙特卡罗算法计算圆周率的值。

代码如下：

```
n=50000;m=0;
Table[If[Norm[RandomReal[{-1,1},2]]<1,m++],n];
4m/n//N
```

计算结果为 3.14256。注意：由于使用了 RandomReal 函数，每次运行得到的结果会稍有不同。

7.3 纯　函　数

纯函数又称纯匿名函数。纯函数的格式有两种，第一种，“Function[函数体]”；第二种，“函数体&”。这里的“函数体”中，#表示形式参数；当有多个形式参数时，#1 表示第一个形式参数，#2 表示第二个形式参数，以此类推。在第一种情况下，还可以指定形式参数，如 Function[形式参数列表，函数体]。下面列举几个典型语句，如表 7-14 所示。

表 7-14　纯函数典型应用实例

序号	语　句	计 算 结 果
1	f:=Function[(#+1)^2]	
	f[x]	$(1+x)^2$
	f[5]	36
2	f:=Function[{u},u^2]	
	f[x]	x^2
	f[2]	4
3	f:=Function[{u,v},(u+v)^2]	
	f[2,6]	64
4	(#+1)^2&@x	$(1+x)^2$
	(#+1)^2&[x]	$(1+x)^2$
5	Pi//N[#,5]&	3.1416
6	(#1+#2)^2&[2,6]	64
	(#1+#2)^2&@@{2,6}	64
	(#1+#2)^2&@@@{{2,6},{3,7}}	{64,100}
7	#^2&/@Range[10]	{1,4,9,16,25,36,49,64,81,100}

纯函数一个重要的作用体现在表 7-14 序号 7 的应用中。Wolfram 语言的基本数据结构为列表，而借助于纯函数可以把函数作用到列表的各个元素上。注意，有些函数具有 Listable 属性(例如 Sin 函数，使用“??Sin”可查看 Sin

函数的属性)，这类函数作用于列表时，将作用于列表的每个元素。例如，Sin[{0,Pi/2,Pi,3Pi/2,2Pi}]将返回{0,1,0,−1,0}。

7.4　模　　块

在 Wolfram 语言中，模块是程序的基本单位，模块对应着程序设计实现的子功能，类似于 C 语言中的函数。Wolfram 中常用的模块有四种，即 With、Block、Module 和 Compile。这里以借助 Hénon 映射生成伪随机序列为例，介绍模块的应用方法。Hénon 映射是一种二维离散混沌，其吸引子的方程为

$$\begin{cases} x_{n+1} = 1 - ax_n^2 + y_n \\ y_{n+1} = bx_n \end{cases} \tag{7.3}$$

其中，a=1.4，b=0.3。给定初始值 x_0 和 y_0，生成指定长度的伪随机序列，序列的每个元素为 0 至 255 间的整数。

7.4.1　With 模块

With 语句的基本语法为

With[初始化变量列表, 语句组]

其中，“语句组”可包含多个语句，各个语句间用分号“;”分隔。“语句组”中使用的变量可以为全局变量，也可以为“初始化变量列表”中的变量。如果“语句组”中使用了“初始化变量列表”中的变量，这些变量的初始值将直接代入语句组中。特别需要注意的是，“初始化变量列表”中的变量均为 With 语句内部可见的局部变量。With 语句的典型实例如表 7-15 所示。

表 7-15　With 语句的典型实例

序号	语　句	计算结果或含义
1	x1=3	3
	With[{x=x1},x^2]	9
2	x1=3	3
	With[{x=y},x^2+x1^2]	9 + y^2
3	f[y_,z_]:=With[{x1=y,x2=z},Sqrt[x1^2+x2^2]]	定义函数 f
	f[3,4]	5

With 语句的处理速度比 7.4.3 节将要介绍的 Module 语句快。With 语句的典型用法如表 7-15 的序号 3 所示。注意：在 With 模块中出现的非“初始

化变量列表”中的变量均为全局变量。借助于 With 语句使用 Hénon 映射生成伪随机序列的程序如下：

```
henon:={#[[2]],1.0-1.4#[[2]]^2+0.3#[[1]]}&;
f[x0_,y0_,m_]:=With[{x1=x0,y1=y0,m1=m},
                    dat1=NestList[henon,{x1,y1},m1];
                    dat2=Flatten[dat1][[3;;-1;;2]];
                    dat3=Mod[Floor[(2+dat2)*10^6],256]]
f[0.3,0.23,30]
```

上述代码中，定义了两个函数 henon 和 f，其中，henon 使用纯函数定义；函数 f 具有三个参数 x0、y0 和 m，x0 和 y0 作为 Hénon 映射的迭代初值，m 为生成的伪随机序列的长度。调用 f[0.3,0.23,30]的执行结果如下：

{240,4,204,52,14,106,206,79,232,189,113,50,255,186,203,163,254,170,182,123,147,207,33,81,174,249,115,33,211,113}

需要特别注意的是，在函数 f 的定义中，dat1、dat2 和 dat3 在函数 f 被调用后，将成为 Notebook 中的全局变量。但是大多数情况下，只希望函数返回返回值，不产生任何全局变量。Block 和 Module 模块可实现这种变量局部化的要求。

7.4.2 Block 模块

类似于 With 模块，Block 模块可以直接使用全局变量，并可以生成全局变量。而全局变量的存在破坏了算法的模块化，因此，Block 模块还实现了全部变量局部化。Block 语句的语法为

Block[局部变量列表, 语句组]

或 **Block[局部变量初始化列表, 语句组]**

这里的“语句组”可包含多条语句，各条语句间用分号“;”分隔，语句组的最后一条语句的执行结果为返回值。Block 语句的典型用法实例如表 7-16 所示。

表 7-16 Block 模块的典型用法实例

序号	语　句	计算结果或含义
1	f[y_,z_]:=Block[{y1=y,z1=z},Sqrt[y1^2+z1^2]]	定义函数 f
	f[3,4]	5
2	f[y_,z_]:=Block[{y1=y,z1=z,a},a=Sqrt[y1^2+z1^2]]	定义函数 f
	f[3,4]	5

借助于 Block 语句使用 Hénon 映射生成伪随机序列的程序如下：

```
henon:={#[[2]],1.0-1.4#[[2]]^2+0.3#[[1]]}&;
```

```
f[x0_,y0_,m_]:=Block[{x1=x0,y1=y0,m1=m,dat1,dat2,dat3},
                    dat1=NestList[henon,{x1,y1},m1];
                    dat2=Flatten[dat1][[3;;-1;;2]];
                    dat3=Mod[Floor[(2+dat2)*10^6],256]]
f[0.3,0.23,30]
```

上述代码中，先定义了 henon 函数和 f 函数，在 f 函数中使用了 Block 语句，将 Block 语句中使用的变量均定义为局部变量，运行结果由“语句组”的最后一条语句返回。执行函数“f[0.3,0.23,30]”后返回结果如下：
{240,4,204,52,14,106,206,79,232,189,113,50,255,186,203,163,254,170,182,123,147,207,33,81,174,249,115,33,211,113}

在使用 Block 模块时，如果“语句组”中的表达式包含了局部变量，将使用局部变量定义初始值，这种方式称为动态计算“语句组”中的表达式(这是和 Module 模块唯一的区别，下文的 Module 模块是“静态”处理的)。例如执行如下语句：

```
y=x^2+2x+1
Block[{x=a},x+y]
```

将返回 1+3a+a^2。而执行 Module[{x=a},x+y]将返回 1+a+2 x+x^2。

7.4.3 Module 模块

在绝大多数情况下，使用 Module 语句实现模块的功能，最主要的原因可能是因为“Module”英文有“模块”的含义。由 7.4.2 小节可知，当全部使用局部变量时，Block 模块与 Module 模块完全通用，事实上，Wolfram 语言中 Block 模块的处理速度比 Module 模块更快。Module 语句的语法如下：

Module[局部变量列表，语句组]

或 **Module[局部变量初始化列表，语句组]**

这里的“语句组”可包含多条语句，各条语句间用分号“;”分隔，语句组的最后一条语句的执行结果为返回值。Module 语句的典型用法实例如表 7-17 所示。

表 7-17 Module 模块的典型用法实例

序号	语　　句	计算结果或含义
1	f[y_,z_]:=Module[{y1=y,z1=z},Sqrt[y1^2+z1^2]]	定义函数 f
	f[3,4]	5
2	f[y_,z_]:=Module[{y1=y,z1=z,a},a=Sqrt[y1^2+z1^2]]	定义函数 f
	f[3,4]	5

由 Module 语句使用 Hénon 映射生成伪随机序列的程序如下：

```
Clear["`*"]
henon:={#[[2]],1.0-1.4#[[2]]^2+0.3#[[1]]}&;
f[x0_,y0_,m_]:=Module[{x1=x0,y1=y0,m1=m,dat1,dat2,dat3},
                        dat1=NestList[henon,{x1,y1},m1];
                        dat2=Flatten[dat1][[3;;-1;;2]];
                        dat3=Mod[Floor[(2+dat2)*10^6],256];
                        {dat1[[2;;-1]],dat3}]
{ps1,ps2}=f[0.7,0.13,3000]
```

上述程序代码首先定义了 henon 函数和 f 函数，f 函数的参数 x0 和 y0 为 Hénon 映射的迭代初值，m 设定产生的混沌伪随机序列的长度。函数 f 的返回值为列表{dat1[[2;;−1]],dat3}，列表中有两个元素 dat1[[2;;−1]]和 dat3，依次为 Hénon 映射的状态值序列和伪随机序列。执行“{ps1,ps2}=f[0.7,0.13,3000]”获得长度为 3000 的状态序列和伪随机序列。下面使用如下语句绘制相图：

```
ListPlot[Reverse/@ps1,AxesLabel->{"x","y"},
AspectRatio->Automatic,ImageSize->Large]
```

绘制 Hénon 映射的相图如图 7-5 所示。

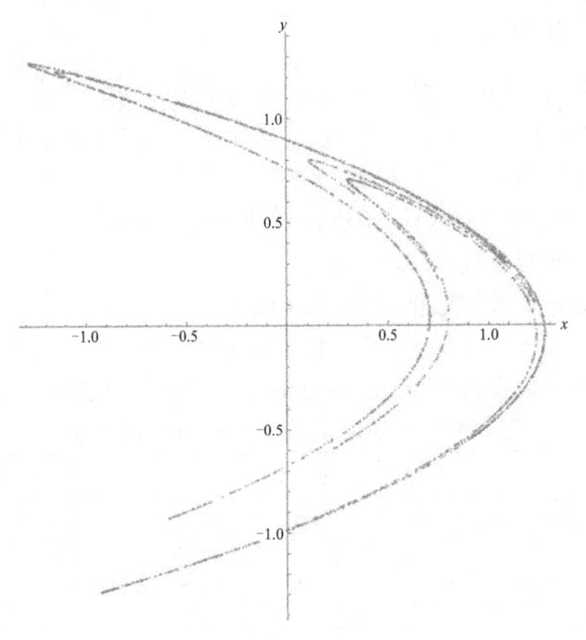

图 7-5　Hénon 映射的相图

建议在 Module 模块中全部使用局部变量，并将 Module 模块定义为函数的实现部分。

7.4.4　Compile 模块

Mathematica 软件使用 C 语言实现时，用户编写的程序的执行是顺序调用 Mathematica 系统函数的。一般地，用户程序的执行效率远远低于 C 语言可执行程序。为了提高 Mathematica 用户程序的执行效率，可以使用 Compile 模块设计经过编译的用户函数。这种编译后的函数的执行效率非常接近于 C 语言可执行程序的效率，但是这类函数只能使用常规的数据类型，即整型(_Integer)、浮点型(_Real)、复数类型(_Complex)和逻辑变量(True 或 False)，使用的列表必须为数值型数组。可见，虽然 Compile 模块可以编译为机器代码，极大地提高了执行速度，但是远没有 Module 模块灵活。

Compile 模块的典型语法为

Compile[{{变量名 1, 变量类型 1},{变量名 2, 变量类型 2}, …}, 语句组]

或

Compile[{{变量名 1, 变量类型 1},{变量名 2, 变量类型 2}, …}, 语句组, 属性]

或

Compile[{{变量名 1, 变量类型 1, 变量 1 维数}, {变量名 2, 变量类型 2, 变量 2 维数}, …}, 语句组]

上述语法中，“语句组”可以包含多条语句，各条语句间用分号“;”隔开。Compile 模块的典型用法实例如表 7-18 所示。

表 7-18　Module 模块的典型用法实例

序号	语　　句	计算结果或含义
1	f=Compile[{{x,_Real},{y,_Real}},Sqrt[x^2+y^2]]	定义函数 f
	f[3,4]	5.
2	g=Compile[{{x,_Integer,1}},Sort[x]]	定义函数 g
	g[{73,35,42,37,73,74,49,1,10,14}]	{1,10,14,35,37,42,49,73,73,74}
3	h=Compile[{{x,_Real,2}},2x]	定义函数 h
	h[{{1.92,2.06,3.76},{1.33,3.15,7.02},{8.20,2.89,1.54}}]	{{3.84,4.12,7.52},{2.66,6.3,14.04},{16.4,5.78,3.08}}

续表

序号	语　句	计算结果或含义
4	f=Compile[{{x,_Real}},x^2+x+1,RuntimeAttributes-> {Listable}]	定义函数 f，函数具有 Listable 属性，当作用于列表时，将分别计算列表中每个元素的函数值
	f[{1,2,3,4}]	{3.,7.,13.,21.}
5	g=Compile[{{x,_Real}},x^2+x+1]	定义函数 g
	g/@{1,2,3,4}	{3.,7.,13.,21.}

由 Compile 语句使用 Hénon 映射生成伪随机序列的程序如下：

```
Clear["`*"]
henon:={#[[2]],1.0-1.4#[[2]]^2+0.3#[[1]]}&;
f=Compile[{{x0,_Real},{y0,_Real},{m,_Integer}},
        Module[{x1=x0,y1=y0,m1=m,dat1,dat2,dat3},
              dat1=NestList[henon,{x1,y1},m1];
              dat2=Flatten[dat1][[3;;-1;;2]];
              dat3=Mod[Floor[(2+dat2)*10^6],256] ]
      ]
ps=f[0.3,0.23,30]
```

返回值为：{240, 4, 204, 52, 14, 106, 206, 79, 232, 189, 113, 50, 255, 186, 203, 163, 254, 170, 182, 123, 147, 207, 33, 81, 174, 249, 115, 33, 211, 113}。

上述程序在 Compile 模块内部嵌入了 Module 模块。Compile 模块的最大用处在于可以借助 Compile 模块比较不同算法的运算速度，Compile 模块本质上是机器语言程序，可以准确地反映算法的运行速度。

7.5 程序设计实例

本节以两个常用的对称密码算法(RC4 和 SM4)为例，介绍 Mathematica 程序设计方法。这里使用了 Module 模块作为程序设计基本单元。对于加密算法而言，输入为明文和密钥，输出为密文；对于解密算法而言，输入为密文和密钥，输出为明文。RC4 是一种常用的流密码，而 SM4 是我国的一项文本加密标准。

7.5.1　RC4 加密原理与实现

RC4 密码，全称为“Rivest Cipher 4”，是一种典型的分组密钥，习惯上称之为流密码，因为 RC4 可用于互联网中的实时数据传输。RC4 的密钥长度可为 1 至 256 个字节，建议实际保密通信应用中使用 128 字节以上的密钥。

这里，设 $\boldsymbol{p}$ 表示明文，$\boldsymbol{k}$ 表示密钥，$\boldsymbol{c}$ 表示密文，均为基于字节的向量。RC4 加密过程如图 7-6 所示。

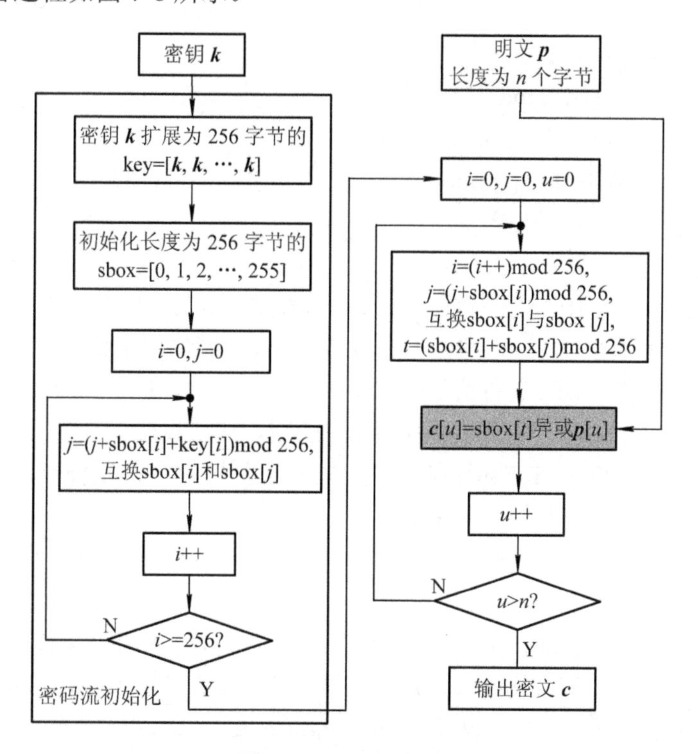

图 7-6　RC4 加密过程

结合表 7-6 可知，对于 RC4 加密过程，输入为密钥 $\boldsymbol{k}$ 和长度为 n 个字节的明文 $\boldsymbol{p}$，输出为长度为 n 个字节的密文 $\boldsymbol{c}$。具体的加密步骤如下：

1．密码流初始化

第 1 步：将密钥 $\boldsymbol{k}$ 扩展为长度为 256 字节的 key。设密钥 $\boldsymbol{k}$ 的长度为 m 个字节，则

$$\text{key}[i\text{++}]=\boldsymbol{k}[(i\text{++}) \bmod m],\ i=0,1,2,\cdots,255 \tag{7.4}$$

第 2 步：初始化长度为 256 字节的数组 sbox，即 sbox=[0,1,2,⋯,255]。

第 3 步：循环变量 i 从 0 至 255，循环执行以下两条语句：

(Ⅰ) j=(j+sbox[i]+key[i]) mod 256；

(Ⅱ) 互换 sbox[i]与 sbox[j]的值。

经过上述 3 步得到的 sbox 称为初始密码流。

2. 加密算法

已知明文 $\boldsymbol{p}$ 的长度为 n。初始化变量 i=0、j=0。变量 u 从 0 至 $n-1$，循环执行以下语句：

(Ⅰ) i=(i++) mod 256；

(Ⅱ) j=(j+sbox[i]) mod 256；

(Ⅲ) 互换 sbox[i]与 sbox[j]的值；

(Ⅳ) t=(sbox[i]+sbox[j]) mod 256；

(Ⅴ) $\boldsymbol{c}$[u]=sbox[t] 异或 $\boldsymbol{p}$[u]。

最后得到的 $\boldsymbol{c}$ 即为密文。

需要注意的是 RC4 密码不是一次一密算法，使用 RC4 密码的通信双方在“密码流初始化”之后，将随着图 7-6 中 $\boldsymbol{k}$ 的增加持续加密过程。RC4 可能的不安全性在于密码流的重复(或循环再现)。因此，RC4 密码不宜长期使用，在使用一段时间(加密了足够长的数据)后，应借助于公钥技术替换 RC4 密码的密钥 $\boldsymbol{k}$。此外，RC4 不宜加密大量的重复性内容，这种情况下即使密码流是变化的，仍然有信息泄露的危险。

RC4 密码的解密过程与加密过程相似，除了有两点不同：① 输入为密钥 $\boldsymbol{k}$ 和密文 $\boldsymbol{c}$，输出为还原后的明文 $\boldsymbol{p}$；② 图 7-6 中有灰色填充的方框中的内容由原来的“$\boldsymbol{c}$[u]=sbox[t] 异或 $\boldsymbol{p}$[u]”变为“$\boldsymbol{p}$[u]=sbox[t] 异或 $\boldsymbol{c}$[u]”。

现在，借助于 Mathematica 软件实现 RC4 算法。首先，设密钥 $\boldsymbol{k}$ 为 71 个字节长的字符串：“Do not for one repulse give up the purpose that you resolved to effect.”(仅作为示例，选自莎士比亚先生的名言，由于这个密钥中存在大量重复的字符，包括空格，这并不是一个优秀的密钥)。然后，设明文 $\boldsymbol{p}$ 为莎士比亚先生的另一段名言：“Ignorance is the curse of nature, knowledge the wing wherewith we fly to heaven.”(长 80 个字节)。

借助于 Mathematica 使用 RC4 密码和密钥 $\boldsymbol{k}$ 加密明文 $\boldsymbol{p}$ 的具体实现程序如下：

```
1       rc4[k_,p_]:=Module[
2           {k1=k,p1=p,k2,p2,n,c,key,sbox,i,j,t},
```

```
3          k2=ToCharacterCode[k1];
4          p2=ToCharacterCode[p1];
5          n=Length[p2];
6          c=Table[0,n];
7          key=PadRight[{},256,k2];
8          sbox=Range[0,255];
9          j=0;
10         Table[j=Mod[j+sbox[[i]]+key[[i]],256]+1;
11               t=sbox[[i]];sbox[[i]]=sbox[[j]];sbox[[j]]=t,
12               {i,1,256}];
13      i=0;j=0;
14      Table[
15           i=Mod[i,256]+1;
16           j=Mod[j+sbox[[i]],256]+1;
17           t=sbox[[i]];sbox[[i]]=sbox[[j]];sbox[[j]]=t;
18           t=Mod[sbox[[i]]+sbox[[j]],256]+1;
19           c[[u]]=BitXor[sbox[[t]],p2[[u]]]
20           ,{u,n}];
21      {c, FromCharacterCode[c]}
22      ]
```

上述代码中，第 1 行自定义函数 rc4，具有两个参数，即密钥 k(字符串形式)和明文 p(字符串形式)，使用 Module 模块实现。第 2 行定义模块中应用的局部变量，同时将参数 k 赋给 k1，将参数 p 赋给 p1，其中的局部变量 c 用于保存密文的 ASCII 码、key 用于保存密钥 k 扩展为 256 字节的密钥。第 3 行将密钥 k 转化为 ASCII 形式，保存在局部变量 k2 中。第 4 行将明文 p1 转化为 ASCII 形式，保存在局部变量 p2 中。第 5 行得到明文的长度，保存在局部变量 n 中。第 6 行得到长度为 n 的密文 c，这里初始化 c 的每个元素为 0。第 7 行将长度为 71 字节的密钥 k2 进行复制扩展，得到一个长度为 256 字节的密钥 key。第 8 行初始化 sbox 为[0,1,2,⋯,255]。

第 9 行令 j=0。第 10~12 行为一条 Table 语句，实现 i 从 1 至 256 的循环，每次循环得到一个新的 j(第 10 行)，并将 sbox[i]和 sbox[j]的值互换(第 11 行)。第 13 行令 i=0 和 j=0。第 14~20 行为一条 Table 语句，实现 u 从 1 至 n 的循环，每次循环中，i 自增 1(当超过 256 时，i 设为 0)(第 15 行)，并计算一个新的 j(第 16 行)，互换 sbox[i]和 sbox[j]的值(第 17 行)，根据 sbox[i]和 sbox[j]的值得到 t(第 18 行)，异或 sbox[t]和 p2[u]得到密文 c[u](第 19 行)。其中，在第 15 行、第 16 行和第 18 行中的“+1”处理是因为 Mathematica 中列表元素的索引是从 1 开始的。

第 21 行输出密文的 ASCII 编码列表 c 和它的文本。

现在，输入：

k="Do not for one repulse give up the purpose that you resolved to effect."

p="Ignorance is the curse of nature, knowledge the wing wherewith we fly to heaven."

调用：

{c1,c2}=rc4[k,p]

则得到加密结果为：

{{88, 30, 63, 83, 190, 22, 240, 255, 38, 119, 187, 91, 79, 0, 33, 219, 184, 233, 179, 74, 225, 146, 92, 119, 84, 49, 107, 29, 123, 156, 152, 73, 131, 124, 154, 34, 134, 216, 227, 89, 243, 153, 82, 63, 129, 85, 62, 90, 145, 235, 26, 245, 124, 99, 182, 152, 52, 184, 226, 81, 247, 32, 248, 68, 163, 91, 195, 217, 44, 211, 93, 42, 244,242,101,109,31,117,42,188},X\.1e?S¾\.16ðÿ&w»[O\.00!Û¸é\.b3Já \wT1k\.1d{　I | " ØãYó R? U>Z ë\.1aõ|c\[Paragraph] 4¸âQ/ øD£[ÃÙ,Ó]*ôòem\.1fu*¼}。

上述的函数 rc4 也可以作为解密函数，输入：

k="Do not for one repulse give up the purpose that you resolved to effect."

c=c2

这里的 c2 来自“{c1,c2}=rc4[k,p]”。调用：

{p1,p2}=rc4[k,c2]

则得到解密结果为：

{{73, 103, 110, 111, 114, 97, 110, 99, 101, 32, 105, 115, 32, 116, 104, 101, 32, 99, 117, 114, 115, 101, 32, 111, 102, 32, 110, 97, 116, 117, 114, 101, 44, 32, 107, 110, 111, 119, 108, 101, 100, 103, 101, 32, 116, 104, 101, 32, 119, 105, 110, 103, 32, 119, 104, 101, 114, 101, 119, 105, 116, 104, 32, 119, 101, 32, 102, 108, 121, 32, 116, 111, 32, 104, 101, 97, 118, 101, 110, 46}, Ignorance is the curse of nature, knowledge the wing wherewith we fly to heaven.}。

由上述程序的运算结果可知，RC4 加密明文得到的密文不具有可读性，而解密后的数据与原始明文完全相同，加密过程与解密过程完全相同。RC4 虽然简单，但是具有重要的实用价值，表现在：① 密钥长度为 128 字节以上的 RC4 目前仍无有效的破译方法；② RC4 可以实现实时的网络通信；③ RC4 常与公钥密码结合在一起应用于各种高强度的秘密通信情况下。

7.5.2 SM4 加密原理与实现

商用密码 SM4 是我国的一项文本数据加密标准，输入密钥长度为 128 比特，输入的明文长度为 128 比特，输出的密文长度也为 128 比特。如果用 SM4 加密长文本，需要使用 CBC(密文分组链接)模式。SM4 和 DES(数据加密标准)结构上类似，关于 DES 的描述请参考文献[4-6]。SM4 在国内应用广泛，但它存在三个不足：① 密钥长度只有 128 比特；② 其密钥扩展算法中，***fk*** 没有发挥实质性作用(***fk*** 见图 7-8)；③ 加密轮数太多，且每轮的数据更新效率比 DES 低。

SM4 密码的工作原理如图 7-7 和图 7-8 所示，包括两部分，即加密算法和密钥扩展算法。SM4 的解密算法与加密算法相同，但是输入为密文 ***c***，且轮密钥 ***rk*** 的输入顺序与加密算法相反，即依次输入 $\boldsymbol{rk}_{31}, \boldsymbol{rk}_{30},\cdots,\boldsymbol{rk}_{0}$。

设轮密钥 ***rk*** 已经由图 7-8 生成就绪，下面首先介绍图 7-7 所示的 SM4 密码的加密过程：

第 1 步：将输入明文 ***p*** 分为 4 个 32 比特的字，记为 x_0、x_1、x_2 和 x_3。

第 2 步：执行图 7-7 中的第 1 轮操作，即

$$x_4=x_0 \oplus \mathrm{L}_1(\mathrm{T}(x_1 \oplus x_2 \oplus x_3 \oplus rk_0)) \tag{7.5}$$

第 3 步：依次执行第 2 轮至第 32 轮操作，其中，第 i 轮将生成一个新的 x_{i+3}，即

$$x_{i+3}=x_{i-1} \oplus \mathrm{L}_1(\mathrm{T}(x_i \oplus x_{i+1} \oplus x_{i+2} \oplus rk_{i-1})) \tag{7.6}$$

第 4 步：将第 32 轮的输出按字节左右翻转，得到密文 ***c***，即 $\boldsymbol{c}=(x_{35}, x_{34}, x_{33}, x_{32})$。

上述的“⊕”表示按位异或。在上述的第 2 步和第 3 步中，即在每一轮中，都使用了变换 T 和 L_1，这里的 T 表示查表操作，而 L_1 是基于字的移位异或操作。其中，变换 L_1 的运算如下：

$$y=\mathrm{L}_1(x)=x \oplus (x<<<2) \oplus (x<<<10) \oplus (x<<<18) \oplus (x<<<24) \tag{7.7}$$

其中，“<<<”表示循环左移位。

变换 T 的运算如下：

$$\begin{aligned} y=\mathrm{T}(x)&=\mathrm{T}(x(31:24), x(23:16), x(15:8), x(7:0)) \\ &=(\mathrm{Sbox}(x(31:24)), \mathrm{Sbox}(x(23:16), \mathrm{Sbox}(x(15:8)), \mathrm{Sbox}(x(7:0))) \end{aligned} \tag{7.8}$$

即 T 变换的过程为先将输入 x 分为四个字节，然后，根据 S 盒查找每个字节

的变换值，再将变换后的值合并，记为 y。这里的 S 盒为 16×16 的二维数组(或者视为一个长度为 256 的向量)，如表 7-19 所示。

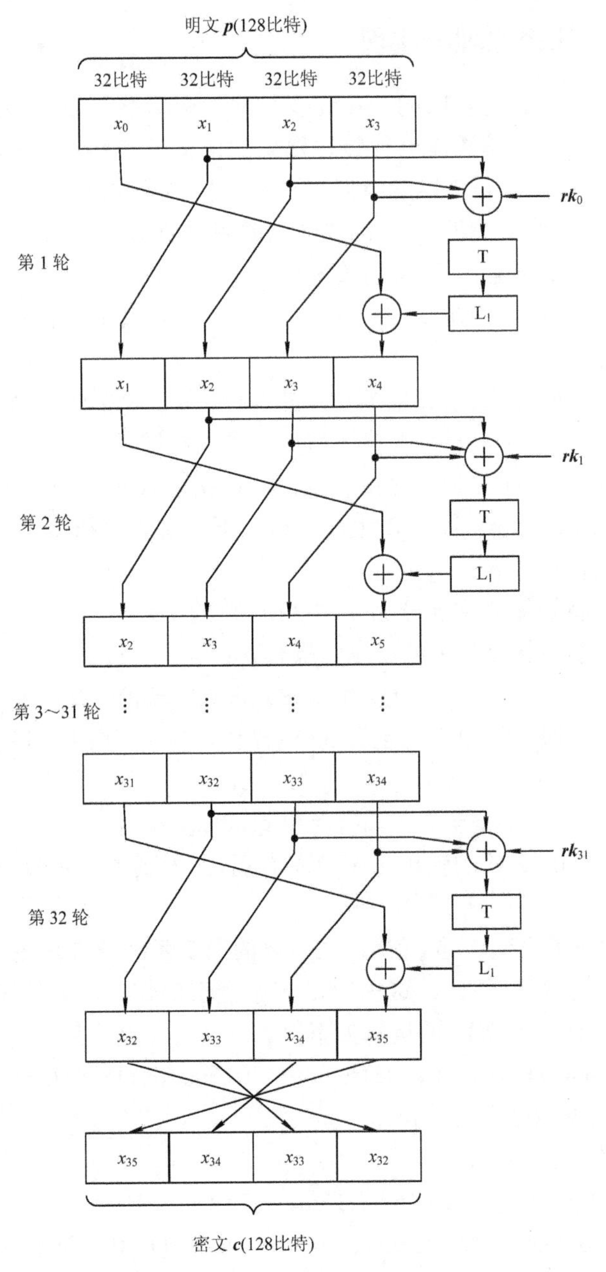

图 7-7　SM4 密码的加密原理图

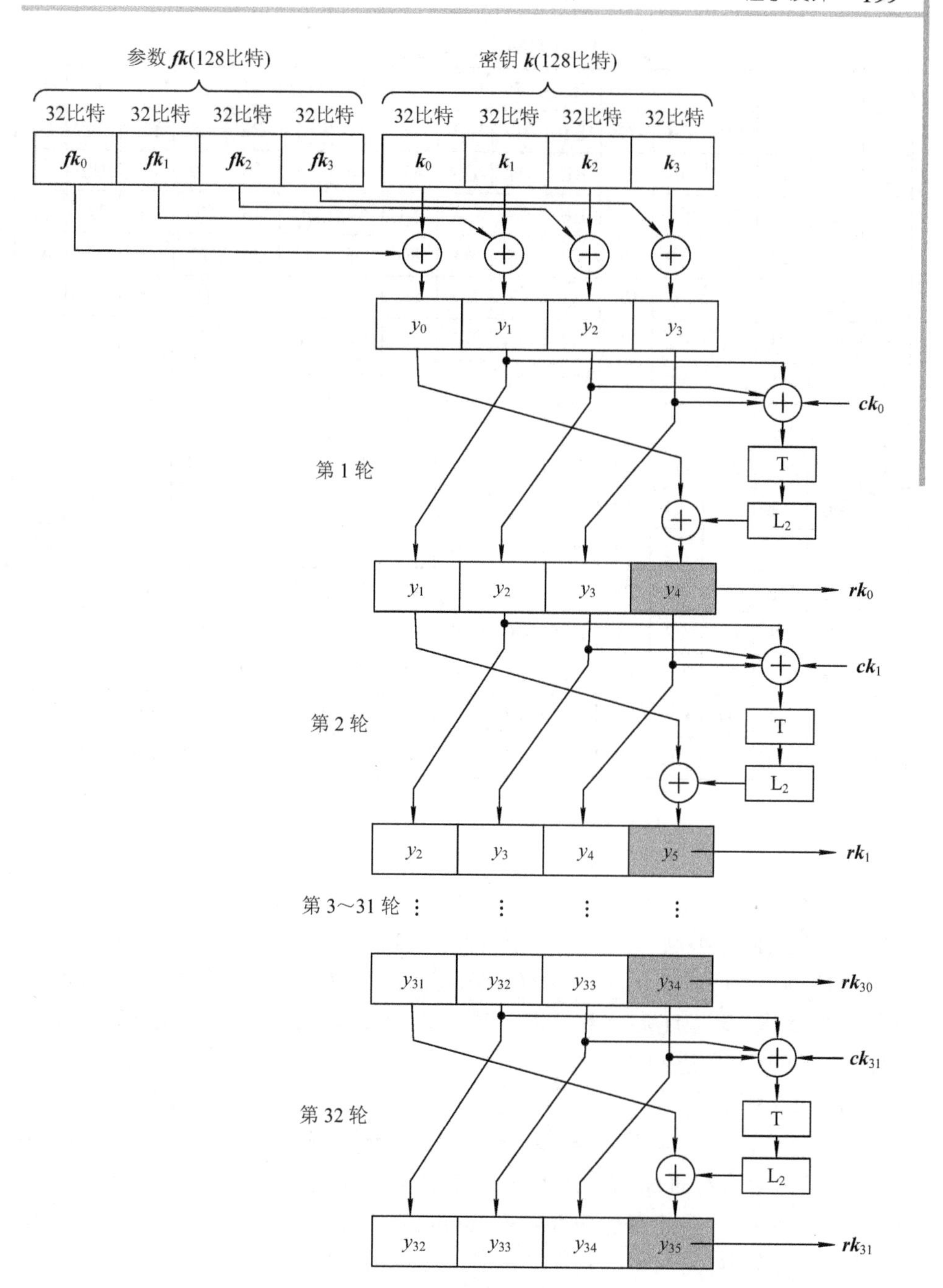

图 7-8 SM4 密码的密钥扩展过程

表 7-19 SM4 的 S 盒(十六进制)

	1	2	3	4	5	6	7	8	9	10	11	12	13	14	15	16
1	D6	90	E9	FE	CC	E1	3D	B7	16	B6	14	C2	28	FB	2C	05
2	2B	67	9A	76	2A	BE	04	C3	AA	44	13	26	49	86	06	99
3	9C	42	50	F4	91	EF	98	7A	33	54	0B	43	ED	CF	AC	62
4	E4	B3	1C	A9	C9	08	E8	95	80	DF	94	FA	75	8F	3F	A6
5	47	07	A7	FC	F3	73	17	BA	83	59	3C	19	E6	85	4F	A8
6	68	6B	81	B2	71	64	DA	8B	F8	EB	0F	4B	70	56	9D	35
7	1E	24	0E	5E	63	58	D1	A2	25	22	7C	3B	01	21	78	87
8	D4	00	46	57	9F	D3	27	52	4C	36	02	E7	A0	C4	C8	9E
9	EA	BF	8A	D2	40	C7	38	B5	A3	F7	F2	CE	F9	61	15	A1
10	E0	AE	5D	A4	9B	34	1A	55	AD	93	32	30	F5	8C	B1	E3
11	1D	F6	E2	2E	82	66	CA	60	C0	29	23	AB	0D	53	4E	6F
12	D5	DB	37	45	DE	FD	8E	2F	03	FF	6A	72	6D	6C	5B	51
13	8D	1B	AF	92	BB	DD	BC	7F	11	D9	5C	41	1F	10	5A	D8
14	0A	C1	31	88	A5	CD	7B	BD	2D	74	D0	12	B8	E5	B4	B0
15	89	69	97	4A	0C	96	77	7E	65	B9	F1	09	C5	6E	C6	84
16	18	F0	7D	EC	3A	DC	4D	20	79	EE	5F	3E	D7	CB	39	48

在加密过程中，$\boldsymbol{rk}_0, \boldsymbol{rk}_1, \cdots, \boldsymbol{rk}_{31}$ 为轮密钥，第 i 轮的轮密钥为 $\boldsymbol{rk}_{i-1}$。可借助于密钥扩展算法，由输入密钥 $\boldsymbol{k}$ 和系统参数 $\boldsymbol{fk}$ 生成 32 个轮密钥，SM4 密码的密钥扩展过程如图 7-8 所示。图 7-8 的密钥扩展算法与图 7-7 所示的加密算法类似，不同之处在于以下几个方面：

(1) 输入为 $y=(y_0, y_1, y_2, y_3)=\boldsymbol{k}\oplus\boldsymbol{fk}=(\boldsymbol{k}_0\oplus\boldsymbol{fk}_0, \boldsymbol{k}_1\oplus\boldsymbol{fk}_1, \boldsymbol{k}_2\oplus\boldsymbol{fk}_2, \boldsymbol{k}_3\oplus\boldsymbol{fk}_3)$。这里的参数 $\boldsymbol{fk}$ 为$(\boldsymbol{fk}_0, \boldsymbol{fk}_1, \boldsymbol{fk}_2, \boldsymbol{fk}_3)$=(A2B1BAC6, 56AA3350, 677D9197, B27022DC) (十六进制数)。

(2) L2 算法为

$$y=\mathrm{L}_2(x)=x\oplus(x<<<13)\oplus(x<<<23) \tag{7.9}$$

(3) 每轮输入的 $\boldsymbol{ck}_i$, $i=0,1,2,\cdots,31$ 的计算方法为

$$\boldsymbol{ck}_{i,j}=(4i+j)\times 7 \bmod 256 \tag{7.10}$$

其中，$\boldsymbol{ck}_{i,j}$ 是 $\boldsymbol{ck}_i$ 的第 j 个字节，$j=0,1,2,3$，$i=0,1,2,\cdots,31$。

在图 7-8 中，带阴影的方框中的值为轮密钥的值，即 $\boldsymbol{rk}_i=y_{i+4}$，$i=0,1,2,\cdots,31$。

现在，基于上述SM4密码的介绍，编写3个函数，即密钥扩展函数keyext、加密函数sm4en和解密函数sm4de。

(1) 密钥扩展函数keyext代码如下所示：

```
1   keyext[k_] := Module[
2      {key = k, ck, fk, fk1, key1, key2, y, yt, rk, sbox, t1, t2, t3, t4, t5, t6, t7},
3      ck = Table[0, 32];
4      Table[ck[[i + 1]] = Mod[4 i*7, 256]*2^24 + Mod[(4 i+1)*7, 256]*2^16 +
5                        Mod[(4 i+2)*7, 256]*2^8+Mod[(4 i+3)*7, 256], {i, 0, 31}];
6      fk = {"A2B1BAC6", "56AA3350", "677D9197", "B27022DC"};
7      fk1 = FromDigits[#, 16] & /@ fk;
8      key1 = StringPartition[key, 8];
9      key2 = FromDigits[#, 16] & /@ key1;
10     y = BitXor[key2, fk1];
11     yt = Table[0, 4];
12     rk = Table[0, 32];
13     sbox = {214, 144, 233, 254, 204, 225, 61, 183, 22, 182, 20, 194, 40,
14         251, 44, 5, 43, 103, 154, 118, 42, 190, 4, 195, 170, 68, 19, 38,
15          73, 134, 6, 153, 156, 66, 80, 244, 145, 239, 152, 122, 51, 84, 11,
16          67, 237, 207, 172, 98, 228, 179, 28, 169, 201, 8, 232, 149, 128,
17         223, 148, 250, 117, 143, 63, 166, 71, 7, 167, 252, 243, 115, 23,
18         186, 131, 89, 60, 25, 230, 133, 79, 168, 104, 107, 129, 178, 113,
19         100, 218, 139, 248, 235, 15, 75, 112, 86, 157, 53, 30, 36, 14, 94,
20          99, 88, 209, 162, 37, 34, 124, 59, 1, 33, 120, 135, 212, 0, 70,
21          87, 159, 211, 39, 82, 76, 54, 2, 231, 160, 196, 200, 158, 234,
22         191, 138, 210, 64, 199, 56, 181, 163, 247, 242, 206, 249, 97, 21,
23         161, 224, 174, 93, 164, 155, 52, 26, 85, 173, 147, 50, 48, 245,
24         140, 177, 227, 29, 246, 226, 46, 130, 102, 202, 96, 192, 41, 35,
25         171, 13, 83, 78, 111, 213, 219, 55, 69, 222, 253, 142, 47, 3, 255,
26         106, 114, 109, 108, 91, 81, 141, 27, 175, 146, 187, 221, 188,
27         127, 17, 217, 92, 65, 31, 16, 90, 216, 10, 193, 49, 136, 165, 205,
28         123, 189, 45, 116, 208, 18, 184, 229, 180, 176, 137, 105, 151,
29          74, 12, 150, 119, 126, 101, 185, 241, 9, 197, 110, 198, 132, 24,
30         240, 125, 236, 58, 220, 77, 32, 121, 238, 95, 62, 215, 203, 57, 72};
```

```
31      Table[yt[[1]] = y[[2]]; yt[[2]] = y[[3]]; yt[[3]] = y[[4]];
32        t1 = BitXor[ck[[i]], y[[2]], y[[3]], y[[4]]];
33        t2 = {Floor[t1/2^24], Mod[Floor[t1/2^16], 256],
34              Mod[Floor[t1/2^8], 256], Mod[t1, 256]};
35        t3 = {sbox[[t2[[1]] + 1]], sbox[[t2[[2]] + 1]],
36              sbox[[t2[[3]] + 1]], sbox[[t2[[4]] + 1]]};
37        t4 = t3[[1]]*2^24 + t3[[2]]*2^16 + t3[[3]]*2^8 + t3[[4]];
38        t5 = IntegerDigits[t4, 2, 32];
39        t6 = FromDigits[RotateLeft[t5, 13], 2];
40        t7 = FromDigits[RotateLeft[t5, 23], 2];
41        yt[[4]] = BitXor[y[[1]], t4, t6, t7];
42        y = yt;
43        rk[[i]] = y[[4]]
44        , {i, 1, 32}];
45      rk
46      ]
```

上述函数 keyext 为密钥扩展函数，输入密钥 k，输出轮密钥 rk。结合图 7-8，第 2 行定义 Module 模块中使用的局部变量。第 3~4 行按式(7.10)生成参数 ck。第 6 行设置系统参数 fk，第 7 行将 fk 转化为整数数组 fk1。第 8~9 行将输入密钥 k 转化为整数数组，保存在变量 key2 中。第 10 行将密钥 key2 和参数 fk1 异或，得到初始的 y 值。第 11 行定义变量 yt，用于各轮的循环中暂存变量 y 的值。第 12 行定义变量 rk 作为轮密钥。第 13~30 行的数组 sbox 来自表 7-19，作为 SM4 密码的 S 盒。

第 31~44 行为借助于 Table 表实现的 32 轮操作，在第 i 轮操作中，先将数组 y 的第 2、3、4 个元素依次赋给变量 yt 的第 1、2、3 个元素(第 31 行)；然后，将 ck[i]与 y[2]、y[3]、y[4]异或得到变量 t1(第 32 行)；将长度为 32 比特的 t1 分成 4 个字节，保存在变量 t2 中(第 33~34 行)；根据 t2 查 S 盒得到新的变量 t3(第 35~36 行)；将 t3 转化为一个长度为 32 比特的变量 t4(第 37 行)；第 38 行将 t4 转化为长度为 32 的二进制序列字符串，保存在 t5 中；第 39 行将 t5 左循环移位 13 位，然后转化为整数保存在 t6 中；第 40 行将 t5 左循环移位 23 位，然后转化为整数保存在 t7 中；接着，第 41 行异或 y[1]、t4、t6 和 t7 得到 yt[4]；第 42 行将 yt 赋给 y，为下一次循环做准备；第 43 行将 y[4]赋给 rk[i]，即得到第 i 轮的轮密钥。第 44 行表示上述过程循环执行 32

次，从而得到完整的轮密钥 rk。第 45 行返回轮密钥 rk。

函数 keyext 被加密函数 sm4en 和解密函数 sm4de 调用。

(2) **加密函数 sm4en 代码如下所示：**

```
1    sm4en[k_, p_] := Module[
2      {key = k, p1 = p, rk, sbox, p2, x, xt, t1, t2, t3, t4, t5, t6, t7, t8, t9, c1, c},
3      rk = keyext[key];
4      sbox = {214, 144, 233, 254, 204, 225, 61, 183, 22, 182, 20, 194, 40,
5          251, 44, 5, 43, 103, 154, 118, 42, 190, 4, 195, 170, 68, 19, 38,
6           73, 134, 6, 153, 156, 66, 80, 244, 145, 239, 152, 122, 51, 84, 11,
7           67, 237, 207, 172, 98, 228, 179, 28, 169, 201, 8, 232, 149, 128,
8          223, 148, 250, 117, 143, 63, 166, 71, 7, 167, 252, 243, 115, 23,
9          186, 131, 89, 60, 25, 230, 133, 79, 168, 104, 107, 129, 178, 113,
10         100, 218, 139, 248, 235, 15, 75, 112, 86, 157, 53, 30, 36, 14, 94,
11          99, 88, 209, 162, 37, 34, 124, 59, 1, 33, 120, 135, 212, 0, 70,
12          87, 159, 211, 39, 82, 76, 54, 2, 231, 160, 196, 200, 158, 234,
13         191, 138, 210, 64, 199, 56, 181, 163, 247, 242, 206, 249, 97, 21,
14         161, 224, 174, 93, 164, 155, 52, 26, 85, 173, 147, 50, 48, 245,
15         140, 177, 227, 29, 246, 226, 46, 130, 102, 202, 96, 192, 41, 35,
16         171, 13, 83, 78, 111, 213, 219, 55, 69, 222, 253, 142, 47, 3, 255,
17         106, 114, 109, 108, 91, 81, 141, 27, 175, 146, 187, 221, 188,
18         127, 17, 217, 92, 65, 31, 16, 90, 216, 10, 193, 49, 136, 165, 205,
19         123, 189, 45, 116, 208, 18, 184, 229, 180, 176, 137, 105, 151,
20          74, 12, 150, 119, 126, 101, 185, 241, 9, 197, 110, 198, 132, 24,
21         240, 125, 236, 58, 220, 77, 32, 121, 238, 95, 62, 215, 203, 57, 72};
22     p2 = StringPartition[p1, 8];
23     x = FromDigits[#, 16] & /@ p2;
24     xt = Table[0, 4];
25     Table[xt[[1]] = x[[2]]; xt[[2]] = x[[3]]; xt[[3]] = x[[4]];
26         t1 = BitXor[rk[[i]], x[[2]], x[[3]], x[[4]]];
27         t2 = {Floor[t1/2^24], Mod[Floor[t1/2^16], 256],
28               Mod[Floor[t1/2^8], 256], Mod[t1, 256]};
29         t3 = {sbox[[t2[[1]] + 1]], sbox[[t2[[2]] + 1]],
30               sbox[[t2[[3]] + 1]], sbox[[t2[[4]] + 1]]};
```

```
31              t4 = t3[[1]]*2^24 + t3[[2]]*2^16 + t3[[3]]*2^8 + t3[[4]];
32              t5 = IntegerDigits[t4, 2, 32];
33              t6 = FromDigits[RotateLeft[t5, 2], 2];
34              t7 = FromDigits[RotateLeft[t5, 10], 2];
35              t8 = FromDigits[RotateLeft[t5, 18], 2];
36              t9 = FromDigits[RotateLeft[t5, 24], 2];
37              xt[[4]] = BitXor[x[[1]], t4, t6, t7, t8, t9];
38              x = xt
39              , {i, 1, 32}];
40          x = Reverse[x];
41          c1 = IntegerString[#, 16, 8] & /@ x;
42          c = ToUpperCase[StringJoin[c1]]
43      ]
```

上述函数 sm4en 为 SM4 密码的加密函数，输入为密钥 k 和明文 p，输出为密文 c。结合图 7-7，第 2 行定义 Module 模块内部使用的局部变量。第 3 行调用 keyext 函数由密钥 key 生成轮密钥 rk。第 4~21 行为 S 盒数组 sbox，其中的数据来自表 7-19。第 22 行将输入的明文 p1 分成 8 个字符一组的列表 p2；第 23 行将 p2 转化为整数数组。第 24 行定义变量 xt，用于在各轮的循环中暂存 x。第 25~39 行为借助于 Table 的循环操作，对应着 SM4 的轮操作，对于第 i 轮而言，首先将 x 的第 2、3、4 个元素依次赋给 xt 的第 1、2、3 个元素(第 25 行)；然后，将第 i 轮的轮密钥 rk[i]与 x[2]、x[3]、x[4]相异或得到 t1；第 27~28 行将长度为 32 比特的 t1 分成 4 个字节，保存在列表 t2 中；第 29~30 行根据 t2 查询 S 盒得到新的列表 t3；第 31 行将 4 个 8 位的列表 t3 合并为一个长度为 32 位的整数，保存在 t4 中；第 32 行将 t4 转化为二进制数字符数组 t5；第 33 行将 t5 循环左移 2 位后转化为整数，保存在 t6 中；第 34 行将 t5 循环左移 10 位后转化为整数，保存在 t7 中；第 35 行将 t5 循环左移 18 位后转化为整数，保存在 t8 中；第 36 行将 t5 循环左移 24 位后转化为整数，保存在 t9 中；第 37 行将 x[1]、t4、t6、t7、t8 和 t9 的异或结果赋给 xt[4]；第 38 行将 xt 赋给 x，为下一轮循环做准备；第 39 行说明上述操作循环 32 次。

第 40 行将 Table 计算的结果 x 左右翻转后仍赋给 x。第 41 行将 x 转化为字符数组，赋给 c1；第 42 行将 c1 合并为一个字符串，赋给 c，c 即为密文。

(3) **解密函数 sm4de 代码如下所示：**

```
1   sm4de[k_, p_] := Module[
2     {key = k, p1 = p, rk, sbox, p2, x, xt, t1, t2, t3, t4, t5, t6, t7, t8, t9, c1, c},
3     rk = Reverse[keyext[key]];
4     sbox = {214, 144, 233, 254, 204, 225, 61, 183, 22, 182, 20, 194, 40,
5        251, 44, 5, 43, 103, 154, 118, 42, 190, 4, 195, 170, 68, 19, 38,
6        73, 134, 6, 153, 156, 66, 80, 244, 145, 239, 152, 122, 51, 84, 11,
7        67, 237, 207, 172, 98, 228, 179, 28, 169, 201, 8, 232, 149, 128,
8        223, 148, 250, 117, 143, 63, 166, 71, 7, 167, 252, 243, 115, 23,
9        186, 131, 89, 60, 25, 230, 133, 79, 168, 104, 107, 129, 178, 113,
10       100, 218, 139, 248, 235, 15, 75, 112, 86, 157, 53, 30, 36, 14, 94,
11       99, 88, 209, 162, 37, 34, 124, 59, 1, 33, 120, 135, 212, 0, 70,
12       87, 159, 211, 39, 82, 76, 54, 2, 231, 160, 196, 200, 158, 234,
13       191, 138, 210, 64, 199, 56, 181, 163, 247, 242, 206, 249, 97, 21,
14       161, 224, 174, 93, 164, 155, 52, 26, 85, 173, 147, 50, 48, 245,
15       140, 177, 227, 29, 246, 226, 46, 130, 102, 202, 96, 192, 41, 35,
16       171, 13, 83, 78, 111, 213, 219, 55, 69, 222, 253, 142, 47, 3, 255,
17       106, 114, 109, 108, 91, 81, 141, 27, 175, 146, 187, 221, 188,
18       127, 17, 217, 92, 65, 31, 16, 90, 216, 10, 193, 49, 136, 165, 205,
19       123, 189, 45, 116, 208, 18, 184, 229, 180, 176, 137, 105, 151,
20       74, 12, 150, 119, 126, 101, 185, 241, 9, 197, 110, 198, 132, 24,
21       240, 125, 236, 58, 220, 77, 32, 121, 238, 95, 62, 215, 203, 57, 72};
22    p2 = StringPartition[p1, 8];
23    x = FromDigits[#, 16] & /@ p2;
24    xt = Table[0, 4];
25    Table[xt[[1]] = x[[2]]; xt[[2]] = x[[3]]; xt[[3]] = x[[4]];
26      t1 = BitXor[rk[[i]], x[[2]], x[[3]], x[[4]]];
27      t2 = {Floor[t1/2^24], Mod[Floor[t1/2^16], 256],
28            Mod[Floor[t1/2^8], 256], Mod[t1, 256]};
29      t3 = {sbox[[t2[[1]] + 1]], sbox[[t2[[2]] + 1]],
30            sbox[[t2[[3]] + 1]], sbox[[t2[[4]] + 1]]};
31      t4 = t3[[1]]*2^24 + t3[[2]]*2^16 + t3[[3]]*2^8 + t3[[4]];
```

```
32          t5 = IntegerDigits[t4, 2, 32];
33          t6 = FromDigits[RotateLeft[t5, 2], 2];
34          t7 = FromDigits[RotateLeft[t5, 10], 2];
35          t8 = FromDigits[RotateLeft[t5, 18], 2];
36          t9 = FromDigits[RotateLeft[t5, 24], 2];
37          xt[[4]] = BitXor[x[[1]], t4, t6, t7, t8, t9];
38          x = xt
39          , {i, 1, 32}];
40        x = Reverse[x];
41        c1 = IntegerString[#, 16, 8] & /@ x;
42        c = ToUpperCase[StringJoin[c1]]
43      ]
```

SM4 密码的解密算法与加密算法完全相同，只是轮密钥以相反的顺序输入。因此，上述解密函数 sm4de 与加密函数 sm4en 相同，除了第 3 行代码，即输入的轮密钥是相反的顺序。对于解密函数 sm4de 而言，输入为密钥和密文(这里用 p 表示)，输出为解密后的文本(这里用 c 表示)。解密函数 sm4de 的含义参考 sm4en，不再赘述。

(4) **加密与解密代码如下所示：**

```
1    p = "5D70514603ECEE5C9AB35344C4582DFE"
2    k = "C1E7DA73EFA036FD7343CE282145A61F"
3    c = sm4en[k, p]
4    28D7351C0EFE1CD03E840E8B7B8F8B1D
5    sm4de[k, c]
6    5D70514603ECEE5C9AB35344C4582DFE
```

上述代码中，输入的密钥 k 为“C1E7DA73EFA036FD7343CE282145A61F”(十六进制，128 比特)，输入的明文 p 为“5D70514603ECEE5C9AB35344C4582DFE”(十六进制，128 比特)。调用加密函数 sm4en 得到的密文 c 为“28D7351C0EFE1CD03E840E8B7B8F8B1D”(十六进制，128 比特)，然后，将该密文 c 和密钥 k 输入解密函数 sm4de，得到解密后的文本为“5D70514603ECEE5C9AB35344C4582DFE”。可见，解密后的文本与原始明文 p 完全相同。

下面介绍借助于 SM4 加密和解密长文本的方法，如图 7-9 所示。

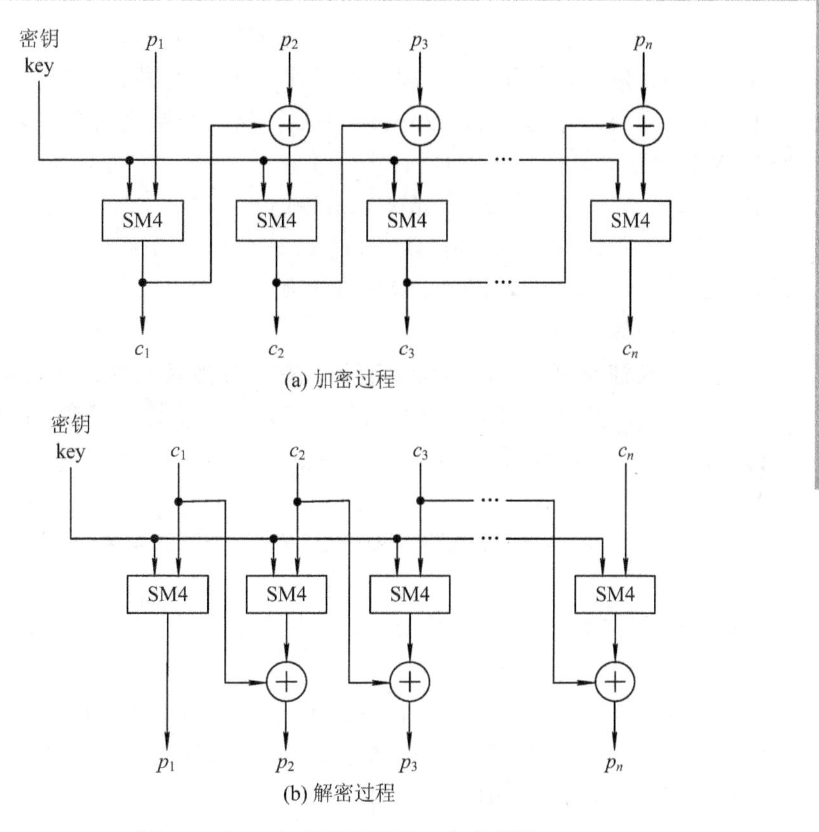

图 7-9　SM4 加密和解密长文本方框图

在图 7-9 中，展示了 SM4 算法使用密文块链接方法(CBC)加密与解密长文本的方法。图 7-9(a)为加密过程，首先将长文本分成 n 个明文块，记为 p_i，$i = 1, 2, \cdots, n$。每个明文块 p_i 为 16 个字符，每个字符用 8 比特 ASCII 表示，即每个 p_i 为 128 比特的位数据块。然后，使用如图 7-9(a)所示算法依次加密各个明文块，得到其相应的密文块，记为 c_i, $i=1,2,\cdots,n$。最后，将各个密文块合并为密文文本。

SM4 加密长文本的算法如下式所示：

$$c_1 = \text{SM4E}(p_1, \text{key}) \tag{7.11}$$

$$c_i = \text{SM4E}(p_i \oplus c_{i-1}, \text{key}),\ i = 2, 3, \cdots, n \tag{7.12}$$

其中，key 为密钥，SM4E 表示 SM4 加密函数。

图 7-9(b)为 SM4 算法使用 CBC 方式解密密文的方法，是图 7-9(a)的逆过程。首先把要解密的密文分成密文块，记为 c_i, $i = 1, 2, \cdots, n$。其中，每个密

文块 c_i 为 16 个字符，每个字符用 8 比特 ASCII 表示，即每个 c_i 为 128 比特的位数据块。然后，使用如图 7-9(b)所示算法依次解密各个密文块，还原出其相应的明文块，记为 p_i, $i=1,2,\cdots,n$。最后，将各个明文块合并为明文文本。

SM4 解密长文本的算法如下式所示：

$$p_1 = \text{SM4D}(c_1, \text{key}) \tag{7.13}$$

$$p_i = c_{i-1} \oplus \text{SM4D}(c_i, \text{key}),\ i = 2, 3, \cdots, n \tag{7.14}$$

其中，key 为密钥，SM4D 表示 SM4 解密函数。

现在加密如下明文文本：

“滚滚长江东逝水，浪花淘尽英雄。是非成败转头空。青山依旧在，几度夕阳红。白发渔樵江渚上，惯看秋月春风。一壶浊酒喜相逢。古今多少事，都付笑谈中。”(《临江仙》，摘自《三国演义》)(注：每个汉字需要 2 个存储字节)。

密钥 key 选为“C1E7DA73EFA036FD7343CE282145A61F”(十六进制，128 比特)。

SM4 加密文本的函数 sm4entxt 代码如下所示：

```
1    sm4entxt[k_, p_] := Module[
2      {key = k, p1 = p, p2, p3, p4, p5, p6, p7, p8, p9, p10, len,
3       c1, c2, c3, c4, c5, c6, t1, t2, t3, t4, t5, t6, t7},
4      p2 = Characters[p1];
5      p3 = ToCharacterCode /@ p2;
6      p4 = Flatten[p3];
7      p5 = IntegerDigits[#, 16, 4] & /@ p4;
8      p6 = Flatten[p5];
9      p7 = PadRight[p6, Length[p6] + 32 - Mod[Length[p6], 32]];
10     p8 = Partition[p7, 32];
11     p9 = IntegerString[#, 16] & /@ p8;
12     p10 = ToUpperCase[StringJoin /@ p9];
13     len = Length[p10];
14     c1 = Table[0, len];
15     Table[
16      If[i == 1, c1[[i]] = sm4en[key, p10[[i]]],
17        t1 = StringPartition[p10[[i]], 1]; t2 = FromDigits[#, 16] & /@ t1;
18        t3 = StringPartition[c1[[i - 1]], 1];
```

```
19            t4 = FromDigits[#, 16] & /@ t3;
20            t5 = BitXor[t2, t4];
21            t6 = ToUpperCase[IntegerString[#, 16] & /@ t5];
22            t7 = StringJoin[t6];
23            c1[[i]] = sm4en[key, t7]],
24          {i, 1, len}];
25        c2 = StringPartition[#, 1] & /@ c1;
26        c3 = Flatten[c2];
27        c4 = Partition[c3, 4];
28        c5 = StringJoin[#] & /@ c4;
29        c6 = FromDigits[#, 16] & /@ c5
30        ]
```

在上述代码中，sm4entxt函数的输入为密钥k和明文p。第2~3行初始化key和明文p1以及一些局部变量。第4行将字符串p1分成字符列表p2。第5行将p2转化为编码列表p3(此时的p3为三层嵌套列表)。第6行压平p3得到单层列表p4。

第7行将p4的每个元素用它所对应的4个16进制数表示，即每个元素用一个子列表表示，这个子列表包含4个16进制数，若将这4个数组合在一起即得到这个元素。请注意，这里将每个元素用长度为4的16进制数表示，说明每个元素的取值在0~65535间，因此，这个程序可以处理汉字编码。如果只处理英文字符的加密，这里第7行可以改为“p5 = IntegerDigits[#, 16, 2] & /@ p4;”，因为每个英文字符至多1个字节(2个十六进制数)。如果这里做了改变，请对应地修改下面的解密函数sm4detxt中的第4行，这一行改为“c2 = IntegerString[#, 16, 2] & /@ c1;”。做这些修改工作后，sm4entxt和sm4detxt将只能加密和解密英文文本，例如，对于习题2中文本的加密与解密。

第8行将第7行得到的二层嵌套列表p5压平为单层列表p6；第9行向p6的尾部填充0使其长度为32的整数倍，填充后的列表为p7。第10行将p7分隔成32个元素一组的二层嵌套列表p8。第11行将p8的每个元素转化为字符。第12行将p9的每个长度为32的子列表合并成一个字符串，这个字符串长度为128位，并将小写字符转化为大写字符，然后将结果赋给p10。这样，p10中的每个元素的长度均为128位，即每个元素为一个明文分组。

第13行得到p10的长度，赋给len，len就是p10中包含的明文分组的个数。第14行得到长度为len的全0列表。

第 15~24 行为加密过程，局部变量 i 从 1 按步长 1 增至 len，循环 len 次。

每次循环中，首先判断 i 是否为 1，如果 i 等于 1，则调用 sm4en 函数加密 p10[[1]]，得到 c1[[1]](第 16 行)；如果 i 不为 1(大于 1)，则执行第 17~20 行：第 17 行将字符串 p10[i]分成单个字符的列表 t1，然后，将 t1 转化为整数列表 t2；第 18 行将字符串 c1[i-1]分成单个字符的列表 t3；第 19 行将 t3 转化为整数列表 t4；第 20 行将 t2 与 t4 异或，得到 t5；第 21 行将 t5 转化为字符列表 t6；第 22 行将 t6 的字符列表合并为字符串 t7。上述操作本质上实现了式(7.12)中的 $p_i \oplus c_{i\text{-}1}$。由于 sm4en 要求输入的明文为字符串，所以第 20~21 行将异或结果转化为字符串 t7。最后，第 23 行调用 sm4en 加密 t7 得到 c1[[i]]。

上述循环结束后，得到密文 c1，此时的 c1 为字符串列表。第 25 行将 c1 转化为字符列表 c2；第 26 行将 c2 压平为单层列表 c3；第 27 行将 c3 分裂成 4 个字符一组的双层列表 c4；第 28 行将 c4 的每个子列表合并为一个字符串，得到一个字符串列表 c5；第 29 行将 c5 转化为整数列表 c6，此时每个整数对应着一个汉字编码。由于有些编码没有对应的汉字，所以，加密后的密文结果以编码的形式呈现出来。

SM4 文本解密函数是上述 SM4 文本加密函数的逆过程，SM4 文本解密函数 sm4detxt 如下所示：

```
1    sm4detxt[k_, c_] := Module[
2      {key = k, c1 = c, c2, c3, c4, len, t1, t2, t3, t4, t5, t6, t7, t8,
3       p1, p2, p3, p4, p5, p6, p7},
4      c2 = IntegerString[#, 16, 4] & /@ c1;
5      c3 = Partition[c2, 8];
6      c4 = ToUpperCase[StringJoin /@ c3];
7      len = Length[c4];
8      p1 = Table[0, len];
9      Table[
10      If[i == 1, p1[[i]] = sm4de[key, c4[[i]]],
11        t3 = sm4de[key, c4[[i]]];
12        t1 = StringPartition[c4[[i - 1]], 1];
13        t2 = FromDigits[#, 16] & /@ t1;
14        t4 = StringPartition[t3, 1]; t5 = FromDigits[#, 16] & /@ t4;
15        t6 = BitXor[t2, t5];
16        t7 = ToUpperCase[IntegerString[#, 16] & /@ t6];
```

```
17            t8 = StringJoin[t7];
18            p1[[i]] = t8],
19          {i, 1, len}];
20        p2 = StringPartition[#, 1] & /@ p1;
21        p3 = Flatten[p2];
22        p4 = Partition[p3, 4];
23        p5 = StringJoin[#] & /@ p4;
24        p6 = FromDigits[#, 16] & /@ p5;
25        p7 = FromCharacterCode[{p6}]
26        ]
```

在上述解密函数 sm4detxt 的代码中，输入为密钥 k 和密文 c，需要注意的是，这里的密文以编码的形式输入。第 2~3 行初始化密钥 key=k、密文 c1=c 以及其他的一些模块中使用的局部变量。

第 4 行将编码形式的 c1 中的每个元素(0~65535 间的整数)转化为十六进制形式的字符串，得到一个字符串列表 c2。第 5 行将 c2 分裂成 8 个字符串一组的二层嵌套列表 c3。第 6 行先将 c3 的每个子列表合并为一个字符串，得到一个字符串列表，再将列表中的小写字符转化为大写字符，结果列表记为 c4。这样，c4 中的每个元素均为 128 比特的字符串，每个字符串就是一个密文分组。

第 7 行得到 c4 的长度，即得到密文分组的个数。第 8 行得到长度为 len 的全 0 列表 p1，用于保存解密后的文本。

第 9 行至第 19 行为解密操作，由 Table 函数实现。在 Table 函数，局部变量 i 从 1 按步长 1 递增到 len，每步执行如下的操作：

先判断变量 i 是否为 1，如果 i 的值为 1，则调用 sm4de 函数解密 c4[[1]]，得到解密的文本，赋给 p1[[1]](第 10 行)。如果 i 的值不为 1(大于 1)，则执行第 11~18 行，即实现式(7.14)的算法：第 11 行调用 sm4de 函数解密 c4[[i]]，得到的解密文本赋给 t3；第 12 行将 c4[[i-1]]分裂为单个字符的列表 t1；第 13 行将 t1 转化为整数列表 t2；第 14 行将字符串 t3 转化为单个字符的列表 t4，并将 t4 转化为整数列表 t5；第 15 行将 t2 和 t5 异或，结果赋给 t6；第 16 行将 t6 转化为十六进制的字符串列表 t7；第 17 行将 t7 合并为一个字符串 t8；第 18 行将 t8 赋给 p1[[i]]。这里的 t8 即为每步中解密后的文本。

上述的 p1 为总的解密后的文本，以字符串列表的形式存储。

第 20 行将 p1 中的每个字符串元素分裂为字符列表的形式，保存在 p2

中。第 21 行将 p2 压平为单层列表 p3。第 22 行将 p3 分裂为每 4 个字符一组的二层嵌套列表，保存在 p4 中。第 23 行将 p4 中的每个子列表(每个子列表包含 4 个字符)合并为一个字符串，得到一个字符串列表，保存在 p5 中。第 24 行将 p5 中的每个字符串转化为一个整数，得到一个整数列表 p6。第 25 行将{p6}转化为汉字字符串，保存在 p7 中，同时，将 p7 作为模块的输出。

SM4 加密与解密文本的执行情况如图 7-10 所示。

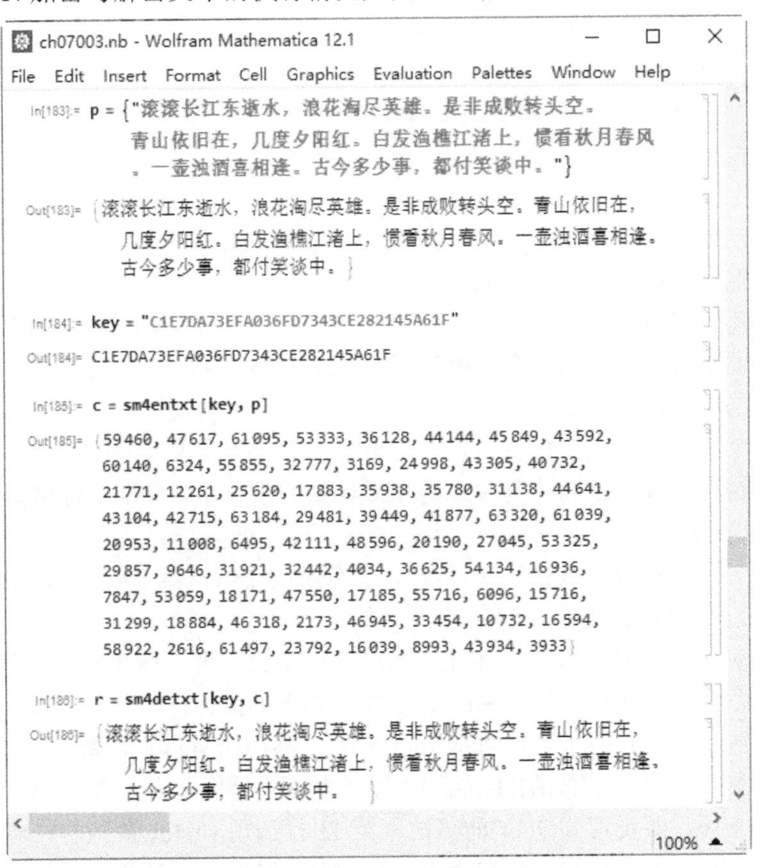

图 7-10 SM4 加密与解密过程

在图 7-10 中，“In[183]”输入明文文本 p，如“Out[183]”所示；“In[184]”输入密钥 key，如“Out[184]”所示。“In[185]”调用函数 sm4entxt 执行加密过程，得到的密文 c 如“Out[185]”所示，即如下所示的密文：

{59460, 47617, 61095, 53333, 36128, 44144, 45849, 43592, 60140, 6324, 55855, 32777, 3169, 24998, 43305, 40732, 21771, 12261, 25620, 17883, 35938,

35780, 31138, 44641, 43104, 42715, 63184, 29481, 39449, 41877, 63320, 61039, 20953, 11008, 6495, 42111, 48596, 20190, 27045, 53325, 29857, 9646, 31921, 32442, 4034, 36625, 54134, 16936, 7847, 53059, 18171, 47550, 17185, 55716, 6096, 15716, 31299, 18884, 46318, 2173, 46945, 33454, 10732, 16594, 58922, 2616, 61497, 23792, 16039, 8993, 43934, 3933}

上述加密后的密文以编码的形式给出(每个编码占两个字节，对应着一个汉字)，有些密文的编码没有对应的汉字。

然后，“In[186]”调用 sm4detxt 对 c 执行解密过程，解密得到的文本如“Out[186]”所示，即如下所示的文本：

{**滚滚长江东逝水，浪花淘尽英雄。是非成败转头空。青山依旧在，几度夕阳红。白发渔樵江渚上，惯看秋月春风。一壶浊酒喜相逢。古今多少事，都付笑谈中。**\.00\.00}

注意：上述文本中的“\.00\.00”是不可见文本，在图 7-10 中显示为空白区。

对比明文文本和解密后的文本可知，解密后的文本包含了原始明文，但比原始明文多了“\.00\.00”，这是因为加密时必须保证每个明文分组为 128 比特，但有时最后一个明文分组的长度不一定正好是 128 比特，这时需要在最后这个明文分组中补充 0 使其达到 128 比特的长度。这里的明文的最后一个分组长度为 96 比特，因此在加密时为这个明文分组补充了 32 个 0 比特，相当于 2 个汉字，其编码字符为“\.00\.00”。由此可见，SM4 加密与解密算法工作正常。

本 章 小 结

本章详细介绍了 Mathematica 程序设计相关的函数、控制语句、纯函数和模块的定义及其用法。Mathematica 具有丰富的内置函数，并具有大量的专用包函数，同时，允许用户创建具有特色的自定义函数。函数是 Mathematica 实现各个功能的基本单元。像 C/C#语言一样，Mathematica 提供了控制语句，实现了分支和循环处理，可以实现传统意义下的程序设计。此外，Mathematica 还提供了高级循环控制语句，使得程序设计简洁高效，例如，Table 可以替代传统意义上的 While 和 For 循环。为了增强函数对列表及其元素的处理方法，Mathematica 提供了纯函数，纯函数可以理解为函数的一种灵活的表示或调用方法，在实际应用中比同名的标准函数更加便捷。

Mathematica 提供了四种模块的表示和定义方法，即 With 模块、Block 模块、Module 模块和 Compiled 模块，其中 Module 模块是 Mathematica 程序设计的主体，即使用 Module 模块实现自定义函数是 Mathematica 程序设计的基本方法。在需要高速运行算法时，可将算法使用 Compiled 模块实现，Compile 模块对应着机器语言，其执行效率只略差于 C 语言。

借助于现行的两种密码方案 RC4 和 SM4，本章还给出了基于 Module 模块实现的代码，展示了借助于 Mathematica 实现算法和进行程序设计的方法，有助于读者全面掌握 Mathematica 程序设计技巧。对此感兴趣的读者可以进一步阅读文献[6]，其中介绍了更多 Mathematica 应用于密码学的程序设计范例和技巧。

习　　题

1. 房贷计算问题。使用 Mathematica 编程计算每个月的还款金额。假设某人为买一套住房向银行贷款 100 万元，年利率为 4.5%，按月计算复利(即月利率为 0.045/12)，计划 15 年还清全部贷款，且每月还款金额相同(按月等额还款方式)，编程计算每月应还款多少元？提示：(1) 请勿推导或使用公式；(2) 使用循环搜索解的方式，开始时设置较大步长，然后，设置小步长，精确度为 0.01 元(即结果保留到分)。

2. SM4 加密文本问题。

使用 Mathematica 编程实现 SM4 加密明文 ***p*** = “Ignorance is the curse of nature, knowledge the wing wherewith we fly to mountain.”，加密后的密文为字符串形式，密钥选用 ***k***= “C1E7DA73EFA036FD7343CE282145A61F”。

提示：(1) 将 ***p*** 转化为 ASCII 进行加密；

(2) 由于每次只能加密 16 个字节(或字符)，因此，需要将 ***p*** 分成 16 个字节一组的列表，这里的 ***p*** 刚好分成 5 个 16 字节的列表(当出现不能分隔的情况，后面补空格)；

(3) 可以考虑使用 CBC 方式(请参考文献[4,6])。

3. RC4 加密文本问题。

使用 Mathematica 编程实现 RC4 加密处理，依次使用下面三个相近的密钥加密明文 ***p*** =“Ignorance is the curse of nature, knowledge the wing wherewith we fly to mountain.”，比较得到的三个密文的差异，并解释其原因。

密钥 $\boldsymbol{k}_1$= “C1E7DA73EFA036FD7343CE282145A61A”,

$\boldsymbol{k}_2$= “C1E7DA73EFA036FD7343CE282145A61B”,

$\boldsymbol{k}_3$= “C1E7DA73EFA036FD7343CE282145A61C”。

附录 借助于 MinGW-W64 实现 Wolfram 代码编译

1. 下载 MinGW-W64 编译器

登录网址 http://mingw-w64.org/doku.php/download，如附图 1 所示。

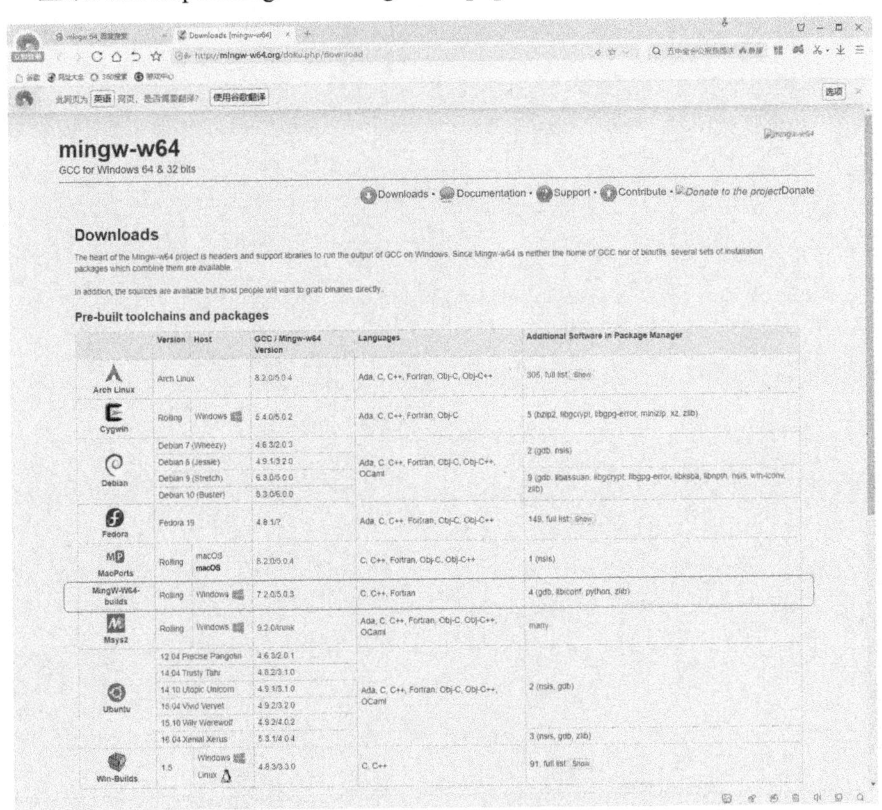

附图 1 下载 MinGW-W64 安装程序

在附图 1 中，单击“MingW-W64-builds”，进入附图 2 所示界面。

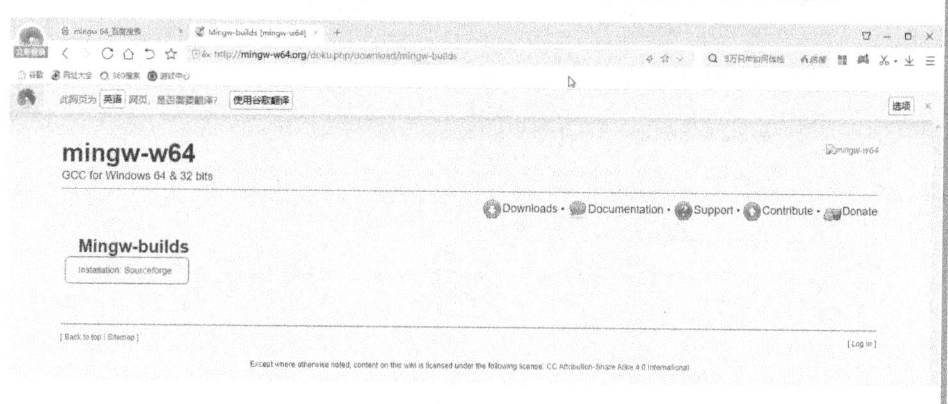

附图 2　MinGW-W64 下载链接

在附图 2 中，点击“Sourceforge”下载安装文件。下载后的文件名为 mingw-w64-install.exe，文件大小约为 938 KB。

2. 安装 MinGW-W64 编译器

在 Windows 10(64 位)环境下运行文件 mingw-w64-install.exe，进入附图 3 所示安装界面，其中，架构“Architecture”中选择“x86_64”，版本号为“8.1.0”。

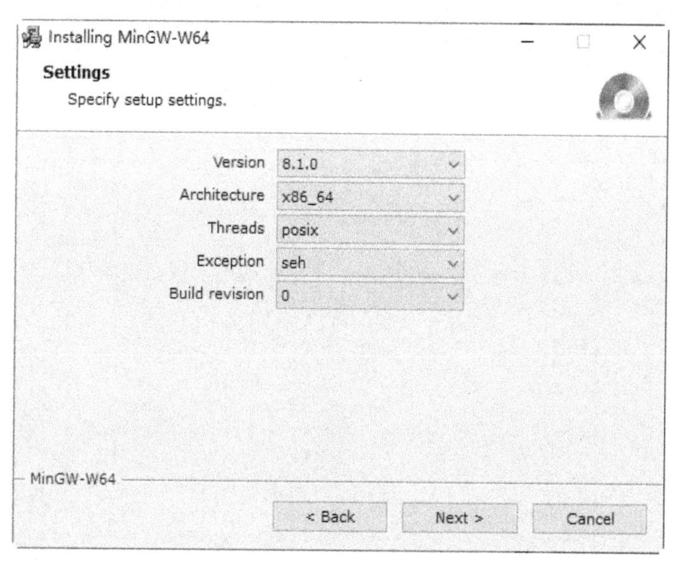

附图 3　安装 MinGW-W64

在附图 3 中，点击“Next”，进入附图 4 所示窗口。

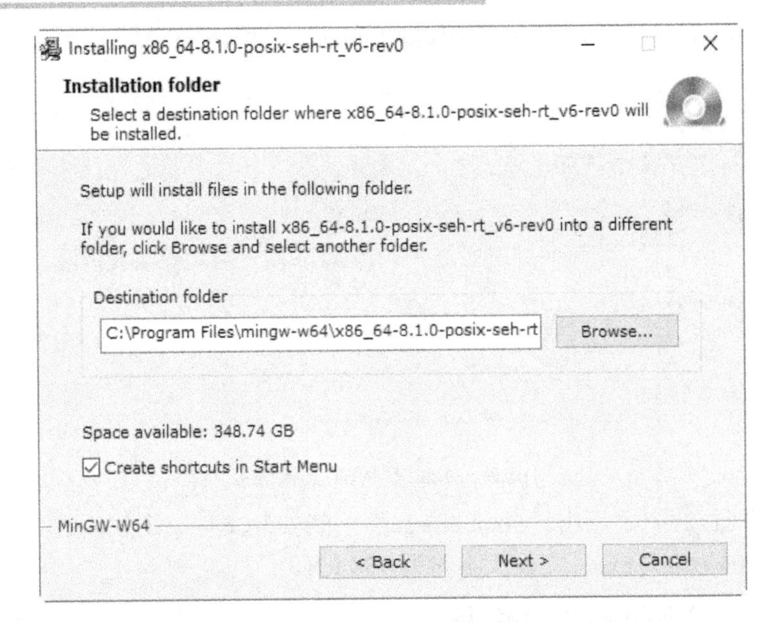

附图 4　安装目录设置

附图 4 中，缺省安装目录：C:\Program Files\mingw-w64\x86_64- 8.1.0-posix-seh-rt_v6-rev0。然后，点击“Next”进行安装(需联网)。

安装完成后，MinGW-W64 所在的目录如附图 5 所示。

附图 5　MinGW-W64 目录结构

3. 配置 MinGW-W64

使用鼠标右键点击“我的电脑”，在弹出菜单中选择“属性”；然后，进入“高级系统设置”；在“高级”选项卡中，单击“环境变量(N)…”，在弹出的“系统变量(S)”界面中，“编辑”路径“Path”，在其列表的最后一行添加路径“C:\Program Files\mingw64\mingw64\bin”。

现在，在目录“E:\ZYWork\MyCPrj\ZY02”中，编写 myhello.c 文件，如附图 6 所示。

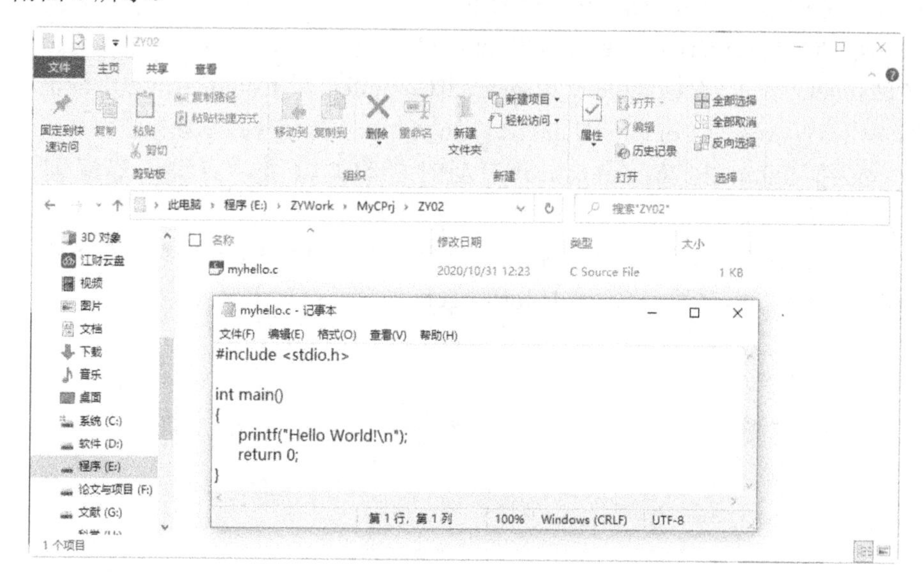

附图 6　myhello.c 文件

打开“命令提示符”工作窗口，工作路径设为“E:\ZYWork\MyCPrj\ZY02”，如附图 7 所示。

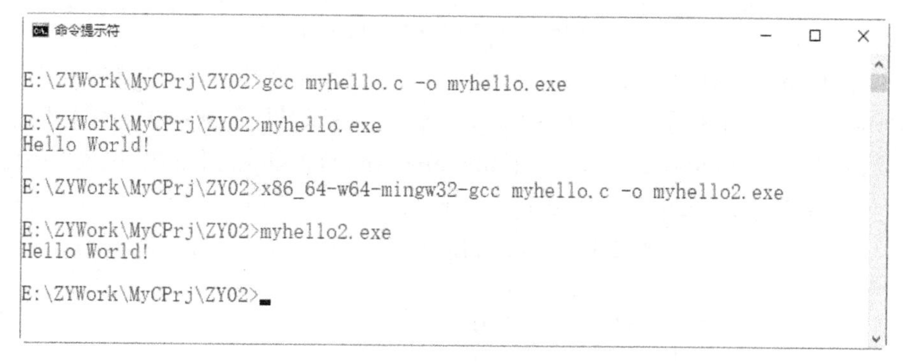

附图 7　编译 myhello.c 并执行

在附图 7 中，调用了 gcc 和 x86_64-w64-mingw32-gcc 编译了 myhello.c 文件，并分别生成了 myhello.exe 和 myhello2.exe 文件。执行这两个可执行文件均显示“Hello World!”，说明 MinGW-W64 安装成功。

4. 在 Mathematica 中配置 MinGW-W64 编译器

在 C 盘根目录下建立子目录 MinGW-w64，然后，将附图 5 中所示内容拷贝到目录 C:\MinGW-w64 中。然后，编辑 C:\ProgramData\Mathematica\Kernel 目录下的 init.m 文件，设定其内容如下：

```
Needs["CCompilerDriver`GenericCCompiler`"];
$CCompiler = {"Compiler"->GenericCCompiler, "CompilerInstallation"->
"C:/MinGW-w64", "CompilerName"->"x86_64-w64-mingw32-gcc.exe"};
```

文件 init.m 在 Mathematica 启动时自动被调用，将编译器配置为 MinGW-W64。

在 Mathematica 笔记本中，输入如附图 8 所示的代码，指定编译目标为 C 语言可执行代码，即“$CompilationTarget="C"”。

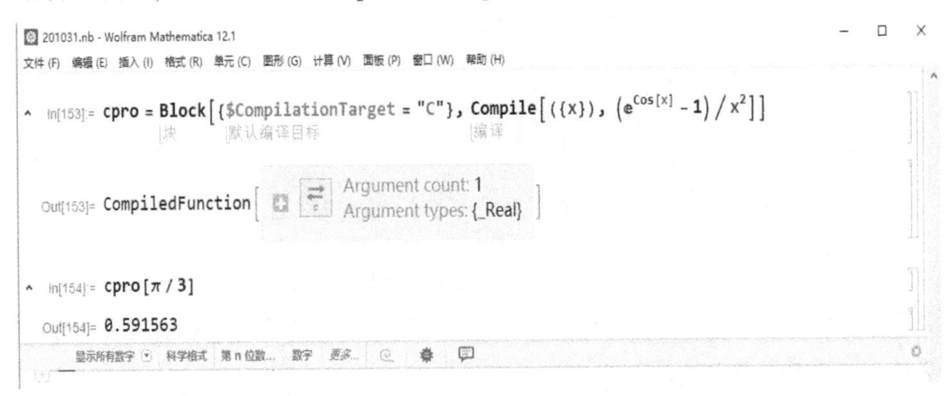

附图 8　使用 MinGW-W64 编译 Mathematica 模块

在 Compile 模块中使选项“CompilationTarget->"C"”，可将 Wolfram 代码编译为 C 语言可执行代码。对于编译包含了已编译模块的代码，需要配置编译选项为“CompilationOptions -> {"InlineExternalDefinitions" -> True}”。例如：

```
mysum=Compile[{{x,_Real,1},{w,_Real,1}},
        Module[{x1=x,w1=w},
            s=x1.w1;
            s
        ],CompilationTarget->"C"]
```

```
mypulse=Compile[{{x,_Real,1},{w,_Real,1}},
                 Module[{x1=x,w1=w,s1,s2},
                     s1=mysum[x1,w1];
                     s2=Tanh[s1];
                     s2
                 ],CompilationTarget->"C",
                CompilationOptions->{"InlineExternalDefinitions" -> True}]
mypulse[{2.3,1.6},{0.1,0.3}]
```

在上述的 mysum 模块中，使用选项“CompilationTarget->"C"”将其编译为 C 语言可执行代码；在 mypulse 模块中，调用了 mysum 模块，故使用了选项“CompilationOptions -> {"InlineExternalDefinitions" -> True}”。调用“mypulse[{2.3,1.6},{0.1,0.3}]”将得到结果 0.610677。

在 Mathematica 笔记本中可以编写 C 语言程序，如附图 9 所示。这里，引用了 Mathematica 帮助文档中的实例，展示了在 Mathematica 环境下可以编译 C 程序得到其 C 可执行文件。

附图 9　Mathematica 编译 C 代码程序

在“命令提示符”窗口中，定位到目录“C:\Users\15270\AppData\Roaming\ Mathematica \SystemFiles\LibraryResources\Windows-x86-64\”下，可以找到可执行文件 hiworld.exe，此时运行 hiword.exe 文件，将输出“Hello MinGW-w64 world.”字符串，如附图 10 所示。

```
命令提示符

C:\Users\15270\AppData\Roaming\Mathematica\SystemFiles\LibraryResources\Windows-x86-64>dir
 驱动器 C 中的卷是 系统
 卷的序列号是 F097-2C5E

 C:\Users\15270\AppData\Roaming\Mathematica\SystemFiles\LibraryResources\Windows-x86-64 的目录

2020/10/31  12:51    <DIR>          .
2020/10/31  12:51    <DIR>          ..
2020/10/31  12:51            54,022 hiworld.exe
               1 个文件         54,022 字节
               2 个目录 374,415,360,000 可用字节

C:\Users\15270\AppData\Roaming\Mathematica\SystemFiles\LibraryResources\Windows-x86-64>hiworld
Hello MinGW-w64 world.

C:\Users\15270\AppData\Roaming\Mathematica\SystemFiles\LibraryResources\Windows-x86-64>
```

附图 10　Mathematica 环境下编译得到的 C 可执行文件及其运行结果

参考文献

[1] Wolfram S. Wolfram 语言入门[M]. Wolfram 传媒汉化小组，译. 北京：科学出版社, 2016.

[2] Wolfram S. The Mathematica Book[M]. 5th ed. Wolfram Media, 2003.

[3] Don E. Mathematica[M]. 2nd ed. NewYork: McGraw-Hill Companies, 2000.

[4] 张勇. 混沌数字图像加密[M]. 北京：清华大学出版社, 2016.

[5] 张勇. 数字图像密码算法详解：基于 C、C#与 MATLAB[M]. 北京：清华大学出版社, 2019.

[6] 张勇. 高级图像加密技术：基于 Mathematica[M]. 西安: 西安电子科技大学出版社, 2020.

[7] Paar C, Pelzl J. 深入浅出密码学[M]. 马小婷，译. 北京：清华大学出版社, 2013.